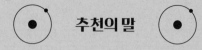

추천의 말

'불멸의 존재'인 원자의 극적 탄생과 다사다난한 우주 여정—물리학자들은 이 장대한 자연의 드라마에 숨겨진 패턴을 함축적으로 담아 내려 불멸의 이론을 꿈꾸어 왔다. 그러나 현대 물리학은 양자 역학과 상대성 이론의 혁명을 통해 불과 100여 년 만에 전통적 지식 체계를 무너뜨리고 10^{-35}미터의 극미시 세계부터 100억 광년 이상의 광대한 우주 공간까지, 그리고 우주의 대폭발에서 미래의 끝자락까지 시공간에 대한 우리 인간 지식의 지평을 크게 확장해 가고 있다.

물리학자들의 놀라운 탐구 능력의 비밀은 '페르미 솔루션(Fermi Solution)'에 있다. 이론과 실험을 겸비한 세계 최고의 물리학 리더였던 엔리코 페르미는 '문제의 핵심을 꿰뚫어 가장 중요한 것을 파악하는 능력'이 뛰어났다고 한다. 즉 "자연의 매우 복잡하고 어려운 문제를 단순화시켜서 간단한 어림계산만으로도 적절한 답을 찾아내는 것"이다.

저자 이강영 교수는 APCTP의 온라인 웹진《크로스로드》에 3년 이상 연재했던 칼럼「페르미 솔루션」의 글들을 모아 새로운 책을 펴냈다. 현장의 과학자이지만 영감이 가득한 저자는 마치 페르미처럼 '쉬운 듯 우아하게' 독자들이 현대 물리학의 방대한 지적 콘텐츠를 산책하며 엿볼 수 있도록 도와준다.

이 책에 담긴 '페르미 솔루션'은 물리학과 공학 교육을 넘어 현대인 모두가 실생활 속의 문제를 정의하고 해결해 나가기 위해, 더 나아가 가속화되는 과학 기술의 발전과 4차 산업 혁명의 격변이 초래할 변화무쌍한 미래에서 지적 중심을 잃지 않기 위하여 꼭 갖추어야 할 균형추이다.

—김승환 | 한국 과학 창의 재단 이사장

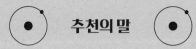

추천의 말

오늘 우리는 과학과 기술의 결합이 낳은 놀라운 결과를 목격하고 있습니다. 도저히 이기지 못할 거라는 바둑에서 인공 지능이 승리를 거머쥐는 장면을 보지 않나, 화성으로 여행할 가능성을 앞당긴 1단계 로켓 해상 회수 실험이 성공하지를 않나, 중력파를 측정해 아인슈타인의 상대성 이론을 확인해 내기도 했습니다.

일반인 처지에서는 감탄만 할 일들이나, 당연히 여기서 그쳐서는 안 됩니다. 과학과 기술은 마술이 아니잖아요, 어떤 원리를 바탕으로 했는지, 그 원리를 어떻게 응용했는지, 그리고 이를 탐구하고 개발했던 과학자는 누구인지 알아둘 필요가 있습니다. 그래야 그 과학적 성과가 인류 전체를 위해 잘 쓸 수 있도록 이끌어 갈 수 있는 법입니다. 더욱이, 당장의 명예나 경제 효과 때문이 아니라 지적 호기심을 충족하기 위해 과학의 최전선에서 치열하게 연구하는 물리학자들의 학문적 전투는 그 자체 감동적이기까지 하니, 관심을 기울이지 않을 도리가 없습니다.

이번에 나온 이강영 교수의 『불멸의 원자』는 '쉬운 듯 우아하게' 우주와 자연이 건넨 난수표를 해독하는 물리학자들의 삶과 지적 성과를 풀어냈습니다. 지은이는 겸손하게 자신이 '페르미 솔루션'처럼 간단한 방법으로 물리학의 핵심 개념을 풀어내지 못했노라 했지만, 전형적인 문과생 출신이 나 같은 사람도 잘 이해할 수도 있도록 어려운 개념을 잘 설명해 주었습니다. 지은이의 인문적 사유력과 유려한 필력이 아니면 힘든 일이었을 터입니다. 혹여, 이런 말을 듣고도 겁이 난다면 이 책의 2부를 먼저 읽어 보기 바랍니다. 인물로 보는 과학사 격인지라 흥미로운데다 새로운 과학 지식도 아는 즐거운 경험을 할 겁니다.

—이권우 | 도서 평론가

불멸의 원자

불멸의 원자

필멸의 물리학자가 좇는 불멸의 꿈

이강영

사이언스
SCIENCE 북스
BOOKS

글은 말하는 바를 모두 적지 못하고,

말은 뜻한 바를 모두 나타내지 못한다.

—『**주역**』,「**계사전**」

머리말

여기에 있는 글은 아시아태평양 이론물리연구센터(APCTP)에서 발간하는 과학 문화 웹진《크로스로드》에 2011년 1월부터 2014년 2월까지 "페르미 솔루션"이라는 제목으로 연재했던 것이다. APCTP는 우리나라 연구소로서는 독특하게 과학 문화에 많은 관심을 가지고, SF 작가들과 과학자들의 만남을 후원하거나 대학생을 위한 과학 커뮤니케이션 스쿨을 여는 등 여러 사업을 진행하고 있다.《크로스로드》도 그러한 활동의 일환이며, 사실《크로스로드》야말로 APCTP 과학 문화 사업의 중심이라고 해야 할지도 모른다.

　다른 과학 잡지들이 독자의 호기심을 만족시켜 주기 위한 기사를 주로 싣는 반면,《크로스로드》에는 과학 및 과학 문화를 성찰하기 위한 글이 대부분이다. 즉 다른 잡지들이 읽을거리를 제공하는 매거진이라면《크로스로드》는 의견과 주장을 담는 저널의 성격이 강하다고 할 수 있겠다. 또한《크로스로드》는 매호 우리나라 SF 작가의 작품을 싣는다. 아마도 우리나라에서 창작 SF를 위한 고정적인 지면으로는 유일할 것이다. 그래서 과학 잡지의 주된 독자는 학생층이지만《크로스로드》독자의 범위는 아주 넓다. 이런 여러 이유로《크로스로드》는 우리나라 과학 문화의 아주 독특하고 소중한 존재다.

시작은 2010년의 어느 날 고등 과학원에서 당시 APCTP 과학 문화 위원장이시던 국형태 교수님을 만나면서부터다. 그때《크로스로드》에는 "미지와 경계"를 주제로 여러 분야의 사람들이 쓴 다양한 글을 연재하는 기획을 진행하는 중이었는데, 국 교수님은 우선 내게 그 코너에 실을 글을 한 편 요청하셨다. (이 기획은 2014년 『미지에서 묻고 경계에서 답하다』라는 제목으로 사이언스북스에서 출간되었다.) 그리고 그것과는 별개로 당시《크로스로드》에 전중환 박사님이 연재하시던 진화 심리학 칼럼의 후속 칼럼 연재를 맡아 달라는 제의를 하셨다.

그때도 그랬지만, 대체 어떻게 내게 그런 제의를 하게 되었는지는 지금도 의아하다. 그때까지 내가 공식적으로 쓴 글이란 당시에는 아직 책으로 출간되지 않은 『LHC, 현대 물리학의 최전선』 원고밖에 없었으니, 국 교수님이나 다른 과학 문화 위원들이 내 글을 읽으셨을 리는 만무하기 때문이다. 글 한 편이야 누구에게나 요청할 수도 있는 일이지만 칼럼을 연재한다는 것은 그리 녹녹한 일은 아니지 않는가. (아는 사람이 별로 없겠지만, 사실 내가 공식적으로 발표한 첫 번째 글은 따로 있다. 한 25년쯤 전에 모 음악지에 기고했던 록 그룹 유라이어 힙에 대한 원고지 약 90매의 기사다.)

국 교수님의 요청을 받았을 당시 나는 첫 번째 책의 원고를 마치고 두 번째 책을 막 시작하고 있던 중이었다. 그러니까 과학에 대해서 하고 싶은 말들이 여전히 내 안에 잔뜩 쌓여서 막 튀어나오고 싶었던 모양이다. 아마도 그래서 칼럼을 연재하겠다는 용기를 낼 수 있었을 것이다.

《크로스로드》에 글을 쓰기 시작하고, 예상보다 훨씬 더 길게, 3년이 넘도록 연재를 했다. 앞에서 말했듯이 《크로스로드》의 독자는 그 폭과 깊이가 다른 매체보다 엄청나게 넓고 깊기 때문에, 오히려 나는 대상이 누구인지를 신경 쓰지 않고, 아주 마음 편하게 글을 쓸 수 있었다. 주제나 소재에도 제한이 없었고, 쉽고 어렵고를 걱정하지도 않았다. 그러고 보니 《크로스로드》라는 지면은 사실상 글을 막 쓰기 시작한 나에게 아주 좋은 무대였던 것 같다.

그리고 마감. 글을 쓰는 사람이라면 누구나 잘 알고 있을 마감의 고통을 필연적으로 마주하게 되었다. 일간지처럼 정확하게 마감을 지켜야 하는 것은 아니었지만, 가끔은 말로만 듣던, 마감에 쫓겨 밤을 새서 글을 쓰는 상황도 겪어 보았다. 마감은 고통스럽지만, 글에 반드시 해로운 것만은 아니다. 당나라의 문장가 한유(韓愈)가 "하늘 아래 쫓기어 나오지 않은 명문이라곤 없다(天下無不逼出來的文章)."라고 했다던가. 마감의 부담은 어떨 때는 내 등을 밀어 주었고, 어떨 때는 손을 잡고 끌어 주었으며, 가끔은 목줄을 잡고 끌고 가기도 했다. 무엇보다도 마감이 있다는 사실은 글을 끝내는 힘을 길러 주었다. (그러나 다시 겪고 싶지는 않다.)

이 책에 실린 글의 순서는 연재 순서와는 다르다. 연재를 할 때 특별한 순서가 있었던 것이 아니었으므로, 여기서는 느슨하게 주제나 내용에 따라서 4부로 나누었다. 단, 「불멸의 원자」는 원래 첫 칼럼으로 준비했던 글이고 「자연이 건네는 말」도 칼럼을 마치게 되면서 정리하는 의미로 쓴 것이므로 여기서도 첫 글과 마지막 글로 놓았다. 전체적으로 모든 글을 조금씩 다듬었다. 연재할 때 길이의 제한을 받았던 부분은 추가했고, 마뜩지 않은 부분은 고쳐 썼다.

매달 연재를 하다 보니 중요한 과학 사건이 일어났을 때 관련된 글을 쓴 적도 몇 차례 있다. 그중 어떤 것은 적절한 소개 글이 되기도 했지만, 어떤 사건은 해프닝으로 끝나 버린 일도 있으며, 흐지부지되어 버린 경우도 있다. 책으로 엮으면서 시의성 있는 글들에 대해서는 설명을 짧게나마 덧붙였다.

「프라하의 아인슈타인」은 유채현 박사와 프라하에서 열린 학회에 참가했을 때 쓴 것이고 「사랑해」는 김영균 박사와 모리온드 학회에 가는 길에 스키폴 공항 서점에서 산 디랙의 전기를 읽다가 떠올린 것이다. 그 밖에도 글의 아이디어나 소재를 떠올리는 데 도움을 주었거나 자료를 알려주었거나 제목을 짓는 데 힌트를 주었던 많은 분들이 있다. 아마도 당사자는 알지 못하고 이제는 나도 기억하지 못하지만.

아무 경력도 없었던 내게 《크로스로드》에 글을 연재하는 기회를 주신 국형대 교수님을 비롯한 APCTP 과학 문화 위원들께 감사를 드린다. APCTP의 최나리, 김창호 두 분은 내 원고를 보살펴 주시며 여러 차례 마감에 늦은 것을 기다려 주셨다. 무엇보다 연재하는 동안 내 글을 읽고 칭찬해 주는 분이 있다는 것은 몹시 기쁜 일이었다. 이 자리를 빌려 우선 윤태웅, 김정희, 김현호, 송치민, 정동원, 박성찬, 김지현, 정인철 등 여러분에게 깊은 고마움을 표하고 싶다. 그 밖에 내가 빠뜨린 모든 분들께도. 그리고 이 글들을 한 권의 책으로 다시 태어나게 해 주신 ㈜사이언스북스에도 감사를 표한다.

연재를 하면서 원래 쓰고 싶었던 내용도 있었고 새로 떠오른 생각도 있었다. 쓰고 싶었지만 쓰지 못했던 글도 남았다. 언젠가 다른 곳에 쓰게 되길 바란다. 쓸 때는 마음이 편했는지 모르지만 다시 들여다보니 얕은 이해와 부족한 지식과 조급한 심정만 읽혀서 얼굴이 뜨겁다. 처음 칼럼의 제목을 지을 때에는 "쉬운 듯 우아하게" 물리학의 아름다움을 보여 주고 싶었지만, 내가 페르미가 아니라는 것만 확인했을 뿐이다.

차 례

1부 **불멸의 원자**

나는 페르시아의 왕국을 갖기보다

오히려 하나의 원인 설명을 찾아내기를 원한다.

一데모크리토스

알베르트 아인슈타인
1879~1955

$$E = mc^2$$

불멸의 원자

우리는 원자로 이루어져 있다

인간은 누구나 죽는다.

필리프 아리에스에 따르면 죽음을 추하고 수치스럽고 금기시된 대상으로 생각하고 기피하는 현대의 죽음관은 오히려 인간의 역사에서 예외적인 모습이라고 한다. 죽음은 늘 가까이 있고, 인생에서 정말 드물게도 모든 사람에게 공평한 일이기에 어떤 의미에서는 인간의 가장 친밀한 사건이었다. 고대의 죽음은 종(種)의 집단적 운명에 대한 익숙한 체념이었고, 중세 이후 개인이 발견되고 해방됨에 따라 죽음은 인간이 자신에 대해 가장 확실하게 깨달을 수 있는 장소였다. 죽음은 살아 있는 존재에게 가장 커다란 사건이지만, 나의 죽음 이후에도 시간은 계속 가고 세계도 멈추지 않을 것이다. 유족들은 장례를 위한 절차를 밟을 테고, 유산과 뒷일을 이야기할 것이다.

죽음 자체는 지극히 개인적인 일이지만 인간은 또한 사회 속에서 정의되는 존재이므로 대부분의 죽음은 여러 사람에게 크건 작건 영향을 미친다. 죽은 이의 주변 사람들은 슬퍼하거나 분노하거나 용서하거나 사죄하거나 마음의 짐을 내려놓거나 새로이 지거나 이익을 셈하거나 부끄러워한다. 어떤 사람의 죽음은 특별히 큰 파문을 남기기도 한다. 가족도 아니고 아무런 혈연도 없는 사람도 그의 죽음에 며칠 몇 달을 슬픔에서 헤어나지 못하고, 한 번도 직접 만난 적이 없는 사람도 애통함을 못 이겨 쓰러져 울고, 슬픔과 자책과 허무함에 수백만 명이 기어이 빈소에 찾아가서 몇 시간을 줄을 서서라도 애도를 표하지 않고는 견디지 못하게 만들기도 한다.

의학적으로 예전에는 심장이 멎은 것을 죽음의 기준으로 삼았으나, 의학이 발전하면서 죽음에 이르는 상태를 더욱 정밀하게 알게 되면서 죽음을 정확하게 생물학적으로 정의하는 일이 쉽지 않게 되었다. 그러나 생명을 유지하는 데 필수적인 심장과 뇌와 폐가 모두 죽게 되면 개체가 더 이상 살아 있을 수 없는 것이 확실하며, 보통 이 상태를 죽음이라고 한다. 사실 이 세 장기 중 어느 하나가 죽게 되면 곧 다른 두 장기도 기능이 정지하며 개체는 곧 죽음을 맞는다. 심장이 멎으면 혈액이 더 이상 몸을 돌지 않는다. 호흡이 멈추고 더 이상 산소가 공급되지 않는다. 뇌에도 혈액이 공급되지 않아서 조직이 괴사하기 시작한다. 안구의 움직임도 멎는다. 그러나 개체가 죽더라도 몸을 이루는 세포들이 동시에 죽는 것은 아니며, 어느 정도의 시간 동안 각각의 세포들은 살아서 혈액 안에 남은 산소를 소비하면서 자기 할 일을 한다. 그러다가 차츰 온몸에 죽음이 퍼져 나가고, 결국 모든 세포가 다 죽는 순간이 온다.

동물은 죽은 뒤에 대부분 다른 동물의 먹이가 되어 직접적으로 생물학적인 순환을 하지만 인간은 대체로 땅에 묻히거나 화장을 한다. 먼저 세포 안의 효소로 인해 자기 분해 과정이 일어난다. 죽은 이가 땅에 묻히면, 시신의 대부분을 처리하는 것은 곤충이다. 시신에 몰려든 곤충은 직접, 혹은 유충을 낳아서 시신을 먹고, 몸 안의 세균도 조직에 침범해서 대사 활동을 한다. 이 과정을 부패라고 한다. 질소는 미생물을 통해서 암모니아가 되어 토양에 남아 있다가 세균을 통해서 질화되어 질산염이 되고, 이것은 식물에 의해서 흡수되어 식물의 세포를 이룬다. 늪과 같은 곳에 쌓인 유기체는 오랜 시간이 지나서 석탄과 같은 화석 연료가 되기도 한다. 화장을 하면 남은 유골의 대부분은 인산칼슘이다. 물에는 잘 녹지 않으나 산성 용액에는 쉽게 녹는다. 인산칼슘은 토양에 남아 있으며 일부 식물에 흡수되기도 한다. 이렇게 죽음은 자연 속에서 생물학적, 화학적 순환의 한 연결 고리가 된다.

그러면 이제 물리학자의 눈으로 죽음의 과정 속에서 원자를 보자. 원자에게는 인간의 죽음이 특별할 게 없다. 죽음 후에도 피 속의 철 원자는 여전히 철 원자고, 뼈 속의 칼슘 원자는 여전히 칼슘 원자다. 살아 있었을 때, 인간의 몸을 구성하는 원자를 200개라고 하면 그중 126개는 수소이고, 51개는 산소이며, 19개는 탄소, 3개는 질소이고, 나머지 다른 원소들은 모두 합쳐야 하나 정도다. 이중 생명체를 만드는 데 핵심적인 역할을 하는 원소는 탄소다. 탄소는 다른 원소와 다양하게 결합해서 우리 몸의 필수적인 구성 성분인 단백질과 DNA를 이룬다. 그러나 생명체를 이루는 핵심인 탄소 원자에게도 몸의 주인이 죽었다는 것은 딱히 중요한 일이 아니다. 미생물이 시신을 분해하거나, 곤충이 조직을 먹고 소화를 시키면 단백질은 더 단순한 아미노산 분자가 되는데, 아미노산 속에서도 탄소 원자는 역시 탄소 원자다. 시신을 화장했다면 세포 안의 탄소 원자가 이산화탄소 분자가 되어서 공기 중으로 흩어질지도 모른다. 그래서 뒷산의 배롱나무에 흡수될 수도 있고, 혹은 거대한 대기의 순환에 휩쓸려 지구 저편까지 밀려갈 수도 있다. 그러다가 티그리스 강가의 대추야자나무가 광합성을 할 때 흡수돼서 포도당으로 바뀔지도 모른다. 그러나 포도당 속에서도 여전히 탄소 원자는 탄소 원자다.

그렇게 원자는 변하지 않는다. 형태를 바꿔 가며 상태를 바꿔 가며 이런저런 화합물 속에 들어갔다가 나올 뿐이다. 누군가의 몸속에 있었던 원자든지 인간이 나고 자라고 죽고 문명이 성하고 쇠하고 꽃이 피고 지고 숲이 우거지고 새가 울다가 날아가 버리는 동안 언제나 같은 원자인 채로 남아서 세상을 떠돈다. 원자는 불멸의 존재다.

불멸의 원자라는 개념은 놀라울 만큼 일찍 인간의 문명 속에 나타났다. 약 2,400년 전 이오니아의 식민지였던 그리스 북동부의 허름한 바닷가 마을인 아브데라 출신의 데모크리토스는 우리 눈앞에 펼쳐진 세상은 근본적인 물질인 원자가 결합해서 만들어진 것이라는 세계관을 펼쳤다. 데모크리토스의 원자는 더 이상 나누어지지 않으며 사라지지도 않는 불멸의 존재였고 데모크리토스에게 이 세상은 빈 공간과 원자로 이루어진 물리적 대상이었다.

　　　　　헨드릭 터 브뤼헌의 「데모크리토스」(1628년). ▶

경험적인 지식과 논리적인 논증이 뚜렷이 구분되지도 않던 시대의 사변적인 추측은 2,000년이 흐른 뒤 전혀 다른 방식으로 발전한 과학을 통해서 놀랍게도 진실에 가깝다는 것이 드러났다. 18세기에 크게 발달한 화학의 지식을 통해서, 영국 맨체스터에서 살던 돌턴은 모든 화합물을 단순한 몇 개의 원소로 구성한다는 현대의 원자론을 발전시켰다. 지금 우리가 원자라고 부르는 것은 돌턴의 원자다. 이 세상의 모든 물질은 유한한 숫자의 원자가 여러 가지 방법으로 결합한 결과다. 원자라는 개념을 통하여 화학의 많은 법칙들이 명쾌하게 설명되었고, 기체 상태가 아주 작은 입자들의 운동이라고 생각하면, 기체의 열역학적 성질들이 정확하게 유도되었다.

20세기에 들어서 돌턴의 원자가 진정으로 이해되기 시작했다. 어떤 원자는 시간이 지나면 다른 원자로 바뀐다는 것이 알려졌다. 영국의 러더퍼드와 그 제자들은 원자 속을 들여다보고 원자핵의 존재를 밝혔고, 원자를 다른 원자로 바꾸는 데도 성공했다. 이탈리아의 페르미와 독일의 오토 한은 직접 원자를 쪼개기까지 했다. 태양 속에서는 항상 원자들이 격렬히 변하고 합쳐지고 있다. 그리고 우리는 그 과정에서 나오는 에너지로 살고 있다. 돌턴의 원자는 절대로 나눌 수 없는 (a-tomos) 데모크리토스의 원자가 아니었다. 절대로 사라지거나 변하지 않는 진징한 불멸의 존재도 아니었다.

원자는 어디에서 왔을까? 우주와 함께 태어났을까? 누가 만들었을까? 불멸의 존재가 아니라면서? 20세기에 인간은 원자뿐 아니라 우주에 대해서도 많은 것을 알게 되었다. 특히 우주에는 시작이 있고 그 우주는 시간이 지남에 따라 팽창하고 있음을 알았다. 이것이 대폭발(big bang) 우주론이다. 대폭발 우주론에서 우주는 처음에 높은 에너지 상태의 한 점에서 탄생했고 그로부터 물질과 시공간이 정의되었다. 원자는 우주가 시작할 때부터 있었던 것은 아니지만, 우주가 태어나자마자 만들어지기 시작했으므로 태초부터 있었다고 해도 과히 잘못된 말은 아니다. 핵물리학과 우주론의 연구 결과에 따르면 대폭발의 약 1초 후 양성자와 중성자가 분리되었고 3분이 지날 무렵 최초의 수소와 헬륨이 만들어졌다. 약 20분이 지났을 무렵에는 우주가 충분히 식어서 핵반응이 끝나는데, 그동안 지금 우주에 존재하는 대부분의 수소와 헬륨, 중수소, 리튬과 베릴륨 원자가 만들어졌다. 이렇게 만들어진 헬륨의 양은 우주의 물질 전체의 약 4분의 1에 달하는데, 이것은 대폭발 우주론의 중요한 증거다. 다른 방법으로는 이만큼의 헬륨을 만들어 낼 수가 없기 때문이다. 그러나 붕소보다 무거운 원자는 대폭발에서는 만들어질 수 없었다. 그러면 나머지 원자는 어떻게 생겨났을까?

지구에 가장 많은 원자는 지구 핵의 대부분을 차지하는 철이고 그다음은 산소, 그리고 규소다. 그러나 우주 전체에 가장 많은 원자는 수소다. 수소는 우주 전체에 있는 원자 개수의 약 90퍼센트에 달한다. 그리고 나머지 10퍼센트는 거의 헬륨이다. 세 번째로 많은 원자인 산소도 0.06퍼센트에 불과하다. 태양을 비롯해서 우리가 보는 별은 대부분이 수소와 헬륨으로 되어 있다. 수소는 별들이 타오르는 연료다. 중력에 의해서 성간 물질이 뭉쳐져서 별을 만들고, 내부의 온도가 점점 올라가서 약 1000만 도에 이르면 별이 점화된다. 즉 수소가 핵융합을 일으켜 헬륨이 만들어지기 시작한다.

　당대 최고의 천문학자면서 일반 상대성 이론에 관해서 아인슈타인 다음 가는 전문가로 인정받던 영국의 아서 스탠리 에딩턴은, 별이란 중력에 의해서 수축하려는 힘과 내부에서 생성되는 에너지가 균형을 이루고 있는 상태라고 보았으며, 내부에서 생성되는 에너지는 수소 원자가 헬륨 원자로 변환되는 핵융합 과정에서 나오는 것이라고 생각했다. 별에 대한 그의 관점은 아주 정확한 것이었지만, 그의 시대에는 아직 별이 빛나는 것이 수소가 헬륨으로 변환되는 핵융합 과정이라는 그의 이론을 완성할 만큼의 핵물리학 지식이 없었다.

　에딩턴으로부터 약 20년이 지나서 독일 출신의 물리학자 한스 베테에 의해 비로소 핵융합 과정이 제대로 밝혀졌다. 베테는 당대 핵물리학 이론의 최고 전문가로 그가 쓴 핵물리학의 해설 논문은 '베테의 바이블'이라 불린다. 태양이 타오르는 과정은 수소에 중성자가 합쳐져서 중수소의 원자핵을 이루고 이들이 다시 합쳐져서 헬륨 원자핵을 만드는 방법이 있고, 탄소와 질소와 산소가 중성자를 흡수해서 여러 동위원소로 변환하면서 에너지를 방출하는 방법이 있다. 태양 정도 크기의 별에서는 양성자와 양성자가 직접 합쳐지는 과정이 주로 일어나고 있고, 태양보다 어느 정도 더 무거운 별이라면 탄소-질소-산소 순환 과정을 이용하는 방법이 중요해진다. 이로써 태양과 같은 별이 빛나는 과정을 비로소 잘 이해하게 되었으며, 별 안에서 탄소와 산소처럼 대폭발에서 만들어질 수 없었던 더 무거운 원자들이 만들어짐을 알게 되었다.

무거운 원자들이 만들어지는 문제를 오랜 세월 물고 늘어져 완전히 해명한 사람은 아이로니컬하게도 대폭발 우주론의 오랜 비판자였으며, '대폭발'이라는 말을 만든 영국의 프레드 호일이다. 우주에 양성자와 중성자를 뭉쳐서 무거운 원자를 만들 만큼 온도와 압력이 높은 곳은 별 속밖에 없다. 태양과 같은 정도의 별에서는 수소가 헬륨이 되고, 헬륨이 다시 탄소와 산소가 되는 핵반응이 일어나서 새로운 원자가 생긴다. 더 무거운 별에서는 그 이상의 핵반응이 일어날 수 있다. 호일은 오랜 세월 고투하며 파울러, 버비지 등 많은 사람들과의 공동 연구를 통해서 별 안에서 무거운 원자들이 어떻게 만들어지는지를 모두 설명할 수 있었다. 그들의 연구는 흔히 B^2FH(Burbidge, Burbidge, Fowler and Hoyle)라고 하는 1957년의 논문에 집약되어 있다.

　무거운 원자를 만드는 데 중요한 역할을 하는 것은 초신성이다. 호일은 초신성에 관한 것을 독일 출신의 천문학자 발터 바데로부터 배웠다. 바데는 1930년대 초에 스위스에서 온 괴짜 이론 물리학자 프리츠 츠비키와 미국 캘리포니아 공과 대학에서 함께 연구하며 초신성이란 새로운 천체를 발견했다. 그들은 처음 보통 별보다 훨씬 밝게 빛나는 신성에 관해서 연구하다가 그중 어떤 별들은 다른 별들보다 훨씬 멀리 있다는 것을 발견했다. 그렇다면 이들은 실제로는 신성보다도 훨씬 밝아야 한다. 바데와 츠비키는 이들을 초신성(supernova)이라고 이름 붙였다. 초신성은 은하 하나보다도 더 밝아서, 밝기가 태양의 100억 배에 달한다. 초신성은 워낙 눈에 띄는 존재라서 오래전부터 동서양을 막론하고 초신성을 보았다는 관측 기록이 많이 남아 있다. 1604년 나타난 초신성은 요하네스 케플러의 초신성으로 유명하지만, 우리나라의 『조선왕조실록』도 관상감에서 이 별을 무려 130회나 관찰한 기록을 남기고 있다. 그 이후 맨눈으로 볼 수 있는 초신성은 300년도 더 지난 1987년에야 나타났다.

초신성이란 태양보다 10배 이상 무거운 별이 중심부에서 핵융합을 마치고 나서 중력에 의해서 급격하게 수축하고 그 충격으로 폭발하는 것이다. 초신성이 폭발할 때, 내부에서는 온도와 압력이 급격하게 올라가서 짧은 시간 동안 엄청난 핵반응을 통해서 보통 별 안의 핵융합으로는 만들 수 없는 무거운 원자들이 만들어진다.

오늘날 우리는 우주에서 원자핵을 합성하는 모든 과정을 알고 있다. 밤하늘의 많은 별들 속에서는 지금도 계속 수소가 헬륨이 되는 핵융합이 일어나고 있고, 헬륨은 다시 탄소와 산소를 만든다. 더 무거운 별들 속에서는 네온과 마그네슘, 규소 등 점점 더 무거운 원자가 생겨나서 마침내 철과 니켈까지 만들어진다. 그보다 더 무거운 원자들은 중성자를 천천히 흡수해서 만들어지거나, 초신성이 폭발할 때와 같은 극단적인 환경에서 중성자나 양성자를 급격히 흡수하는 등의 과정을 통해서 만들어진다.

초신성은 또한 별 속에서 만들어진 원자를 우주에 퍼뜨리는 주역이다. 초신성이 폭발하면서 초신성에서 만들어진 물질은 우주 공간에 흩뿌려진다. 그 결과 은하와 은하 사이의 희박한 구름 같은 성간 물질 속에도 무거운 원자들이 섞여든다. 또한 초신성의 충격파는 성간 물질을 휘저어서 불균일하게 만든다. 그러면 초신성의 흔적인 풍부한 원자를 지닌 성간 물질이 뭉치게 되고 새로운 별로 탄생한다. 그래서 새로 태어난 젊은 별들은 오래된 별들보다 무거운 원소를 더 많이 가지고 있다. 오래된 별들을 관찰해 보면 무거운 원소의 비율이 훨씬 낮다. 예를 들면 은하가 막 탄생하던 100억 년 전에 생긴 별들에는 철이 태양의 1,000분의 1밖에 없다.

일단 태어나고 난 뒤에는, 원자는 불멸의 존재나 다름없다. 실험실의 특수한 환경이나 우주의 극단적인 곳을 떠나면 원자는 변하지도, 소멸하지도 않고 세상을 떠돈다. 지상에서는 별의별 일이 다 일어나도, 폭풍이 불고 화산이 폭발해서 상전이 벽해가 되어도 원자는 그저 같은 원자일 뿐이다. 원자가 우주 공간에 뿌려져서, 수십, 수백만 광년을 날아 다른 항성계, 다른 은하에 가더라도 원자는 변하지 않는다. 우리에게 원자는 지상에서나 천상에서나 여전히 불멸의 존재다.

대폭발에서 만들어진 수소와 헬륨과 그 밖의 원소로부터, 오래전 우주가 아직 어릴 때 첫 번째 별이 태어났다. 어린 우주에서 태어났던 별은 무거운 원자를 거의 지니지 않았다. 별들은 스스로 핵반응을 통해 무거운 원자들을 만들고, 죽어 가면서 그것을 우주 공간에 뿌렸다. 그렇게 만들어진 원자는 이제 불멸의 존재가 되어 드넓은 우주 공간 어디엔가 존재한다. 우주 공간에 흩어진 먼지나 여러 성간 물질들 속에 무거운 원소가 점점 더 많이 함유된다. 그러다가 어느 순간 성간 물질이 뭉쳐져서 새로운 별을 만들고, 그 별은 다시 죽어 가면서 원자를 만들어서 내놓는다. 다음 세대의 별이 탄생하면 그 별은, 혹은 거기에 딸려 있는 행성은 앞서 죽어 간 별들에서 만들어진 바로 그 원자로 만들어진다.

우리 몸을 이루는 원자는 수십억 년 전 어느 별 안에서 만들어져서 초신성의 폭발과 함께 우주 공간에 흩어지거나 적색 거성의 표면에서 흩날려서 떠다니다가 서로 만났다. 우리는 언젠가 우주 어디선가 일어났던 초신성의 흔적이며 수많은 별들의 죽음 속에서 태어난 존재다. 우리는 언젠가 죽겠지만 우리 몸을 이루는 원자는 언제까지나 남아서 지구 어느 곳인가, 혹은 우주 어느 곳인가에서 또 무엇인가를 이루고 있을 것이다.

하지만 원자의 불멸성을 아는 물리학자라고 해도 죽음을 접할 때 아무렇지도 않은 것은 아니다. 죽은 이를 생각하고 누군가의 죽음을 슬퍼하는 과정은 현재 우리의 물리학으로 설명하기에는 너무 복잡한 현상이지만, 물리학으로 설명하거나 이해하지 못하더라도 슬픈 것은 슬픈 것이고 아픈 것은 아픈 것이다. 물리학자도 역시 슬퍼하고 괴로워한다. 그의 몸을 이루던 원자가 세상 어디엔가 그대로 있다는 것을 알아도, 그의 죽음은 아직도 슬프고, 아프고, 아직도 믿어지지 않아서, 새벽에 문득 눈을 떴다가 그가 이 세상에 없다는 사실을 새삼 깨닫고 망연자실하곤 한다.

불확정성 원리의 불확실성?

하이젠베르크 불확정성 원리를 다시 생각한다

몇 달 전에는 빛보다 빠른 중성미자를 관측했다는 실험 결과가 전 세계 미디어를 "아인슈타인의 상대성 이론이 틀렸는가?"라는 충격적인 제목으로 도배하더니(이에 대해서는 「빛보다 빠른 유령?」에서 보다 자세히 이야기할 것이다.), 2012년이 되자《네이처 피직스》1월 15일자에 발표된 빈 공과 대학 물리학자들의 실험이 베르너 하이젠베르크의 불확정성 원리에 대한 관심을 불러일으켰다.[1] 기사의 제목들만 보면, "불확정성 원리에 결함", "불확정성 원리에 오류"라거나, 심지어 "물리학계 패닉"이라고까지 한다. 현대 물리학의 두 기둥이라고 할 상대성 이론과 양자 역학에 모두 무슨 일이 생긴 걸까? 정말 물리학에 새로운 시대가 오고 있는 것일까?

이전에도 과학적 업적이 언론에 크게 소개되는 일이 없었던 것은 아니지만, 세계관이 뒤흔들리는 혁명이라고 했던 것은 아마도 아인슈타인의 일반 상대성 이론이 최초였을 것이다. 1919년 5월 당대 제일의 천문학자 아서 에딩턴이 이끄는 영국의 관측 팀이 개기 일식을 찾아 서아프리카의 프린시페까지 가서 태양의 중력에 의한 빛의 휘어짐을 관측했다고 보고하자, 영국의《타임스》는 이를 "과학의 혁명 — 우주의 새 이론 — 뉴턴 이론 무너지다."라는 제목으로 대서특필했고, 아인슈타인은 단번에 세상에서 제일 유명한 과학자가 되었다.

불확정성 원리는 과학이 세상에 아인슈타인의 상대성 이론만큼이나, 아니 어쩌면 더 거대한 충격을 던진 사건이라고 할 수 있다. 그것은 원자 세계를 이해한다는 물리학의 과제뿐 아니라 실재의 문제, 언어의 문제, 인식의 문제와 같은 인간이 사고하는 한 항상 마주치게 되는 뿌리 깊은 문제들을 모두 건드린다. 불확정성이란 무엇의 불확정성인가? 실험의 한계인가, 인식의 한계인가? 혹은 물리적 세계가 존재하는 본질적인 방식인가? 약 90년 전 불과 스물다섯 살의 젊은이 하이젠베르크의 머릿속에서 무슨 일이 일어났나? 그리고 지금 불확정성 원리에 정말 결함이 발견된 것일까?

1925년 하이젠베르크는 사실상 양자 역학을 '창조'했다. 하이젠베르크는 이를 그해 8월 닐스 보어에게 보낸 편지에서 "저는 양자 역학에 관한 논문을 쓰는 죄를 저질렀습니다."라고 표현했다. 그러나 그가 창조한 것이 무엇인지는 아무도, 심지어 하이젠베르크 본인마저도 알지 못했다. 이듬해 하이젠베르크는 코펜하겐의 보어 연구소에서 보어의 조수가 되었다. 이제 막 탄생한 새로운 이론을 가지고 무엇을 할 것인가, 그리고 결국 원자를 어떻게 이해해야 하는가를 놓고 하이젠베르크와 보어는 모든 개념을 하나하나 검토하며 치열하게 논쟁했다.

하이젠베르크는 원자를 설명하기 위해서는 기존의 언어를 버리고 새로운 방법을 찾아야 한다는 극단적인 자세를 마다하지 않았으나, 보어는 우리의 언어를 포기해서는 안 된다는 입장을 지켰다. 토론은 끝이 없었고 종종 쟁점이 무엇인지조차 불분명했다. 하이젠베르크는 조급해하고 짜증을 내고 심지어 눈물을 흘리기도 했지만, 보어는 특유의 부드러운 태도로, 그러나 한 치의 양보도 없이 토론을 계속했다. (보어의 이런 스타일에 나가떨어진 사람이 한둘이 아니다.)

하이젠베르크의 양자 역학은 위치와 속도와 같은 개념을 고전적으로 다루는 것을 포기하고, 원자를 기술할 수 있도록 새로운 방식으로 계산할 것을 제안한다. 그렇다면 원자 속에서는 정말 무슨 일이 일어나고 있는가? 왜 양자 역학은 입자를 분명하게 드러내지 않는가? 보어가 지적하고 하이젠베르크가 당면한 문제는 이 지점이었다. 해가 바뀌고 난 어느 날, 북유럽의 낮은 하늘 아래 거닐던 하이젠베르크에게 마침내 깨달음이 왔다. 답은 '원래 그렇다.'였다. 양자 역학에서는 모든 것이 분명하게 드러나지 않는다. 그것이 바로 양자 역학의 기본 원리다!

하이젠베르크는 자신의 추상적인 생각을 설명하기 위해서 아서 콤프턴의 실험에 기초한 유명한 사고 실험을 제시했다. 현미경으로 전자를 볼 때, 전자를 측정하려면 빛의 양자인 광자가 전자와 산란해야 한다. 이때 전자의 위치를 정확히 결정하기 위해서는 빛의 파장이 짧아야 한다. 즉 광자의 운동량이 커야 한다. 따라서 산란 때문에 전자의 운동량이 크게 변한다. 반대로 전자의 운동량을 가능한 한 바꾸지 않기 위해 운동량이 작은 광자로 전자를 산란시키면 이번에는 광자의 파장이 길어져서 전자의 위치를 정확히 결정할 수 없게 된다. 결국 전자의 위치와 운동량을 모두 정확히 결정할 수는 없고, 불확정성이 존재한다!

즉 위치를 정확하게 정하려면 운동량을 심하게 교란시켜야 하고, 운동량을 교란시키지 않으려면 위치를 정확히 정할 수 없게 된다는 뜻이다. 하이젠베르크의 아이디어를 양자 역학의 체계 안에서 좀 더 엄밀하게 형식화한 사람은 미국의 이론 물리학자 얼 헤스 케너드였고,[2] 이어서 하워드 퍼시 로버트슨이 이를 위치와 운동량뿐 아니라 일반적인 두 물리량에 대한 식으로 확장시켰다.[3]

당시 비슷한 문제 의식을 가진 사람이 하이젠베르크만은 아니었다. 볼프강 파울리도 하이젠베르크에게 보낸 편지에서 "자네는 운동량의 눈으로 세상을 볼 수 있네. 그리고 위치의 눈으로도 세상을 볼 수 있지. 그러나 만약 자네가 동시에 두 눈을 뜨고 보고자 하면 미치고 말 것이네."라고 말하기도 했다.[4] 또한 1926년 9월부터 6개월간 코펜하겐을 방문했던 디랙도 양자 역학의 체계를 다루는 일반적인 방법을 정의하면서, 이를 고전 역학의 관점으로 보면 이상한 불일치가 나타난다고 보고 있다.

불확정성 원리는 측정의 기술적 한계에 대해서 이야기하는 것이 아니라 본질적인 한계에 대해 말하는 것이다. 아니, 한계라기보다 그 자체가 양자계의 본질이다. 양자계가 입자와 파동의 성질을 동시에 가진다는 말이 바로 위치와 운동량 사이에 불확정성이 존재한다는 뜻이다. 하이젠베르크처럼 불확정성 원리가 성립하는 것은 측정 행위 자체가 시스템을 교란시키기 때문이라고 설명하는 전통적인 방법은 사실 고전 물리학에 새로운 개념을 더하는 반(半)고전적인 방법이라고 할 수 있다. 그러나 우리의 직관은 고전 물리학에 익숙해져 있으므로 이러한 방식으로 설명하는 것이 엄밀하지는 않지만 이해하기 쉽다.

불확정성 원리는 양자 역학을 현대적으로 구성하면 수학적으로 유도할 수 있다. 문제는 이를 실제 실험에 적용하는 일이다. 이에 대해 하이젠베르크는 수학적인 불확정성 관계를 실제 물리적인 계에 적용하면 본인이 처음 제시했던 오차와 교란에 대한 식이 된다고 주장했는데, 이 생각이 지금까지는 대체로 받아들여져 왔다. 그런데 일본의 물리학자 오자와 마사나오가 이 부분에 메스를 댔다.

일본 나고야 대학교의 오자와는 30년 넘게 양자 측정 문제, 양자 정보 이론 등 양자 역학의 근본적인 문제를 연구해 온 이론 물리학자다. 오자와는 2003년에 발표한 논문에서, 현미경의 분해능과 같은 물리량은 정확히 정의되지 않았고, 따라서 양자 요동의 방정식이 오차와 교란에 대한 식이 된다는 하이젠베르크의 논의는 부정확하다고 주장했다. 그는 이 문제를 해결하기 위해서 실험에 쓰이는 오차와 교란이라는 개념을 다시 엄밀하게 정식화했고, 그에 따라 새로운 표현식을 얻었다.[5] 이 표현식은 위치와 운동량의 교란에 의한 불확정성뿐 아니라 실험적인 오차도 포함하고 있다. 따라서 우리는 새로운 식과 하이젠베르크의 불확정성 관계가 크게 달라지는 지점을 찾을 수 있고, 어느 식이 옳은가를 검증해 볼 수 있다. 즉 새로운 표현식의 결과와 맞으면서 하이젠베르크의 표현과는 어긋나는 결과가 나오는지를 실험해 보면 된다.

빈 공과 대학 연구 팀이 발표한 논문이 바로 그런 실험 결과를 보고하는 논문이다. 이들이 택한 두 물리량은 z축 방향으로 정렬시킨 중성자 빔의 스핀을 다시 각각 x축 방향과 y축 방향으로 측정한 것이다. 그리고 이 두 측정값에 대한 오차와 교란으로부터 오자와의 결과를 검증했다고 보고했다.

나로서는 오차-교란에 관한 오자와의 새로운 표현식이 과연 옳은지, 그리고 실험이 과연 적절한지와 같은 자세한 내용은 아직 알지 못하겠다. 양자 역학의 근본 개념들은 너무나 섬세해서 다루기가 까다롭기 그지없기 때문에, 조심스럽게 숙고하고 깊이 논의해 보아야 할 것이다. 그러나 어쨌든 이 결과가 불확정성 원리가 옳고 그르고의 문제가 아님은 명백하다. 불확정성 원리는 당연히 양자 역학의 기본적인 원리다. 새로운 점은 불확정성 원리를 실험적으로 검증할 때 하이젠베르크가 처음 생각했던 형태가 아니라 더 일반적인 형태인 오자와의 관계식을 만족한다는 것이며, 이번에 발표된 논문은 이 관계식을 검증했다는 것이다. 그러니까 우리가 불확정성 원리를 더 잘 이해하게 되었다고 말하는 것이 옳겠다.

하이젠베르크는 그해 10월, 채 26세의 생일도 맞이하기도 전에 라이프치히 대학교의 교수로 부임하면서 코펜하겐을 떠난다. 하이젠베르크는 그 후에도 중요한 업적을 많이 남겼지만, 1925년 행렬 역학을 창안하면서부터 1927년 불확정성 원리를 발견할 때까지, 괴팅겐과 코펜하겐에서 보낸 시간만큼 불꽃같은 시기는 다시 얻지 못했을 것이다. 마치 1905년 베른에서의 아인슈타인, 혹은 흑사병이 돌던 1665년 고향인 울즈소프에서의 뉴턴처럼.

보이지 않는 세계

물리학에서 '본다는' 것의 의미

그날 새벽에 일어난 일은 잊을 수 없어. 두 손이 흐린 유리처럼 변해 가는 것을 지켜보면서 느껴야 했던 가공할 공포, 두 손이 시간이 흐르면서 점점 더 맑아지고 희미해지는 것을 바라보면서 느꼈던 그 불가사의한 공포를 잊을 수 없어. 결국 나는 투명해진 두 눈을 감았지만, 눈꺼풀도 투명해졌기에, 눈을 감고도 방 안의 너저분한 광경을 볼 수 있었어. 내 사지는 유리처럼 투명해졌고, 뼈와 동맥은 시야에서 희미해지더니 사라져 버렸으며 마지막엔 작고 하얀 신경들이 사라지더군.

H. G. 웰스의 「투명 인간」의 한 대목이다. 인간은 너무나 많은 것을 보는 데에 의지하고 있기 때문에, 보이지 않는 존재라는 개념은 상상력을 한껏 고양시킨다. 그러나 막상 투명 인간을 구체적으로 생각하면 그저 상상하는 것만으로는 충분하지 않은 여러 가지 현실적인 문제를

만난다. 웰스가 묘사했듯이 투명 인간은 눈꺼풀도 투명해져 버려서 눈을 감아도 여전히 모든 것을 보게 된다는 것이 그 한 예다. 그래서 투명 인간은 잠을 잘 때 캄캄한 방으로 가든지, 눈가리개를 써야 한다.

그보다 더 근본적인 문제점은 눈 자체다. 우리가 눈으로 사물을 보는 과정은 외부에서 들어온 빛을 수정체로 모아서 망막에 상을 맺고 이를 시신경으로 감지하는 것인데, 만약 완벽히 투명하다면 수정체가 빛을 모을 수도 없고, 망막에 상을 맺을 수도 없다. 따라서 투명 인간은 아무것도 볼 수 없다. 바꾸어 말하면, 아무리 투명 인간이라도 눈은, 즉 수정체와 망막과, 이를 둘러싼 눈알은 투명해서는 안 된다. 소설에서 이 점은 언급하지 않는데, 눈꺼풀의 문제를 묘사했던 웰스가 눈 자체의 문제를 몰랐으리라고는 생각되지 않는다. 아마도 해결할 방법이 없어서 그냥 무시한 것이 아닐까? 이렇듯 본다는 것 역시 물리적인 과정이며, 보이지 않는다는 것은 물리적으로 흥미로운 문제다. 그래서 보이지 않는 세계를 찾는 것은 현대 물리학의 중요한 주제였다.

19세기에 물리학자들은 기체가 작은 입자로 이루어져 있다고 생각하면 기체의 많은 성질을 입자의 운동으로 설명할 수 있다는 것을 알았다. 예를 들면 압력이란 많은 기체 입자가 용기의 벽을 두드리는 힘이고, 온도란 기체 입자들의 평균 에너지다. 이것은 단순한 비유나 유추만이 아닌 것이, 작은 입자로 이루어진 기체라는 개념으로부터 뉴턴의 역학을 이용해서 열역학의 관계식을 정량적으로 정확하게 유도해 낼 수 있었던 것이다. 이런 생각을 기체 운동론이라고 한다.

지금 우리는 만물이 원자로 이루어져 있다는 것을 알고 있으므로 기체 운동론을 당연하게 받아들인다. 그러나 19세기 물리학자들에게 기체 운동론은 신선한 이론이긴 했지만, 사실 하나의 가설이었다. 게다가 기체 운동론으로 추론한 기체 원자의 크기는 1억분의 1센티미터 정도였는데, 이는 우리가 사물을 보는 가시광선 파장의 100분의 1에 불과하다. 파동은 파장보다 매우 작은 물체를 만나면 거의 완전히 회절을 해 버려서 그냥 지나가 버린다. 그러므로 원자가 이 정도 크기라면 가시광선으로는 아무리 해도 볼 수 없는 것이다. 이것은 파동의 성질에 따른 원리적인 한계다. 아무리 배율이 좋은 현미경을 사용해도 원자를 볼 수는 없다는 뜻이다.

이렇게 원리적으로 볼 수 없는 물체는 실제로 존재하는 것일까, 아닐까? 어떤 사람들에게 이는 매우 중요한 철학적 문제였으며, 특히 실증주의적 전통의 독일어권 물리학자들에게는 보이지 않는 존재에 대한 거부감이 강했다. 그중에서도 빈 서클이라고 불리는 실증주의자들에게 보이지 않는 존재란 받아들일 수 없는 것이었다. 기체 운동론을 더욱 발전시켜서 통계 역학이라는 이론 체계를 수립한 볼츠만은 말년에 원자의 실재성을 놓고 이들과 긴 싸움을 벌여야 했고, 이는 만년에 그를 괴롭히던 우울증의 한 원인이 되었다. 우울증에 시달리던 볼츠만은 1906년 결국 자살로 생을 마감했다.

지금 우리는 가시광선이 아니라 원자의 크기 정도의 파장을 가지는 엑스선을 사용해서 사진을 찍으면 원자를 볼 수 있음을 안다. 또한 양자 역학에서 예견한 물질의 파동성을 이용해서, 빛 대신 짧은 파장의 전자 빔을 사용하는 전자 현미경을 가지고 원자를 볼 수 있다. 본다는 개념이 확장된 것이다.

　이런 예를 또 하나 생각해 보자. 1920년대에 방사선을 연구하던 물리학자들은 원자핵의 베타 붕괴 과정에서 놀랍게도 에너지가 보존되지 않는다는 것을 발견했다. 이 문제를 해결하기 위해, 오스트리아의 물리학자 볼프강 파울리는 1930년에 '보이지 않는 입자'가 있어야 한다고 주장했다. 당대의 모든 실험가들이 베타 붕괴에서 새어나오는 에너지를 측정하려다가 실패했지만, 그래도 에너지 보존 법칙은 지켜져야 한다고 파울리는 생각했으므로, 에너지 보존 법칙을 지킬 만큼의 에너지를 가진 보이지 않는 입자가 나오고 있다고 주장한 것이다. 이 입자가 마침내 발견된 것은 파울리가 처음 언급하고 26년이나 지난 1956년이었다.

　파울리의 보이지 않는 입자는 전기적으로 중성이면서 아주 가벼워야 했다. 이탈리아 인인 엔리코 페르미가 이탈리아 식 이름을 붙여 주어서 이 입자는, 오늘날 중성미자(neutrino)라고 불린다. 중성미자가 보이지 않는 이유는 원자가 보이지 않는 이유보다 더 근본적이고, 더 강력하다. 중성미자는 전기적으로 중성이기 때문에 빛과 아예 상호 작용을 하지 않기 때문이다. 따라서 중성미자는 우리가 보통 말하는 의미로는 정말로 보이지 않는다. 중성미자는 오직 베타 붕괴를 일으키는 힘인 약한 핵력을 통해서만 상호 작용하며, 따라서 중성미자를 보기 위해서는 약한 상호 작용을 통해야 한다. 그러므로 중성미자를 본다는 것은 기존의 본다는 개념을 더욱 확장한, 완전히 새로운 개념이다.

　그런데 이름 그대로 약한 핵력은 매우 약하다. 힘이 약하다는 것은 양자 역학적으로 말하면 상호 작용을 할 확률이 작다는 말이다. 확률이 작은 일을 일어나게 하기 위해서는 시도를 많이 하는 수밖에 없다. 즉 작은 확률로 상호 작용하는 중성미자를 보려면 많은 수의 중성미자를 가능한 한 많은 양의 물질과 만나게 해야 한다. 그래서 중성미자를 처음으로 발견한 미국 로스 앨러모스 국립 연구소의 레인스와 코완은 중성미자를 보기 위해서 그 전까지 사용했던 것과는 차원이 다르게 거대한, 수 톤짜리 검출기를 만들어야 했다. 그들은 자신의 검출기를 '엘 몬스트로(El Monstro, '괴물'이라는 뜻이다.)'라고 불렀다. 오늘날의 중성미자 검출기는 그보다 훨씬 거대하다. 가장 눈부시게 활약하는 중성미자 검출기인 일본의 슈퍼가미오칸데는 지름과 높이가 40미터에 이르는 거대한 원통이다. 이것은 수정체와 망막과 시신경 대신에 5만 톤의 물과 1만 개가 넘는 광전 증폭관으로 이루어진, 오직 중성미자를 보기 위한 거대한 눈이다.

　이번에는 전혀 다른 관점에서 보이지 않는 물질을 생각해 보자. 이 세상의 모든 물질이 원자로 구성되어 있음을 알게 되고, 양자 역학을 통해 원자를 이해함으로써, 인간은 세상의 물질적 원리를 이전보다 한 차원 더 깊이 꿰뚫어 보게 되었다. 그러나 얼마 후에 이 세상에 원자를 이루는 물질 외에 다른 물질들이 있다는 것을 알게 되자 당혹스러운 혼란에 빠지게 되었다. 이 물질들은 원자핵이 충돌할 때 만들어지기 때문에 마치 원자핵 속에서 나온 것 같기도 했다. 그러나 실험을 잘 분석해 보면, 이 물질들이 원래 원자핵 속에 들어 있던 것이 아니라 원자핵이 충돌할 때의 에너지가 물질로 전환된 것임을 알 수 있다. 에너지가 물질로 전환되는 일은 아인슈타인의 상대성 이론으로 그럭저럭 이해할 수 있지만, 그렇다고 왜 이 물질들이 나타나는지는 알지 못했다. 게다가 우리 눈에 보이는 세상을 이루는 것도 아닌 물질이 존재하는 이유가 무엇인지는 더더욱 알지 못했다. 이 물질들은 종류도 무척 많았다. 원자보다 더 많을 지경이었다.

원자핵과 강하게 상호 작용하는 물질이므로 이 물질들을 하드론(hadron, 강입자)이라고 불렀다. 하드론 세계의 질서를 밝힌 사람은 미국의 물리학자 머리 겔만이다. 겔만은 하드론을 분류하고, 하드론의 성질을 지배하는 원리를 발견했으며, 나아가서 몇 종류의 기본 입자만 있다면, 이들을 결합해 모든 종류의 하드론을 만들 수 있고, 그 성질을 설명할 수 있다고 제안했다. 이 기본 입자에 겔만은 쿼크라는 이름을 붙였다.

겔만의 이론은 우아하고 강력했으나 한 가지 흠이 있었다. 쿼크는 전자가 가진 전하의 3분의 1이나 3분의 2 크기의 전하를 가져야 하는 것이었다. 전자의 전하가 처음 측정된 이후, 어떤 실험에서도 전자의 전하보다 작은 전하는 발견된 적이 없었다. 1950년대 이후 가속기가 발전하면서 원자핵을 충돌시키는 실험이 무수히 행해졌지만, 그런 전하를 가지는 현상은 한 번도 관찰된 적이 없다. 그렇다면 쿼크는 실재하는 것일까? 아니면 그저 개념적인 도구일 뿐일까?

1968년 스탠퍼드 선형 가속기 연구소(SLAC)에서 높은 에너지의 전자를 양성자에 충돌시키자, 전자는 양성자 속으로 파고 들어가 양성자의 내부 구조를 처음으로 보여 주기 시작했다. 튀어나오는 전자의 분포를 살펴보면 확실히 양성자 속에는 쿼크처럼 보이는 무언가가 있는 것처럼 보였다. 그러나 충돌 결과 만들어진 입자들을 보면 여전히 쿼크는 하나도 보이지 않고 하드론뿐이었다. 쿼크는 왜 볼 수 없는 것일까? 대체 쿼크가 존재하기는 하는 것일까?

물리학자들이 알아낸 바에 따르면, 우리는 쿼크만을 따로 볼 수는 없다. 원자핵을 이루는 힘인 강한 핵력은 쿼크들 사이에 작용하는 매우 강한 힘이다. 이 힘은 특이하게도 거리가 멀어질수록 더욱 강해진다. 따라서 쿼크를 떼어내려고 하면 쿼크 사이의 강한 핵력의 에너지가 점점 높아져서 어느 순간 물질로 전환되어 쿼크 쌍을 만들어 낸다. 이렇게 만들어진 쿼크 쌍은 또다시 원래의 쿼크와 합쳐져서 하드론을 이룬다. 그래서 우리가 볼 수 있는 것은 언제나 하드론뿐이다. 쿼크를 볼 수는 없다.

두부를 생각해 보자. 우리는 두부에는 속 부분이 있다는 것을 알고 있다. 그런데 두부의 속을 볼 수 있는가? 두부의 속을 보기 위해서 두부를 자르면 속이었던 부분은 다시 두부의 겉면이 된다. 어떻게 잘라도 마찬가지다. 결국 우리가 보는 것은 늘 두부의 겉면이고 속 그 자체는 결코 볼 수 없다. 쿼크를 볼 수 없는 이유는 이와 비슷하다. 하드론에서 쿼크를 떼어내면 다시 하드론이 만들어지고 쿼크 자체는 볼 수 없다. 그렇다고 두부의 속 부분이 없다고 할 수 있을까? 쿼크가 존재하지 않는다고 할 수 있을까?

쿼크를 볼 수 없는 이유는 중성미자와는 전혀 다르다. 중성미자가 상호 작용이 너무 약해서 볼 수 없다면, 쿼크는 반대로 상호 작용이 너무 강해서 볼 수 없다. 강한 핵력은 언제나 쿼크를 둘러싸서 하드론을 만들어 버리고, 그래서 우리는 언제나 하드론만을 볼 수 있을 뿐이다.

마지막으로 또 하나의 보이지 않는 세계를 생각해 보자. 중력이 너무 강해서 빛조차도 빠져나오지 못해 보이지 않는 별, 바로 블랙홀이다. 블랙홀은 애초에 그 정의 자체가, 그리고 이름도 보이지 않는 존재를 뜻한다. 블랙홀이 처음 모습을 보인 것은 독일의 천문학자 카를 슈바르츠실트가 아인슈타인의 일반 상대성 이론 방정식을 최초로 풀었다고 알려왔을 때였다. 슈바르츠실트의 답은 둥근 별이 하나 있을 때, 별의 내부와 외부의 시공간이 어떻게 생겼는지를 보여 주는 것이다. 그런데 별이 어떤 값보다 더 무거워지면, 별의 내부에는 시간이 더 이상 흐르지 않고 별에서 나오는 빛의 파장은 무한히 길어지는 이상한 결과가 나오는 것이다. 아인슈타인을 비롯해서 사람들은 이 결과는 물리적인 답이 아니라고 생각했다. 그런데 실제로 별이 그 크기가 되면 어떻게 될까?

이 문제는 인도 출신의 수브라마니안 찬드라세카르가 백색 왜성에 대해서 연구하면서, 그리고 미국의 오펜하이머가 중성자별에 대해서 연구하면서 계속 다시 나타났다. 오펜하이머와 그의 학생 스나이더가 구한 답에 따르면, 별이 어느 한계 이상으로 무거워지면 별 자체가 중력으로 인해 붕괴되면서, 별 내부의 시공간은 강하게 휘어지고, 별에서는 더 이상 빛이 나오지 못한다. 이는 밖에서 보기에 마치 지평선을 넘어가는 것처럼, 별이 있던 공간이 잘려 나가서 보이지 않는 것과 같다. 그래서 이 경계면을 사건의 지평선이라고 부른다. 이것이 바로 블랙홀이다.

블랙홀이 보이지 않는 이유는 지금까지 원자와도, 중성미자와도, 그리고 쿼크와도 완전히 다르다. 어떤 의미에서 블랙홀의 안과 밖은 마치 언덕 너머의 세상처럼 서로 아무것도 주고받지 못하는 완전히 다른 세계에 속하는 셈이다.

블랙홀과 아무것도 주고받지 못한다면, 우리는 블랙홀이 있다는 것을 어떻게 알 수 있을까? 한 가지 방법은 스티븐 호킹이 제안한 호킹 복사(Hawking radiation)를 보는 것이다. 호킹 복사란 빈 공간에서 양자 역학적으로 입자-반입자 쌍이 생성될 때 블랙홀의 사건의 지평이 그 사이를 가르게 되면, 하나는 블랙홀 안으로, 다른 하나는 바깥으로 나오게 되면서 바깥에서 보기에 마치 블랙홀에서 입자가 튀어나오는 것처럼 보이는 현상을 말한다. 그러니까 마치 동양화에서 구름을 그려서 달을 나타내는 홍운탁월(烘雲托月)과 비슷하다. 하지만 우주의 블랙홀이 내는 호킹 복사는 지구에서 보기엔 너무 약해서 아직 실제로 관찰된 일은 없다. 천체 물리학자들이 블랙홀을 찾는 다른 방법은 주로 블랙홀의 강력한 중력이 내는 여러 가지 간접 효과를 통해서다. 예를 들면 많은 양의 물질이 급격하게 거대 블랙홀 안으로 빨려들어 가면서 내는 엑스선 복사를 보는 등의 방법이 있다.

버클리와 같은 관념론자들은 물질은 존재하지 않으며 세계는 우리의 관념으로 이루어진 것이라고 주장했다. 그런데 인간의 관념은 인간의 감각으로 통해서 형성되고, 인간의 감각은, 즉 인간이 세상을 본다는 것은 물리적인 과정이다. 현대 물리학은 보이지 않는 세계를 계속

해서 탐구하고 있고, 보이지 않는 세계를 보기 위해서 노력하면서 본
다는 물리적인 과정을, 결국 본다는 개념 자체를 더욱더 확장해 가고
있다.

전자 바라보기

우리가 보는 건 재규격화된 전자

1926년 초, 방금 이 세상에 새로운 양자 역학을 가져온 스물다섯 살의 청년 하이젠베르크는 아인슈타인과 플랑크가 있는 독일 과학의 중심, 베를린 대학교에 가서 그의 양자 역학에 대해 강연했다. 강연 후 하이젠베르크는 아인슈타인과 산책을 하며 물리학에서의 진리 규준에 대해 대화를 나눴다. 이 대화에서 아인슈타인은 이렇게 말했다.[1]

관찰할 수 있는 양만을 가지고 이론을 세우려는 것은 전적으로 잘못된 것입니다. 사람이 무엇을 관찰할 수 있는가를 결정하는 것은 이론입니다.

무언가를 관찰한다는 것이 무엇일까? 이를 가장 기본적인 수준에서 생각해 보기 위해, 우리가 생각할 수 있는 가장 간단한 대상을 바라보자. 우리가 알고 있는 물질 중에서 가장 단순하고도 우리에게 친숙한 존재는 전자다. 우리는 전자의 질량과 전하, 스핀과 그 밖의 여러 가지 물리적 성질을 잘 알고 있고, 전자의 움직임을 마음대로 제어할 수 있다. 또한 현재 우리가 알기로는 전자는 내부에 더 이상의 구조가 없다. 그러므로 전자는 이 우주를 이루는 가장 단순한 기본 입자면서 우리가 가장 잘 알고 있는 입자다. 자 이제 전자를 하나 눈앞에 가져다 놓고 바라보자. 그리고 우리가 보는 것이 무엇인지 생각해 보자.

우리는 전자만을 보고 있을까? 그렇지 않다. 전자는 전하를 가지고 있기 때문에 주변에 전기장을 만든다. 그러니까 전자를 바라볼 때 우리가 보게 되는 것은 전자와 전자가 만드는 주변의 전기장을 합한 것이다. 이것이 소위 말하는 '고전적인' 전자의 모습이다. 전자와 전기장으로부터 우리는 전자의 전하와 질량을 알 수 있다.

그런데 이것이 전부가 아니다. 전기장이 생기면 전자는 자신이 만든 전기장과 상호 작용한다. 게다가 양자 역학에 따르면 불확정성 원리가 허용하는 시간 안에서 전기장이 전자-양전자 쌍을 만들었다가 소멸시킬 수 있고, 전자와 전기장이 상호 작용할 때 가상의 광자를 주고받을 수 있다. 그러니까 전자는 그저 전자 하나만 있는 것이 아니라 전기장이 전자를 둘러싸고 상호 작용하고 있는 양자 역학적 효과를 모두 합한 상태로만 존재하는 것이다. 그것이 우리가 보는 전자의 진짜 모습이다.

양자 역학의 효과를 생각하지 않을 때의 전자기학은 19세기에 제임스 클러크 맥스웰이 최종적으로 완성했다. 양자 역학은 1925년 하이젠베르크와 슈뢰딩거가 각각 발표한 독창적인 두 편의 논문으로부터 시작되었다. 맥스웰의 고전 전기 역학에 양자 역학의 원리를 적용한 이론을 양자 전기 역학(Quntum Electrodynamics, QED)이라고 부른다. 우리가 보는 세상은 원자로 이루어져 있고 원자의 세계에서 일어나는 일은 거의 전자기적인 상호 작용이므로, 양자 전기 역학이야말로 이 세상의 모습을 대부분 설명해 주는 근본적인 이론이다. 그래서 양자 전기 역학 이론을 확립하고 전기장의 양자 역학적 효과를 이론적으로 계산하는 것이 1920년대 후반부터 이론 물리학의 주요 과제가 되었다.

1928년 디랙은 슈뢰딩거의 방정식을 상대성 이론에 맞게 확장시킨 상대론적 방정식을 쓰는 데 성공했고, 1929년에는 파울리, 요르단, 하이젠베르크 등이 장(field)의 양자론을 만들어 냈다. 양자 전기 역학은 곧 완성될 듯 보였다.

미국 캘리포니아 주립 대학교 버클리 캠퍼스의 줄리어스 로버트 오펜하이머는 1930년에 발표한 「장과 물질의 상호 작용의 이론에 관하여(Note on the Theory of the Interaction of Field and Matter)」[2]라는 논문에서 양자 전기 역학으로 전자 및 양성자와 전자기장의 상호 작용을 계산하고 뜻밖의 결과를 발표했다. 이 논문에서 밝힌 바에 따르면 오펜하이머는 "현재의 이론에 따르면 전하와 그 전하에서 나오는 장의 상호 작용이 반드시 존재하며, 이 이론은 원자의 에너지 준위와 흡수 방출선의 진동수를 계산하면 잘못된 예측이 나온다는 것을 보였다." 여기서 "잘못된 예측"이란 양자 전기 역학으로 물리량을 계산했더니 무한대가 나왔음을 말한다. 그러니까 우리가 보고 있는 전자를 둘러싸고 있는 전기장의 모든 양자 역학의 효과를 합하면 무한대가 된다는 것이다.

물론 이것은 누가 보아도 이론이 잘못된 것이다. 실험실에서 전자의 전하와 질량을 측정해 보면 당연히 유한한 값이기 때문이다. 사실 양자 전기 역학으로 전자의 자체 에너지나 전자기장의 진공 편극을 계산할 때 주요 항만 생각하면 그런 대로 실험을 설명할 수 있는 값이 나온다. 문제는 정확한 값을 얻기 위해서 완전한 답을 계산하려 하면 무한대가 되어 버리는 것이다. 역시 이론이 불완전하다고 할 수밖에 없다. 그런데 앞서 말했듯이 양자 전기 역학이야말로 이 세상을 설명하는 가장 기본적인 법칙이다. 이를 모르고 우리가 제대로 세상을 이해하고 있다고 할 수 있을까? 비록 많은 수는 아니었지만, 이 문제를 생각하는 물리학자들은 늘 마음 한구석이 불편했다.

그러나 이 문제에 빛이 비추기에는 여러 해가 더 필요했다. 그사이 물리학자들은 원자핵을 더 잘 이해하게 되었고, 원자핵에서 에너지를 얻어 내는 방법을 알게 되었으며, 세계는 전쟁을 치렀고, 원자핵의 에너지를 이용한 원자 폭탄은 많은 사람의 목숨을 빼앗았다.

전쟁이 끝나고 난 뒤, 세상은 물리학자를 '슈퍼맨' 보듯이 했다. 그 좋은 예가 1947년 6월 뉴욕 주 셸터 섬에서 열린 특별한 학회다. 전 뉴욕 과학원 원장이던 덩컨 매킨스가 제안하고, 훗날 유럽 입자 물리학 연구소 CERN의 소장을 지내기도 한 바이스코프가 조직한 이 학회는 "양자 역학의 근본 문제"를 주제로 6월 2일부터 4일까지 3일간 열렸다. 이 학회에는 초대받은 24명의 물리학자만 참석했는데, 오펜하이머를 비롯해서 대부분이 원자 폭탄을 만들었던 로스 앨러모스 출신들이었고, 그들은 전례 없이 유명인 대접을 받았다. 롱아일랜드의 그린포트로 가는 동안 경찰 오토바이가 참가자들이 탄 버스를 둘러싸서 호위했고, 그린포트에서는 상공 회의소 의장이었던 존 화이트가 만찬을 베풀었다. 그는 제2차 세계 대전 당시 미국 해군에서 복무했기 때문에 원자 폭탄을 만든 사람들에게 경의를 표하고자 한 것이다.

사실 양자 전기 역학에 뚜렷한 발전이 없었던 데는 이를 확인할 새로운 실험 결과가 없었기 때문이기도 했다. 그래서 라비는 1947년 초에 "지난 18년은 — 양자 역학인 만들어진 1930년부터 당시까지 — 금세기에서 물리학의 황무지였다."라고까지 말했다. 이 상황이 셸터 섬 회의에서 바뀌게 된다. 컬럼비아 대학교의 젊은 물리학자 윌리스 램이 마이크로파 빔을 이용해서 이전보다 극히 정밀하게 수소 원자의 에너지 준위를 측정했더니, 지금까지 하나로 생각했던 준위가 사실은 미세하게 다른 값으로 갈라져 있다는 실험 결과를 셸터 섬에서 발표한 것이다. '램 이동'이라고 부르는 이 발견으로 램은 훗날 노벨 물리학상을 받게 된다.

이제 눈가림과 어림짐작의 시대는 끝났다. 램의 실험을 설명하기 위해서 양자 전기 역학을 확실하게 이해해야 한다는 것이 명확했다. 한스 베테는 셸터 섬에서 돌아오는 길에 마구잡이기는 하지만 그럭저럭 램 이동을 계산해 냈다. 바이스코프도 자신의 대학원생 브루스 프렌치와 베테의 결과를 개선한 계산 결과를 내놓았다. 그러나 진짜 답은 따로 있었다. 셸터 섬에 온 물리학자 중에서 가장 어린 축이던 줄리언 슈윙거와 리처드 파인만은 이 문제에 대해 나름대로의 생각을 준비하고 있었다. 이들이 다음 세대의 중심이 될 것이었다.

다음해 포코노에서 열린 두 번째 학회에서, 슈윙거는 마침내 그의 양자 전기 역학을 거의 완성된 형태로 내놓았다. 페르미, 오펜하이머, 베테, 텔러를 비롯해서 보어와 디랙까지, 세기의 석학들이라 할 만한 참석자들조차도 슈윙거의 강의를 따라가기가 벅찰 지경이었다. 그렇지만 슈윙거가 앞뒤가 맞는 이론을 수립하고 램 이동을 제대로 계산한 것은 명확해 보였다. 한편 슈윙거와 동갑인 파인만이 스스로 고안한 파인만 다이어그램과 함께 발표한 양자 전기 역학을 이해한 사람은 그 자리에서는 아무도 없었다. 파인만의 방법 역시 옳고, 슈윙거의 이론과 동등하다는 것이 확인된 것은 몇 년 후에 영국에서 온 젊은 수학자 프리먼 다이슨이 증명한 뒤의 일이다.

자 다시 전자를 바라보는 일로 돌아오자. 그래서 우리가 전자를 볼 때 진짜로 보는 것은 무엇인가? 골치 아픈 무한대가 나오는 전기장을 치워 버리고 전자 그 자체만을 바라볼 수는 없는 걸까? 놀랍게도 슈윙거와 파인만이 제시한 방법은 그 반대다. 전자와 전기장은 따로 떼어 놓을 수 없다. 우리가 전기장의 효과를 계산해서 무한대가 나온 것은 전기장의 효과만을 계산했기 때문이며, 전기장의 효과와 전자를 같이 보면 유한한 값의 전하와 질량을 가진 전자를 보게 된다.

슈윙거는 기본 원리인 게이지 대칭성과 상대성 이론을 지키면서, 전기장의 효과를 계산해서 무한대 값들이 나오는 경우를 하나하나 잘 정의하고 조절하면 무한대를 체계적으로 상쇄하고 유한한 물리량을 얻을 수 있음을 보였다. 파인만은 전기장의 효과를 직관적인 그림으로 나타내고, 그림에 맞추어서 정해 준 계산의 규칙을 따라서 같은 결과를 얻었다. 애초에 무한대였던 전자의 값이 전자기장의 효과로 다시 정해지므로 이 과정을 재규격화(renormalization)라고 부른다.

그렇다면 전기장을 뺀 전자 그 자체의 전하와 질량은 무엇인가? 물리학자들은 이를 맨전하(bare charge)와 맨질량(bare mass)이라고 부르는데, 이들의 값은 무한대인 전기장의 효과와 상쇄되기 위해서 당연히 무한대여야 한다!

아니 그래도 이건 아무래도 엉터리가 아닐까? 전자 그 자체의 전하와 질량이 무한대라니? 이건 물리학자들 자신들이 전기장의 양자 역학적 효과를 제대로 계산하지 못하니까 그걸 때우려고 임의로 집어넣은 눈가림 아닌가? 이와 같은 접근법에 마뜩지 않아 한 사람들은 물리학자들 중에도 많았다.

특히 양자 전기 역학의 창시자인 디랙은 물리량을 이렇게 처리하는 것에 전혀 동의하지 않았다. 디랙이 이 문제로 얼마나 상심했는지에 대해서는 얼마 전 출판된 디랙의 전기에서 미국 플로리다 대학교의 이론 물리학자 피에르 라몽이 증언하고 있다. 디랙은 역시 미국 플로리다 주에 위치한 플로리다 주립 대학교에서 만년을 보냈는데, 1983년에 이 학교에 라몽이 강연을 왔다. 라몽은 전설적인 인물을 만난 데 감동하고, 말 안 하기로 유명한 디랙과 대화를 이끌려고 애쓰다가 디랙에게 자기가 있는 대학에 와서 강연을 해 줄 것을 요청했다. 그러자 당시 80세를 넘긴 디랙은 즉시 이렇게 말을 잘랐다. "싫네. 난 얘기할 게 없어. 내

Richard P. Feynman

$$\langle \text{final state} \mid H_I \mid \text{initial state} \rangle$$

$$M \sim \langle \mu^+ \mu^- \mid H_I \mid \gamma \rangle^\mu \langle \gamma \mid H_I \mid e^+ e^- \rangle_\mu$$

1948년 포코노 학회에서 파인만이 소개한 파인만 다이어그램.

인생은 완전히 실패야!" 라몽은 이 말을 듣고, 디랙이 야구 방망이로 그의 머리를 후려쳤어도 그렇게 충격을 받지는 않았을 거라고 말했다. 이렇게 위대한 사람이 사신의 인생을 완전한 실패라고 하다니! 디랙은 아무 감정을 보이지 않고, 한때는 성공했던 것으로 보이던 양자 역학이, 전자와 빛이 상호 작용하는 간단한 상황마저도 제대로 기술하지 못하고 무한대가 쏟아져 나오는 의미 없는 결과를 내기 때문이라고 설

명했다.[3]

그러나 재규격화는 단순히 무한대를 없애기 위한 수학적 기법이 아니라는 것이 차츰 밝혀졌다. 재규격화를 통해서 우리는 서로 다른 스케일의 물리학을 체계적으로 연결할 수 있게 되었다. 이는 계층화된 물리 법칙으로 우주 전체를 설명하는 데 핵심적인 구실을 한다. 재규격화는 또한 통계 물리학에서 상전이와 임계 현상을 기술하는 데 적용되어 성공을 거두었으며 케네스 윌슨은 이 업적으로 1982년에 노벨 물리학상을 수상했다.

다시 전자를 바라보자. 우리가 전자를 볼 때, 우리는 전자와 전자기장을 따로따로 보는 것이 아니다. 애초에 전자기장 없는 '전자 그 자체'란 존재하지 않는다. 따라서 그런 전자만을 보려고 생각하는 것은 물리적으로 옳지 않다. 우리가 보는 진짜 전자란 맨물리량과 양자 역학적 효과를 모두 합친, 그러니까 '재규격화된' 전자이며, 그것이 실제로 존재하는 전자다. 이것이 양자 전기 역학이 우리에게 가르쳐 준 일이다. 그렇게 우리가 전자 하나를 보는 일조차 근본적으로는 이론과 뗄 수 없는 일인 것이다.

양성자 속으로

드러난 쿼크와 숨은 쿼크, 그리고 파톤

보이지 않을 만큼 작아진 잠수정을 타고 인간의 몸속에 들어가는 모험을 그린 영화 「마이크로 결사대」는 오토 클레멘트와 제롬 빅스비의 원작을 바탕으로 20세기 폭스 사가 1966년에 제작한 SF 영화다. 영화에서 주인공들은 뇌 속의 응혈을 제거하기 위해 미생물의 크기로 작아져서 100만분의 1미터 크기의 잠수정을 타고 몸속에서 혈관을 따라서 모험을 한다. 과학자들의 자문을 받아서 묘사되는 우리 몸속의 모습은 마치 미지의 세계처럼 신비스럽다. 대원들은 여러 어려움을 겪고 백혈구의 습격을 받으면서 임무를 수행하고 마지막에는 눈을 통해서 귀환한다. 위험하고도 신비로운 몸속 세계를 표현한 특수 효과는 그해 아카데미 시상식에서 미술 감독상과 시각 효과상을 받기도 했다.

반탐 북스라는 출판사는 이 영화의 소설화 권리를 사서 아이작 아시모프에게 소설로 쓸 것을 제안했다. 그런데 영화 제작이 지연되고 아시모프의 소설이 먼저 출간되는 바람에 아시모프가 원작을 쓴 것으로 오해받는 경우가 종종 있다고 한다. 많은 사람들에게는 원래 영화보다 스티븐 스필버그 사단에서 1987년에 리메이크하고 젊은 날의 맥 라이언이 출연한 「이너스페이스」가 더 친숙할지도 모르겠다. 최근에는 제임스 카메론이 이 영화의 리메이크 권리를 샀다고 한다.

이 영화에서처럼 아주 작은 세계의 모습을 상상하는 것은 놀랍고 신기하고도 자극적이다. 상상을 더 전개해서, 더 작은 잠수정을 타고 세포와 바이러스, 세균의 세상보다 더 작은 세계로 들어가면 우리는 단백질과 같은 거대 분자의 모습을 보게 될 것이다. 그리고 그보다 더 작은 세계로 들어가면, 또다시 새로운 세계가 열린다. 바로 원자의 세계다.

원자라는 개념은 아주 오래전, 고대 그리스부터 존재했지만, 원자의 내부에 처음으로 들어간 것은 1909년 영국 맨체스터 대학교의 러더퍼드의 실험실에서 일어난 일이다. 러더퍼드는 얇은 금박에 알파 입자를 쏘아 튀어나온 입자의 패턴을 분석해서, 원자에는 양전기를 가진 무거운 원자핵이 들어 있고, 따라서 원자는 원자핵과 음전기를 가진 가벼운 전자로 구성되어 있다는 것을 처음으로 밝혔다. 이는 마치 태양의 주위를 지구와 다른 행성들이 돌고 있는 모습을 연상시키는 것이었다. 극미의 세계에서 거대한 우주의 모습이 다시 나타난다는 것은 인간의 심미적 감수성에 깊이 호소하는 것이었다. 그러나 사실 이것은 자연의 비밀을 파헤치는 위대한 원정의 출발에 불과했다. 그때까지의 인간의 물리학 지식으로는 러더퍼드가 제안한 원자의 구조를 설명할 수도, 이해할 수도 없었기 때문이다.

20세기 전반의 물리학은 원자를 이해하기 위한 여행이었다. 그 어떤 시기보다도 많은 위대한 물리학자들이 원자를 이해하고 설명하기 위해서 노력했고, 그 결과 우리는 양자 역학이라는 인류 역사에 몇 되지 않는 혁명적인 지식을 갖게 되었다. 원자의 모습을 올바르게 보려면 양자 역학을 통해서 보아야 한다. 양자 역학을 통해서 보는 원자 속의 풍경이란, 태양계 같은 것이 아니라 무거운 원자핵을 중심으로 가벼운 전자가 마치 구름처럼 주변을 둘러싸고 있는 모습이다. 그 지식으로 우리는 원자와 물질의 세계를 설명할 수 있게 되었고, 세계를 지금 우리가 보는 모습으로 만들어 놓았다. 다이오드, 트랜지스터, 레이저, 그리고 이를 이용한 텔레비전, 컴퓨터, 인터넷과 스마트폰은 모두 양자론 위에 세워진 구조물이다.

러더퍼드는 나아가서 알파 입자를 질소에 충돌시켜서 수소의 원자핵이 튀어나오는 것을 확인하고, 수소의 원자핵이 원자핵을 이루는 요소라는 것도 밝혀냈다. 이렇게 원자핵을 이루는 기본 단위인 수소의 원자핵을 양성자라고 부른다. 이제 원자보다 더 작은 세계가 나타난 것이다. 원자보다 더 작은 세계인 양성자 속의 풍경은 또 어떤 모습일까? 우리가 그것을 상상할 수 있을까? 안타깝게도 그냥은 그럴 수 없다. 그곳은 절대적으로 양자 역학에 따라서 모든 일이 일어나는 곳이고, 또한 원자핵을 이루는 힘인 강한 상호 작용이 지배하는 세상이기 때문이다. 그리고 그 두 가지는 인간의 감각으로는 느낄 수 없고 이해할 수도 없는 일들이다.

다시 원자로 돌아가 보자. 원자를 이해하는 것은 적어도 양성자보다는 훨씬 쉽다. 첫째로, 적어도 원자에는 우리의 고전적인 감각과도 연결되는 부분이 있다. 무거운 원자핵이 중심에 있고 그 주변에 전자들이 있다는 묘사가 바로 그런 것이다. 사실 태양계의 모습도 원자에 대한 첫 번째 이미지로는 그다지 나쁜 것이 아니다. 적어도 원자를 제대로 묘사하는 올바른 길로 들어선다는 것을 의미하기 때문이다. 두 번째로, 원자를 이루는 힘은 전자기력이고, 전자기력은 고전적으로는 우리가 대단히 잘 알고 있는 힘이다. 그러니까 적어도 우리가 상상할 재료가 있는 셈이다. 게다가 가능하다면 언제든지 고전적인 극한을 생각해서 이론을 점검할 수 있다.

그러나 양성자에 대해서는 상황이 전혀 다르다. 양성자의 모습과, 강한 상호 작용에 대해서 우리는 어떤 감각도, 이미지도, 기준도 가지고 있지 못하다. 러더퍼드가 양성자의 존재를 처음 인식한 1914년 이후 50년이 넘도록, 물리학자들은 무엇을 구성 요소로 하고 어떤 힘이 그것들을 붙잡아서 양성자를 이루는지, 아니 그 전에 대체 양성자란 구조가 없는 기본 입자, 그러니까 데모크리토스의 '원자'인지, 아니면 실제의 원자처럼 더 기본적인 입자로 만들어진 복합 입자인지조차 알지 못하고 있었다.

양성자 속을 보려는 노력의 실마리는 미국의 서해안에서 풀리기 시작한다. 스탠퍼드 대학교는 여러 개의 가속기를 직선으로 연달아 이어 놓은 선형 전자 가속기 분야에서 독보적인 곳이다. 1947년 윌리엄 핸슨이 최초의 선형 전자 가속기를 만들어 마크 I이라 이름 붙였고, 이어서 4년 뒤 에드워드 긴츠톤과 마빈 쇼도로는 무려 300미터가 넘는 길이의 거대한 선형 가속기 마크 III를 완성해서 전자를 약 1기가전자볼트까지 가속시켰다. 로버트 호프스태터가 마크 III로 가속시킨 약 800메가전자볼트의 전자를 액체 수소에 쏘았더니, 전자는 수소 안의 양성자에 충돌해서 여러 방향으로 튀어나갔다. 호프스태터가 본 양성자는 속이 흐릿한 작은 공과 같았다. 그러니까 호프스태터는 양성자의 겉모습을 본 것이다. 그는 이 업적으로 1961년 노벨 물리학상을 수상한다.

이제 러더퍼드가 원자에 대해서 그랬듯이, 양성자 속으로 들어가서 양성자 속의 세계를 볼 차례다. 스탠퍼드 대학교는 1961년 스탠퍼드 선형 가속기 연구소를 설립하고, 양성자 속으로의 야심찬 여행의 닻을 올렸다. 1962년 건설되기 시작한 초대형 선형 가속기는 무려 2마일(약 3.6킬로미터)에 달하는 크기로 1966년 완공되었다. 이 거대한 기계는 그때까지 존재한 어떤 과학 시설보다도 많은 돈이 들어간 것으로 악명이 높았다.

SLAC의 리처드 테일러와 MIT의 제롬 프리드먼과 헨리 켄들이 이끄는 실험 팀이 새 선형 가속기에서 무려 20기가전자볼트 에너지로 가속된 전자를 양성자에 충돌시키자, 튀어나온 전자는 무언가 새로운 세계를 보여 주기 시작했다. 드디어 양성자 내부를 '보기' 시작한 것이다. 이들이 첫 번째로 알아낸 것은 무언가 그 안에 들어 있다는 사실이었다. 이는 마치 상자 안에 무엇인가를 넣어놓고, 상자를 열지 않고, 흔들든지, 기울이든지, 소리를 듣든지 해서 속에 든 것을 맞히는 것과 같았다. (페르미 연구소의 10대들을 위한 교육 프로그램에서는 실제로 그런 실습을 한다고 한다.) 물론 이들이 정말 무엇을 보았는가를 이해하는 일은 대단히 어려웠다. 이를 해석하는 데 커다란 도움을 준 것은 두 명의 이론 물리학자였다.

사람들이 'Bj'라고 불렀던 제임스 비요르켄은 스탠퍼드 대학교에서 학위를 받고 SLAC의 실험에 합류했다. 그는 SLAC의 실험을 깊게 이해하고, 데이터 속에서 일련의 규칙성을 찾아내는 데 성공해서, 양성자가 하나의 점입자가 아니며, 양성자 안에 무언가 더 작은 입자가 있음을 밝혀냈다. 게다가 실험 데이터의 의미는 양성자 안의 입자가 돌아다닌다는 것이었다. 비요르켄의 결과는 또 한 사람의 위대한 이론 물리학자에 의해서 보다 명쾌하게 이해되는데, 그 사람이 바로 리처드 파인만이다.

파인만은 당시 강한 상호 작용을 이해하려고 애쓰던 참이었다. 양성자에 내부 구조가 있다면 어떤 일이 일어날 것인가를 숙고하던 파인만은 그 특유의 직관적인 방법으로, 양성자를 이해했다. 파인만은 양성자가 어떤 작은 조각(part)으로 이루어져 있다고 가정하고, 이 조각들을 파톤(parton)이라고 불렀다. 파톤들은 아직 물리적 성질은 알 수 없지만 매우 작으므로 아주 빠른 속도로 양성자 안에서 돌아다닐 것이다. 따라서 낮은 에너지의 전자는 파톤을 보지 못하고 양성자 덩어리만 보는 것이다. 전자가 높은 에너지가 되면 이제 파톤 하나하나가 보이면서 양성자가 아니라 파톤과 충돌하는 것으로 묘사된다. 이것은 마치 회전하는 프로펠러는 한 덩어리로 보이지만, 아주 짧은 시간 간격으로 보면 프로펠러 날개 하나하나를 볼 수 있는 것과 같다.

그러면 대체 파톤이란 무엇인가? 오늘날 우리는 양성자는 쿼크로 이루어져 있음을 알고 있다. 하지만 쿼크가 양성자를 이루는 방식은 이전에 우리가 알던 어떤 것과도 같지 않다. 이것을 실감나게 이해하기 위해서 우리는 전자의 관점으로 이 세계를 바라볼 필요가 있다. 전자가 양성자 속으로 들어가면 먼저 두 개의 업 쿼크와 하나의 다운 쿼크를 본다. 이 쿼크들의 성질은 양성자 바깥에서도 볼 수 있으므로(예를 들어 이들의 전하를 다 합치면 양성자의 전하가 되는 식으로) 이들은 '드러난 쿼크'라고 부른다. 그런데 전자는 또 양성자 안에서 모든 종류의 쿼크와 반쿼크도 만날 수 있다. 이들은 양성자 바깥에서는 존재한다는 것을 느낄 수 없으므로 '숨은 쿼크'라고 부른다.

숨은 쿼크는 양자 역학의 효과로 양성자 속에서 생성되었다가 소멸하는 쿼크-반쿼크 쌍이다. 전자가 양성자 안에 들어왔을 때, 드러난 쿼크를 만날 수도 있지만 마침 생성된 쿼크나 반쿼크를 만날 수도 있는 것이다. 이는 양성자가 너무나 작아서, 그 속은 양자 역학이 완전히 지배하는 세상이기 때문에 일어나는 일이다. 더구나 양성자 안에서는 대부분의 일이 강한 상호 작용을 통해 일어나기 때문에, 그러한 생성과 소멸이 엄청나게 많이 일어난다. 숨은 쿼크들은 항상 입자-반입자의 쌍으로 만들어졌다가 소멸하기 때문에 양성자 전체로 보아서는 이들의 성질은 서로 상쇄되어서 존재가 드러나지 않는다. 또한 쿼크뿐 아니라 글루온도 강한 상호 작용 자체의 양자 효과로 계속 생겼다가 사라졌다가 하고 있으므로, 전자는 쿼크뿐 아니라 글루온을 만날 수도 있다.

파톤은 이렇게 전자가 양성자 안에 들어와서 만나는 입자를 통칭하는 이름이다. 그러므로 파톤은 쿼크일 수도 글루온일 수도 있다. 전자가 어떤 파톤을 만날지는 알 수 없으며, 우리는 다만 각각의 입자를 만날 양자 역학적인 확률만을 알 수 있을 뿐이다. 결국 양성자 속의 풍경은 두 개의 업 쿼크와 하나의 다운 쿼크가 글루온이라는 접착제로 뭉쳐 있는 정적인 것이 아니라, 양자 역학적 효과에 따라서 글루온과 쿼크가 쉼 없이 나타났다 사라지는, 마치 부글부글 끓고 있는 냄비처럼 역동적인 것이다.

테일러, 프리드먼, 켄들은 양성자 속에서 쿼크의 존재를 확인한 공로로 1990년의 노벨 물리학상을 나누어 가졌다. 이들이 본 세계는 지금까지 우리가 본 작은 세계의 끝이다. 쿼크 속에 더 이상의 작은 세계가 있는지, 있다면 그것이 어떤 모습일지 아직 우리는 알지 못한다. 그것을 밝히는 것은 또 다른 여행의 시작일 것이다.

원자핵 이해하기 I

쿼크의 탄생

지난 2012년 겨울은 기억에 남을 만큼 추웠다. 날씨 자체도 추웠지만, 건물이 오래된데다가 낡고 커다란 창문 때문에 단열이 제대로 되지 않았고, 정부 시책에 바로 따라야 하는 국립 대학교의 입장 때문에 난방은 시원찮아서 손이 곱을 정도였다. 최근 십수 년 중 제일 춥게 지냈던 것 같다.

난방이 시원찮았던 이유는 얼마 전에 학교의 난방 시스템을 전기를 이용하는 중앙 통제 방식으로 바꿨기 때문이다. 그런데 최근 겨울에도 전기 사용이 급증하고, 반면 발전소에서는 계속 문제가 생겨서 발전을 중지하는 일이 생기다 보니, 학교에서는 전기 사용을 강제로 제한했고 그러다 보니 난방은 그야말로 최소한으로 제한되었다.

사실 난방을 전기로 하는 것은 대단히 효율이 낮은 방법이다. 단순하게 생각해 봐도 연료를 태워서 전기를 만들고 그 전기가 먼 거리를 가서 다시 열로 바뀌는데 효율이 좋을 리가 없다. 그런데도 우리가 에너지를 전기의 형태로 바꾸어서 이용하는 이유는 멀리까지 전송할 수 있고, 다른 형태로 변환하기 쉽기 때문이다. 사용하기 워낙 쉽기 때문에 갈수록 문명이 전기에 지나치게 의존하게 된다는 것은 심각한 문제다.

이 전기 에너지는 애초에 어디서 왔을까? 우리가 사용하는 전기는 자석을 돌리면 그 주변 도선에 전류가 흐르는 전자기 유도 현상을 이용한 발전소에서 만들어진다. 이 현상은 19세기 영국의 위대한 실험가 패러데이가 처음으로 발견한 것이다. 패러데이가 이 현상을 발견하고 사람들 앞에서 보여 주었을 때, 그 자리에 초청을 받고 참석한 영국의 재무 장관이 "아주 재미있었네. 그런데 그게 대체 무슨 쓸모가 있나?" 하고 묻자 패러데이가 "장래에 장관님은 여기에 세금을 물릴 수 있을 것입니다."라고 대답했다는 일화는 유명하다. (그런데 일화가 사실은 아니라고 한다.)

발전소는 결국 회전하는 자석의 운동 에너지를 전기 에너지로 바꾸는 일을 한다고 할 수 있다. 그래서 크게 나누어 보자면 발전소의 종류는 자석을 움직이는 방법에 따라 정해진다. 예를 들어 수력 발전소는 흐르는 물의 힘으로 자석을 돌린다. 즉 물의 위치 에너지가 자석의 운동 에너지로 전환되고, 이것이 전기 에너지로 바뀌는 것이다. 물이 높은 곳에서 낮은 곳으로 흐르는 것은 중력에 의해서 일어나는 일이므로, 수력 발전은 근본적으로 중력을 이용한 에너지 생산이라고 하겠다.

우리가 사용하는 대부분의 전기는 화력 발전과 원자력 발전을 통해 만들어진다. 이 두 가지 발전 방법은 모두 물을 끓여 증기를 만들고 그 힘으로 터빈을 돌림으로써 자석을 회전시키는 것이다. 그러니까 차이점은 물을 끓이는 열을 어떻게 얻느냐 하는 것이다. 화력 발전소에서는 석유나 천연 가스, 석탄 등을 태워서 물을 끓인다. 연료가 탄다는 것은 연료 분자의 화학 결합이 끊어지거나 변하면서 에너지를 내는 일인데, 화학 결합이라는 것은 원자핵과 전자가 전자기적인 힘으로 결합하는 것이므로, 화력 발전의 근원은 원래 전자기적인 에너지였던 셈이다.

우리가 쓰는 전기의 40퍼센트 정도를 생산하는 원자력 발전은 우라늄의 동위 원소 중 질량수가 235인 원자가 중성자에 맞아서 쪼개지는 핵분열 현상에서 나오는 에너지를 이용해서 물을 끓인다. 우라늄 원자핵이 쪼개지는 방법은 여러 가지가 있는데, 원래 우라늄의 질량과 쪼개져서 나온 원자들의 질량을 모두 합치면 쪼개진 뒤의 질량이 항상 더 작다. 이 질량 차이가 $E=mc^2$을 통해 에너지로 방출된다. 원자핵은 양성자와 중성자가 강한 핵력으로 뭉쳐 있는 상태이므로 우라늄이 쪼개진다는 것은 이 강한 핵력을 통한 결합이 끊어진다는 뜻이다. 그러므로 원자력 발전이란 강한 핵력의 형태로 원자핵 속에 들어 있던 에너지를 꺼내어 사용하는 것이다. 즉 우리가 발전소 하면 흔히 떠올리는 수력, 화력, 원자력 발전의 근원은 각각 중력, 전자기력, 강한 핵력인 것이다.

중력과 전자기력은 우리의 일상을 지배하는 힘이다. 반면 원자핵을 지배하는 힘은 불과 100년 전까지만 해도 전혀 알지도 느끼지도 못하고 있었다. 사실 원자핵이 존재한다는 것이 처음 밝혀진 것이 겨우 100년 전인 1911년이고, 원자핵을 이루는 중성자의 존재가 드러난 것이 1932년이니, 원자핵에 대한 지식은 인류의 지식 중에서 가장 젊은 지식이라고 해도 좋을 것이다.

핵물리학의 초창기 역사에서 가장 먼저 중요한 역할을 한 사람은 일본의 유카와 히데키다. 교토 대학교에서 공부하고 오사카 대학교의 조교수로 있으면서 유카와는 1930년대 내내 원자핵을 이해하기 위해 노력했고, 그 결실을 1935년부터《일본 수학 및 물리학회지(*Journal of the Mathematical and Physical Society of Japan*)》에 일련의 논문으로 발표했다. 유카와 이론의 핵심은 어떤 입자가 있어 양성자와 중성자를 뭉치게 하는 강한 핵력을 매개하고, 이 덕분에 원자핵이 만들어진다는 것이었다. 유카와가 밝힌 바에 따르면, 강한 핵력을 매개하는 입자는 스핀이 0이고, 양전기를 띤 양성자와 전기적으로 중성인 중성자 사이에서 강한 핵력을 매개해야 하므로 전기를 가진 것과 중성인 것 두 가지가 존재해야 하며, 강한 핵력이 원자핵 크기 정도의 대단히 짧은 거리에서만 작용하므로 전자보다 200배 정도 무거워야 했다.

그런 입자는 당시까지 관측된 적이 없었는데 1947년 영국의 세실 프랭크 파월이 이끄는 브리스틀 대학교의 연구진이 우주선 속에서 전기를 띤 파이온(pion)을 발견했다. 이 입자는 질량이 유카와가 예측한 값과 비슷했고 원자핵과 강한 핵력을 통해 상호 작용을 했으므로 유카와의 입자로 간주되었다. 결국 유카와와 파월은 이 연구 결과들로 각각 1949년과 1950년에 노벨 물리학상을 수상했다.

그러나 원자핵 속으로의 탐구는 이제 막 시작되었을 뿐이었다. 가속기가 발전하면서, 높은 에너지에서 양성자를 충돌시키자 파이온 말고도 강한 핵력으로 상호 작용하는 입자가 얼마든지 발견되었기 때문이다. 심지어 가속 에너지가 커지자 양성자의 질량보다 더 무거운 입자까지 나왔다. 높은 에너지로 양성자를 충돌시켰다는 것은 양성자 속에 무엇이 들어 있는지를 보기 위해 양성자를 깨 본다는 것을 의미한다. 그러면 양성자 속에서 양성자보다 더 무거운 입자가 나온다는 것이 말이 되는가?

정리해 보면 파이온과 같이 스핀이 정수인 입자들은 모두 양성자보다 가벼웠고, 양성자보다 무거운 입자들은 전부 양성자처럼 스핀이 반정수(1/2, 3/2과 같은 수)였다. 이런 입자들의 구조와 의미를 어떻게 이해해야 하는가? 유카와의 이론은 원자핵과 강한 핵력을 이해하는 여정에서 작은 발자국에 지나지 않았던 것이다. 원자핵을 이해하고 가장 기본적인 입자를 찾으려는 물리학자들에게 1950년대는 수많은 입자속에 파묻힌 거대한 혼돈의 시대였다.

이 혼돈은 미국의 머리 겔만과 이스라엘의 무관 출신 물리학자 유발 네만이 SU(3) 군(群, group)이라는 수학적 형식을 통해 입자들 사이에 숨어 있던 대칭성을 보여 주면서 정리되기 시작했다.[1] 겔만은 나아가서 이 대칭성이 가장 간단한 형태로 구현된 기본 입자의 존재를 생각하기에 이르렀다. 모든 입자들 사이에 SU(3)이라는 대칭성이 있다면, 그 대칭성을 가장 기본적인 형태로 가지고 있는 입자를 가지고 모든 입자를 만들 수 있을 것이다. 겔만은 그런 입자에 '쿼크(quark)'라는 이름을 붙였다. 한때 겔만 밑에서 공부했던 조지 츠위그도 비슷한 시기에 거의 같은 아이디어를 내놓았다.

한편 그보다 몇 년 전, 유카와의 동료였던 일본의 사카타 쇼이치 역시 SU(3) 대칭성을 근본적인 원리로 하는 이론을 내놓았다. 새로운 입자를 생각하는 대신, 기존의 양성자, 중성자, 그리고 양성자보다 무거운 첫 번째 입자인 람다 입자, 이렇게 세 입자를 기본 입자로 하는 사카타의 이론은 겔만의 쿼크 모형과 사실상 거의 같은 이론이었지만 세부적인 면을 만족하지 못해서 완성에는 이르지 못했다.

이렇게 대칭성을 실마리로 해서 강한 핵력을 통한 상호 작용이 빚어내는 현상에 대해 사람들이 어렴풋이 파악하기 시작한 것이다. 그런데 쿼크는 정말 실제로 존재하는 입자일까, 수학적인 가정일까? 심지어 쿼크를 창조한 겔만 본인도 이를 알지 못했다.

쿼크 이론의 가장 큰 문제점은 쿼크의 전하가 양성자 전하 크기의 1/3이나 2/3이어야 한다는 것이었다. 전하가 그런 값을 보여 주는 현상은 결코 관측된 적이 없다. 만약 쿼크가 양성자를 이루는 기본 입자라면 양성자를 깨 보았을 때 어떤 식으로든 모습을 드러내야 할 것이다. 그러나 전하가 양성자의 전하보다 작은 현상은 발견되지 않았다. 쿼크를 직접 보지 못하고 있다는 점, 이것이 쿼크가 실재하는 입자인가, 수학적으로 편리한 개념에 불과한 것인가를 결정하지 못하는 가장 큰 이유였다.

쿼크를 가지고 입자들을 설명할 때 드러나는 또 다른 문제점이 있었다. 델타라는 입자는 전하가 양성자의 두 배이므로 업(up)이라고 부르는 쿼크의 똑같은 상태 세 개가 합쳐진 것처럼 보인다. 그런데 쿼크는 전자와 같은 페르미온이기 때문에 같은 상태의 쿼크가 함께 모여 있다는 것은 양자 역학의 가장 기본적인 원리인 파울리의 배타 원리에 어긋난다. 파울리의 배타 원리는 세상이 우리가 보는 것과 같은 모습이 되도록 해 주는 핵심적인 원리다. 이 원리는 이름 그대로, 페르미온은 같은 상태에 오직 하나만 있을 수 있다고 말한다. 이 원리에 따라서 전자는 원자의 궤도 각각에 제한된 숫자만 존재하게 되고, 따라서 원자로 된 물질은 우리가 보는 것과 같은 성질을 보여 주게 된다. 쿼크도 마찬가지다.

사실 원자 속에는 똑같아 보이는 전자가 한 쌍씩 있다. 배타 원리에 따르면 이들은 같은 상태여서는 안 되므로, 이들을 구별하는 성질이 있어야 한다. 이 전자쌍은 자기장 속에 들어가면 미세하게 다른 상태가 되므로, 과연 서로 구별되는 성질이 있다는 것을 확인할 수 있다. 이들을 구별하는 것은 스핀이라는 성질이다. 전자나 쿼크와 같은 입자는 두 개의 스핀 상태를 가질 수 있기 때문에 스핀만 다르고 그 밖의 모든 상태는 같은 전자 한 쌍이 같은 원자 궤도에 존재할 수 있다. 그런데 델타 입자 안에는 같은 상태의 업 쿼크 세 개가 존재하는 것처럼 보인다. 이는 스핀으로는 해결되지 않는, 배타 원리에 위배되는 결과다.

쿼크와 관련된 이 문제를 설명하기 위해서, 우리나라 출신의 한무영과 일본 출신의 난부 요이치로는 쿼크들 사이에 또 다른 SU(3) 대칭성이 숨어 있다는 것을 최초로 제안했다. 이 성질에 따르면 같은 상태처럼 보이는 세 개의 입자를 구별할 수 있다.[2] 그러면 델타 입자 안의 세 개의 업 쿼크는 다른 모든 성질은 같고 새로운 대칭성에 해당하는 성질만 모두 달라서 배타 원리를 만족하게 된다. 그러니까 이 성질은 두 전자를 구별하는 데 사용했던 스핀이라는 개념을 세 개의 입자에 적용하는 것으로 확장한 것이다. 이 성질을 한무영과 난부는 '참 수 (charm number)'라고 불렀다. (이 이름은 나중에 발견된 네 번째 쿼크의 이름과는 상관이 없다.) 이때는 아직 아무도 눈치 채지 못했지만, 이 새로운 대칭성이야말로 진정한 강한 핵력 이론의 핵심이 될 대칭성이었다.

원자핵 이해하기 II

양자 색역학과 하드론 제트

1960년대에 강한 핵력 이론 분야는 춘추전국 시대였다. 여러 가지 접근법이 개발되었지만 표준적인 이론은 없었고, 여러 이론들은 제각각 어떤 현상은 설명하고 어떤 현상은 설명하지 못했으며, 모두 나름대로 장점과 약점을 지니고 있었다. 겔만과 네만의 업적으로부터 이들의 구조 배후에 SU(3)라는 대칭성이 있다는 것은 알게 되었지만, 그 의미는 잘 이해할 수 없었다. 쿼크라는 존재에 대해서도 확실한 것은 아무것도 없었다. 정말 양성자와 같은 입자가 쿼크로 만들어져 있다면 이를 실험적으로 확인해야 했지만, 가속기 실험으로부터 쿼크의 존재를 확인할 만한 증거는 나오지 않았다. 입자 물리학의 역사상 가장 혼란스러운 시기였고, 동시에 자고 나면 새로운 입자가 발견되는 가장 풍요로운 시기이기도 했다. 그래서 이 시기에 씌어진 대중 과학 서적, 혹은 그 시절까지만 입자 물리학을 공부하고 학계를 떠나서 이후의 발전에 대해서 모르는 사람이 쓴 글을 읽으면 입자들의 세계는 홍진(紅塵)과 번뇌의 아수라장이라는 느낌이 들지도 모른다.

당시 강한 핵력 이론의 한 갈래는 양자 역학과 상대성 이론을 기반으로 하는 양자장 이론이었다. 특히 게이지 대칭성이라는 강력한 성질을 가진 양자장 이론은 전자기 현상에 적용되어 전자기력을 양자 역학적으로 설명하는 양자 전기 역학 이론으로 크게 성공을 거두어서 기대를 모았다. 노벨상 수상자인 양전닝은 노벨상을 받기 전인 1954년에 브룩헤이븐 연구소의 동료였던 로버트 밀스와 함께 양자 전기 역학을 수학적으로 일반적인 형태로 확장한 이론을 만든 적이 있다.[1]

양-밀스의 이론은 강한 핵력이 양성자와 중성자를 구별하지 않는다는 사실로부터 출발해서 양자 전기 역학처럼 게이지 대칭성을 가진 양자장 이론으로 강한 핵력을 설명하고자 하는 이론이었다. 하지만 당시 그들의 이론으로는 강한 핵력과 전자기력의 차이점들을 설명할 수 없었고, 또한 이 이론은 양자 전기 역학과는 달리 양자 역학적으로 옳은 이론인지가 불확실했으므로 만족할 만한 성과를 거두지는 못했다. 그러나 이 아이디어의 수학적 아름다움은 여러 사람들의 마음속에 남아 있었고, 결국 1960년대 말부터 꽃을 피우게 된다.

1960년대 말 캘리포니아에서 쿼크의 증거를 처음으로 발견하는 이야기는 「양성자 속으로」 편에서 소개했으므로 여기서는 자세히 이야기하지 않겠다. 아무튼 간단히 요약하면 이렇다. 우리는 전자나 원자를 보듯이 쿼크를 따로 떼어서 볼 수는 없다. 양성자 속의 쿼크를 본다는 말의 뜻은, 높은 에너지의 전자 혹은 중성미자가 양성자에 산란되고 난 뒤 최종적으로 나타나는 패턴, 마치 전자 혹은 중성미자가 스핀이 1/2이고 질량이 아주 작으며, 전하가 각각 +2e/3, +2e/3, -e/3인 세 점입자, 즉 '드러난 쿼크'를 모아놓은 것에 산란되었을 때의 패턴과 같다는 말이다. 그래서 우리는 양성자는 세 개의 쿼크로 이루어져 있다고 말한다.

사실 이것이 전부는 아니다. 양성자 속에는 양자 효과로 인해서 세 개의 드러난 쿼크 외에도 모든 종류의 숨은 쿼크와 강한 핵력을 매개하는 입자인 글루온이 들어 있다. 따라서 좀 더 정확히 말하면 최종적인 산란 패턴은 이 모든 입자들이 어떤 비율을 가지고 섞여 있는 상태와 산란했을 때의 패턴이다. 그 비율은 양성자의 에너지에 따라 달라진다.

이렇게 두 산란 패턴이 일치한다고 해서 쿼크와 글루온을 보았다고 할 수 있을까? 이는 흥미로운 인식론적인 문제일 것이다. (물론 쿼크와 글루온을 보는 방법은 이와 독립적으로 여러 가지 다른 방법도 있다.)

겔만이 발견한 쿼크나 SU(3) 대칭성과 같은 이야기는 기본적으로 양자장 이론을 전제로 하는 이론이었다. 겔만은 그 맥락에서, 동독 출신의 하랄트 프리슈와 함께 쿼크들 사이의 상호 작용을 연구했다. 한무영과 난부 요이치로가 했듯이 겔만과 프리슈도 또 하나의 SU(3)를 도입했는데, 한무영과 난부가 참 수라고 부른 양자수를 그들은 색깔(color)이라고 부르고, 그에 걸맞게 각 쿼크의 상태를 빨강, 파랑, 하양이라고 이름 붙였다. 이 세 가지 색깔이 선택된 이유는, 겔만과 프리슈가 새로운 양자수라는 아이디어를 떠올린 것이 제네바에서였는데, 당시 사해동포주의적인 감정을 느낀 겔만이 프랑스의 국기 색깔로부터 이름을 가져왔기 때문이라고 한다.[2] 이 이름은 나중에 빛의 삼원색인 빨강, 파랑, 초록으로 바뀌게 된다.

한편 겔만은 자신이 도입했던 원래의 SU(3)에 해당하는 양자수는 색깔이라는 이름에 조응하여 맛(flavor)이라고 불렀다. 쿼크의 맛이란 사실 쿼크의 종류 그 자체를 말한다. 그래서 쿼크의 맛은, 맛이라는 이름과는 걸맞지 않게 업(up), 다운(down), 스트레인지(strange)라는 이름을 가지고 있다. 종합하면 맛 SU(3)에 대한 삼중항은 (업, 다운, 스트레인지)이고 색깔 삼중항은 (빨강, 파랑, 초록)이다. 이때 업 쿼크, 다운 쿼크, 스트레인지 쿼크 각각은 동시에 (빨강, 파랑, 초록)의 삼중 상태다. 그러니까 업 쿼크는 빨강 업 쿼크, 파랑 업 쿼크, 초록 업 쿼크의 세 가지 상태가 있고, 다운 쿼크와 스트레인지 쿼크도 마찬가지다.

겔만과 동료들은 두 개의 SU(3) 중 색깔에 해당하는 SU(3) 대칭성을 게이지 대칭성으로 하는 쿼크의 게이지 이론을 만들었다.[3] 강한 핵력의 이론도 게이지 이론으로 탄생한 것이다. 우리가 알고 있는 게이지 이론의 모범은 전자기력이므로, 쿼크의 게이지 이론을 전자기력과 비교해서 살펴보자. 강한 핵력에서의 색깔이 전자기력의 전하에 해당한다. 전자기력은 U(1)이라고 불리는 간단한 대칭성에 대한 게이지 이론이므로 오직 한 가지 전하만 있다. 반면 SU(3) 대칭성에 대한 전하는 군의 훨씬 복잡한 수학적 구조에 따라 세 종류가 있어야 한다. 바로 세 가지 색깔인 빨강, 파랑, 초록이다.

여기서 잠깐, 전자기력에는 양(+)과 음(-) 두 가지 전하가 있다고 생각할지 모르겠다. 그러나 양(+)과 음(-)이란 하나의 전하의 반대 부호일 뿐이며 본질적으로 종류가 다른 전하가 아니다. 세 가지 색깔은 애초에 다른 종류의 전하를 말하며, 전하에 양(+)과 음(-)이 있듯이 각각의 색깔에도 반대 색깔이 있다. 기왕 색깔이라고 부르기로 했으니 반대 색깔은 각 색깔의 보색으로 부르자. 그러니까 음전하를 가지는 전자의 반입자가 양전하를 가지듯이, 빨강, 파랑, 초록 색깔을 가지는 쿼크의 반입자는 각 색깔의 보색을 가진다.

양전하를 가진 원자핵과 음전하를 가진 전자가 결합해서 전기적으로 중성인 원자가 된다. 마찬가지로 빨강 쿼크와 빨강의 보색을 가진 반쿼크가 결합하면 색깔이 없는 상태가 된다. 이렇게 쿼크와 반쿼크가 결합한 상태를 메손(meson, 중간자)이라고 부른다. 원자로 결합하면 원자핵과 전자가 따로 있을 때보다 에너지가 더 낮은 안정된 상태가 되므로 자연에는 거의 원자만이 존재한다. 마찬가지로 쿼크도 색깔이 없는 상태가 더 안정된 상태이므로, 서로 결합해서 색깔이 없는 메손 상태로 존재한다.

그런데 강한 핵력에는 전자기력에는 없는, 좀 더 재미있는 성질이 있다. 각각 빨강-파랑-초록의 색깔을 가진 세 개의 쿼크가 결합하면, 빛의 삼원색을 섞을 때 색이 없어지듯이 색깔이 없는 상태가 되는 것이다. (겔만이 세 가지 색깔의 이름을 빛의 삼원색으로 바꾼 이유가 이런 유비 때문이다.) 이렇게 세 개의 쿼크가 결합해서 색깔이 없는 상태를 바리온(baryon, 중입자)이라고 부른다. 양성자와 중성자가 바로 바리온이다. 결론적으로 색깔을 가진 쿼크는 자연에 존재하지 않고, 어떤 색깔과 그 보색이 합쳐져서 색깔이 없는 메손이나, 삼원색이 합쳐져서 색깔이 없는 바리온만이 자연에 실제로 존재하는 입자다. 이것이 SU(3)라는 대칭성에서 유도되는 성질이다.

1973년에 발표된 겔만의 논문[3]은 강한 핵력을 설명하는 게이지 이론의 형태를 최초로 보여 주는 논문이다. 이 논문에서 공식적으로 "색깔(color)"이라는 말이 처음으로 사용되었다. 이 논문에는 또한 전자기력에서 빛에 해당하는 게이지 입자로 SU(3) 대칭성의 팔중항이 나타나는데, 겔만은 이를 글루온이라고 불렀다. 글루는 풀이라는 뜻이니까, 쿼크를 단단히 붙여 놓는 입자라는 뜻이겠다. 이 SU(3) 게이지 이론을 겔만은 처음에는 양자 하드론 역학(Quantum Hadrodynamics)이라고 불렀다가, 뒤에 양자 색역학(Quantum Chromodynamics, QCD)이라는 이름을 새로 지었다. 하드론은 메손과 바리온을 총칭하는 말이다. 이로써 드디어 하나의 방정식으로 강한 핵력을 설명하는 강한 핵력의 이론, 원자핵의 이론이 탄생했다.

양자 색역학의 독특한 점은 우리에게 익숙한 전자기력이나 중력과는 반대로 거리가 멀어지면 힘이 강해지고 가까워지면 약해진다는 성질이 포함되어 있다는 것이다. 원자가 안정된 상태기는 하지만, 바깥쪽에 있는 전자 몇 개는 쉽게 떨어져 나가기도 하고 어떤 원자는 전자 몇 개를 더 가지고 있기도 하며, 충분히 강한 힘을 주면 전자를 완전히 떼어내서 원자핵과 분리시킬 수도 있다. 전하끼리의 힘이 거리가 멀어지면 약해지기 때문에 전자를 일단 원자에서 떼어내면 쉽게 분리시킬 수 있기 때문이다. 그래서 우리는 양전하나 음전하가 따로 떨어져 있는 것을 직접 볼 수 있다. 그러나 양자 색역학은 이와 반대의 성질을 가졌기 때문에 쿼크는 절대로 따로 떨어지지 못하고 항상 색깔이 없는 상태로만 존재하게 된다. 이 성질은 프린스턴 대학교의 데이비드 그로스와 프랭크 윌첵, 하버드 대학교의 데이비드 폴리처가 1973년 처음으로 증명했으며, 이들은 이 업적으로 2004년 노벨 물리학상을 받았다. 이 성질을 점근적 자유(asymptotic freedom)라고 부른다.

양자 색역학은 그 이후 겔만이 도입한 세 쿼크 외에도 네 번째, 다섯 번째, 여섯 번째의 쿼크가 각각 발견되어 확장되었으나, SU(3) 대칭성에 의한 게이지 이론이라는 기본적인 구조는 변하지 않는다. 양자 색역학은 수많은 실험을 통해서 검증되었다. 특히 현대의 강력한 가속기를 이용하면 또 다른 방법으로 양자 색역학을 검증하고 쿼크, 혹은 글루온을 볼 수 있다. 마지막으로 이 방법을 소개해 보자.

점근적 자유 개념에 따르면 쿼크와 글루온은 아주 짧은 거리에서는(즉 높은 에너지에서는) 거의 자유로운 입자처럼 행동한다. 이럴 때 이들을 '파톤(parton)'이라고 부른다. 이 이름은 부분(part)을 이루는 입자(-on)라는 뜻으로 리처드 파인만이 만든 이름이다. 파인만과 같은 학교 동료였던 겔만은 이 이름을 몹시도 싫어했다고 한다. 그 이유는 첫째, 파인만이 양성자를 이루는 입자가 쿼크라는 것을 인정하지 않고 파톤이라는 이름으로 딴전을 부린다고 생각했기 때문이고, 둘째는 그 이름이 라틴 어 어원(part)과 그리스적 어미(-on)를 결합시킨 불합리한 것이었기 때문이다. 두 번째 이유는 말할 것도 없이 타당했지만, 첫 번째 이유는 사실 겔만이 틀린 것이었다. 파톤은 쿼크뿐 아니라 글루온까지 포괄하기 때문이다. 그러니까 파톤은 정확히 말해 입자의 이름이 아니라 상태의 이름이다. 강한 핵력에 반응하는 입자가 하드론 속에 갇혀서, 오직 그 속에서만 자유로운 입자처럼 행동하는 상태.

충돌 혹은 산란 과정을 통해서 파톤이 힘을 받으면 가속되어 튀어나온다. 전기를 띤 입자가 가속되면 전자기파가 나오듯이 색깔을 띤, 즉 강한 핵력에 반응하는 입자가 가속되면 글루온이 쏟아져 나오며, 에너지가 충분하면 글루온이 쿼크-반쿼크 쌍을 만들기도 한다. 이때 글루온의 방향은 파톤이 날아가는 방향으로 집중된다. 물론 글루온과 쿼크는 곧바로 색깔이 없는 메손이나 바리온을 만든다. 그러니까 날아가는 파톤으로부터 우선 글루온과 쿼크가 쏟아져 나오고 곧바로 글루온과 쿼크는 하드론을 만들어서, 최종적으로 우리는 하드론이 무더기로 쏟아지는 것을 관찰하게 된다. 이를 하드론 제트(hardron jet)라고 부른다.

쿼크나 글루온이 하드론을 만드는 과정은 너무나 복잡해서 아직 이를 정확히 설명하지는 못하지만, 제트의 에너지, 운동량, 하드론의 분포 같은 성질들을 알면 원래 나왔던 쿼크와 글루온, 즉 처음에 나온 파톤에 대한 정보를 상당히 얻을 수 있다. 즉 제트를 보는 것은 원래의 파톤을 보는 것과 완전히 같지는 않을지라도, 원래의 파톤에 대한 많은 정보를 얻을 수 있는 일이다. 즉 쿼크나 글루온을 보는 또 다른 방법이다.

현대의 가속기는 아주 높은 에너지의 쿼크와 글루온을 만들어 내므로 엄청나게 많은 수의 하드론 제트가 발생한다. 그래서 현대의 강한 핵력에 대한 연구에서 가장 중요한 것은 하드론 제트의 연구다. 하드론 제트의 연구가 처음으로 본격적으로 시작된 것은, 쿼크의 존재를 처음으로 감지했던 곳인 스탠퍼드 선형 가속기 연구소(SLAC)의 전자-양전자 충돌기인 SPEAR에서였다. 이후 전자-양전자 충돌을 통해서 하드론 제트를 연구하는 일은, 독일의 DESY 연구소에서 1973년부터 가동된 DORIS(전자 빔의 최대 에너지는 5.6기가전자볼트)와 1978년에 완성된 PETRA(빔의 최대 에너지는 23.4기가전자볼트), SPEAR의 후속으로 SLAC에서 1980년에 가동한 PEP(빔의 최대 에너지는 15기가전자볼트), 일본 KEK 연구소에서 1987년에 완성한 TRISTAN(빔의 최대 에너지는 32기가전자볼트), 그리고 1989년부터 가동된 SLAC의 SLC(빔의 최대 에너지는 50기가전자볼트)와 유럽 입자 물리학 연구소 CERN의 LEP(빔의 최대 에너지는 104.6기가전자볼트) 등으로 이어졌고, 이를 통해 우리는 강한 핵력과 양자 색역학에 대해 많은 것을 알게 되었다.

아직 하드론 제트를 정확히 풀어내지는 못하지만, 오늘날 적어도 양자 색역학이 강한 핵력을, 즉 원자핵의 원리를 설명하는 올바른 이론이라는 데에는 이견이 없다.

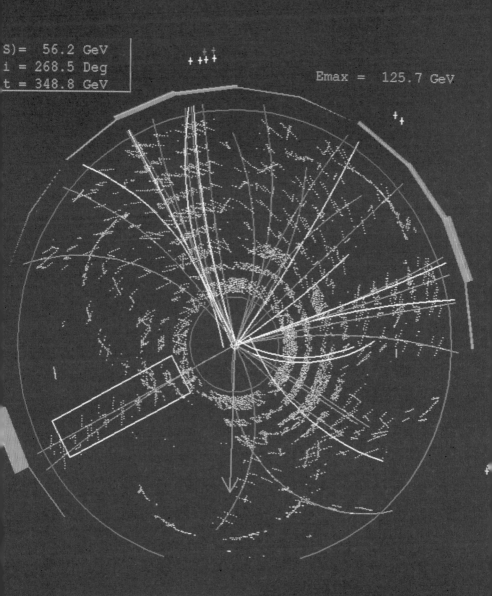

S)= 56.2 GeV
i = 268.5 Deg
t = 348.8 GeV

Emax = 125.7 GeV

테바트론 CDF 검출기에 검출된 톱 쿼크와 반톱 쿼크 쌍.
하드론 제트로 붕괴하는 모습이다.

반물질

베스트셀러 소설가의 작은 실수

2010년에 영화화되기도 했던 댄 브라운의 『천사와 악마』는 전 세계적으로 수천만 권이 팔린, 역사상 최고의 베스트셀러 소설 중 하나다. 이 소설의 내용은 갈릴레오 시대부터 기독교 교회로부터 핍박을 받아 온 중세의 비밀 결사가 CERN에서 훔친 반물질 폭탄으로 로마 교황청을 날려 버리려고 한다는 것이니, 어쩌면 상상할 수 있는 가장 자극적인 스토리일지도 모른다. 그리고 이렇게 유명한 작품의 무대가 실재하는 물리학 연구소인 CERN이라는 것은 물리학자로서는 매우 유쾌한 일이다.

솔직히 말하면 나는 이 소설에 나오는 폭탄이 CERN에서 훔친 반물질 폭탄이 아니라 우크라이나쯤에서 흘러나온 전술 핵무기였으면 리얼리티 면에서 훨씬 나았을 것이라고 생각한다. 하지만 아마 대부분의 독자들은 내 생각에 동의하지 않을 것 같고, 전문가들은 그랬으면

이 소설은 세계적인 베스트셀러가 아니라 고만고만한 스릴러 중의 하나에 불과했을 것이라고 할 것 같다. 뭐 그 말에도 일리는 있다.

그래도 이 소설에서 반물질에 대한 묘사가 나로서는 아무래도 어색하다. 예를 들어 여주인공 비토리아가 반물질을 만들었다는 말에, 아마도 스티븐 호킹에서 빌려온 캐릭터일, 휠체어를 타고 다니는 CERN의 소장이 펄쩍 뛰어오르려 하고 얼굴이 굳으며 발작 같은 기침을 하는 장면이 그렇다. 또 비토리아가 소장에게 자신이 만든 반물질을 보여 주면서 이렇게 말하는 장면도 있다.

"소장님은 지금 세계 최초로 '반물질' 표본을 보고 계십니다."

소설에 지나친 엄밀성을 요구하면 안 되겠지만, 정확성을 좀 양보해도 더 자연스럽게 묘사할 수도 있을 텐데, 작가는 반물질의 기본 아이디어, 즉 질량이 100퍼센트 에너지로 전환된다는 생각에 너무 매료돼서 자연스러운 상황을 구상할 겨를이 없었던 모양이다.

자연에 대한 우리의 지식 중에서 정말 새로운 것은 사실 대부분 우연히 발견되었다. 심지어 그 원리를 제대로 이해하기도 전에, 발견한 현상을 응용해서 이미 사용하고 있는 경우도 많다. 만약 실험적 증거는 커녕 자연 현상으로부터의 아무런 힌트도 없이, 순수하게 이론이 먼저 어떤 현상을 예측하는 것을 본다면 우리는 자연의 깊은 본질을 엿본 느낌에 현기증을 느낄지도 모른다. 그리고 그런 예로서, 아인슈타인의 일반 상대성 이론 방정식의 답인 블랙홀과, 양자 역학의 상대성 이론적 방정식인 디랙 방정식의 답인 반물질을 들 수 있다. 블랙홀과 반물질은, 방정식이 씌어지기 전에는 관련된 현상이 전혀 발견된 적이 없었고, 따라서 처음에는 답을 보면서도 아무도 그 의미를 이해하지 못했다.

영국 브리스톨 대학교에서 전기 공학과 수학을 공부한 폴 에이드리언 모리스 디랙이 케임브리지 대학교에 와서 물리학을 공부하기 시작한 것은 1923년이었다. 당시 케임브리지는 위대한 러더퍼드가 이끄는 물리학의 중심지였지만, 이론 분야에서는 대륙에 뒤쳐져 있었다. 여기에 별다른 스승도, 물리학에 대한 배경도 없이 혜성같이 등장한 스물한 살의 젊은 디랙은, 그나마 케임브리지에서 보어의 양자론을 가르칠 수 있는 사람이었던 파울러에게서 원자 물리학의 기초를 배우고, 곧 두각을 나타냈다. 1925년에 갓 나온 하이젠베르크의 양자 역학을 접한 디랙은 그해가 가기 전에 그의 첫 번째 양자 역학 논문을 내놓았는데, 이 논문은 새로운 양자 역학 이론을 독자적으로 구축한 것이었다.[1] 하이젠베르크와 함께 행렬 역학을 건설한 보른은, 무명의 젊은이가 자신들과 독립적으로 내놓은 이 논문을 "과학자로서의 내 생애에서 가장 놀라운 사건 중 하나였다."라고 기억했다.

1928년에 디랙은 그의 생애 최대 업적을 이뤘다. 그것은 전자에 대한 상대론적 양자 역학의 방정식이었다.[2] 이는 자연의 근본 법칙을 이해하는 데 있어 중요한 한 걸음이었다. 그런데 이 방정식을 풀면, 우리가 아는 전자에 해당하는 답과 함께, 에너지가 음수인 답이 나왔다. 이것은 무의미한 답인가? 버려야 하는 답인가? 디랙은 고심 끝에 이 답을 전하가 반대인 입자로 해석했다. 그런데 그런 입자는 아무도 본 적이 없었다.

좀 다른 이야기지만, 인간이 전자와 양성자, 두 종류의 입자만 알고 있을 때, 전자와 양성자의 전하가 정확히 똑같고 부호만 반대라는 사실은 정말 신기한 일이었을 것이다. 질량이 1,800배나 차이 나는, 전혀 다른 두 입자의 전하가 그저 우연히 똑같은 값을 가질 리는 절대로 없다. 이는 두 입자가 어떤 식으로든 서로 관련되어 있고, 그 밑에는 심오한 원리가 있다는 증거일 것이다. 그래서 디랙은 방정식에서 전하가 반대인 답이 양성자라면 어떨까 하고 제안해 보았다. 그러자 시니컬한 동료들은 그랬다가는 모든 원자들이 다 100억분의 1초 만에 소멸되어야 한다고 비판을 퍼부었다. 디랙도 곧 양성자 설은 포기하고, 1931년에는 전자와 질량이 같고 전하의 부호가 반대인 답을 '반전자'라고 불렀다. 그러나 문제는 여전히 해결되지 않았다. 그런 입자가 존재하지 않는데, 반전자는 물리학적으로 의미 있는 답인가?

이듬해인 1932년 8월 2일 미국 캘리포니아 공과 대학에서 우주에서 날아온 입자인 우주선을 연구하던 칼 앤더슨은 우주선을 찍은 사진을 검토하다가 이상한 신호를 발견한다. 그것은 전자의 질량에 양성자의 전하를 지닌 입자였다. 워낙 의외의 결과라서 앤더슨은 신중하게 검토를 거듭했으나 실험적 증거는 명백했다. 디랙의 논문을 알지 못했던 앤더슨은 이 입자에 '양의 전자(positive electron)'라는 뜻으로 양전자(positron)라는 이름을 붙였다.[3] 디랙 방정식의 이해할 수 없었던 답, 반입자가 눈앞에 현실로 드러나는 순간이었다.

전자와 그 반입자인 양전자가 동시에 디랙 방정식의 답이라면, 디랙 방정식을 따르는 다른 입자, 예컨대 양성자에도 반입자가 있어야 하지 않을까? 이 질문의 답은 미국 로런스 버클리 연구소에 건설된 6.3기가 전자볼트 출력의 가속기 베바트론에서 에밀리오 세그레와 오언 체임벌린에 의해서 발견되었다. 그들은 1955년 양성자와 반양성자 쌍을 생성함으로써 반양성자의 존재를 확인했다. 애초에 베바트론의 에너지는 양성자-반양성자 쌍을 만들 수 있도록 계획된 것이었다. 다음해 역시 베바트론에서 브루스 콕이 반중성자를 만드는 데 성공했다. 반물질의 세계가 마침내 인간의 눈앞에 펼쳐지기 시작했다. 1956년이면 댄 브라운이 태어나기 8년 전이다.

2011년 6월 5일자 《네이처 피직스》에 게재된 논문에서, CERN의 알파(ALPHA, Antihydrogen Laser PHysics Apparatus) 실험 팀은 반수소를 16분 넘게 잡아놓는 데 성공했다고 발표했다.[4] 전 세계 16곳의 연구소에서 40명의 연구진이 참가하고 있는 알파 실험은 이름이 말해 주듯, 레이저로 반수소를 붙잡아서 그 성질을 연구하는 실험이다. 반수소란 수소의 반물질이다. 수소 원자는 양성자 하나와 전자 하나가 전기적인 힘으로 결합해 있는 상태고, 반수소는 각각의 반입자인 반양성자와 양전자가 결합한 상태다.

반입자는 입자와 질량은 똑같고, 전하뿐 아니라 모든 물리적 성질이 정반대인 상태다. 그래서 입자와 반입자가 만나면 모든 물리적 성질이 서로 상쇄되어 0이 되고 두 입자는 소멸한다. 다만 입자와 반입자의 질량만은 상쇄되지 않고 남아서, 그 질량만큼의 복사 에너지가 된다. 한마디로 입자와 반입자가 만나면 빛을 남기고 사라져 버리는 것이다. 우리 세상은 그냥 물질로 되어 있으므로, 반물질이 나타나면 물질과 만나서 금방 소멸해 버린다. 그러니까 반물질을 보관하려면 보통 물질로 만들어진 용기에 그냥 담을 수 없고 항상 진공 속에 두어야 한다. 그러려면, 무언가로 반물질을 붙잡아서 공중에 떠 있게 만들어야 한다. 양전자나 반양성자라면 전기를 가지고 있으므로 전자기장으로 조종해서 일정한 위치에 잡아놓을 수 있다. 이는 베트라 부녀가 아니더라도 물리학자라면 누구나 아는 일이지, CERN의 소장쯤 되는 사람이 놀랄 일은 아니다. (물론 실제로 구현하는 일은 간단한 일이 아니다.)

그런데 일단 반양성자와 양전자가 결합해서 반수소가 되면 문제가 달라진다. 반수소 원자는 수소 원자가 그렇듯 전기적으로 중성이므로, 더 이상 전자기장으로 조종할 수 없다. 그러면 반수소 원자는 제멋대로 움직이고, 곧 물질로 된 용기 벽에 부딪혀서 소멸하게 된다. 알파 팀은 이런 문제를 해결하기 위해 반수소를 섭씨 -270도 정도로 차갑게 식히고, 레이저를 이용해서 붙잡아 놓는 기술을 사용했다. 이런 기술로 알파 팀은 2010년에 반수소를 0.17초 동안 붙잡았다고 보고했었는데, 이번 발표에서는 이를 획기적으로 발전시켜서 1,000초에 이른 것이다. 이 기술을 기반으로 앞으로 반수소의 실험적 연구는 더욱 진전될 것으로 기대된다.

CERN은 반물질 연구에 있어서 커다란 획을 그은 곳이다. 1976년 이탈리아 출신의 카를로 루비아가 당대 최고의 가속기였던 SPS를 양성자-반양성자 충돌기로 개조해서 W와 Z 보손을 찾을 것을 제안했을 때, 가장 큰 기술적 문제는 많은 양의 반양성자를 어떻게 공급하는가 하는 것이었다. (「입자 전쟁」 I, II 참조) 이를 위해 반 데르메르를 비롯한

CERN의 기술진은 반양성자를 대량으로 만들고 조종하는 기술을 개발했다. 그로부터 비롯된 CERN의 반양성자 연구는 SPS 실험과는 별개로 계속되어, 저에너지 반양성자 링(Low Energy Antiproton Ring, LEAR)과 반양성자 감속기(Antiproton Decelerator, AD)로 이어지고 있다. CERN은 1995년 반양성자와 양전자를 결합시켜 최초로 진정한 의미의 반물질인 반수소를 만드는 데 성공했다.[5] 이것이 『천사와 악마』에 반물질의 메카로 CERN이 등장하는 배경이다.

LEAR에서 최초로 만들어진 반수소는 아홉 개였는데, 빠른 속도로 움직이는 반양성자로부터 만들어졌기 때문에 다른 실험을 할 여지는 없었고, 그저 반수소가 만들어졌음을 확인했을 따름이었다. 1997년 미국 페르미 연구소도 수백 개의 반수소를 만드는 데 성공했다. CERN에서는 AD가 건설되고 2002년부터 아테나(ATHENA) 실험이 시작되었다. 반수소를 붙잡는 기술과 생산하는 기술은 계속 발전해서, 아테나 실험에서는 몇 분 만에 수천 개의 반수소를 만들 수 있었다. 아테나가 바로 현재의 알파 팀의 전신이다.

왜 과학자들은 반물질을 연구하고 싶어 하는가? 우리가 사는 세계가 전부고 이를 설명하는 것이 물리학의 전부라면 반물질은 존재할 필요가 없다. 그것이 예전에는 아무도 반물질의 존재를 상상조차 못했던 이유일 것이다. 그래서 하이젠베르크는 "반물질은 인간이 발견한 것 중에 가장 놀라운 것"이라고도 했다. 그러나 현대의 입자 물리학을 기술하는 양자장 이론과 현대 우주론에서는 반물질이 존재하는 것이 지극히 자연스럽다.

만약 반물질이 존재하지 않는다면 물질과 에너지는 대부분이 태초부터 존재해야 한다. 물질은 에너지라는 성질만 가지고 있는 것이 아니기 때문이다. 비록 $E=mc^2$으로 물질과 에너지가 연결되어 있다 하더라도, 순전히 에너지만 가지고는 전자 하나도 새로 만들어 낼 수 없다. 왜냐하면 전자는 음의 전하를 가지고 있고, 전하는 저절로 생겨날 수 없기 때문이다. 전하뿐 아니다. 쿼크의 색깔, 전자의 렙톤 수, 그 밖에도 사라지거나 생겨날 수 없는 많은 성질들이 있다. 따라서 이러한 성질을 가지고 있는 물질 역시 사라지거나 생겨날 수 없다.

반물질이 존재하면 이러한 성질의 반대 성질 역시 존재하기 때문에 물질과 반물질이 한 쌍으로 작용해서 이 성질들이 모두 사라질 수도, 생겨날 수도 있고, 그래서 우주는 순수한 에너지로부터 시작할 수 있다. 대폭발의 순간에 순수한 에너지에서 물질이 만들어졌다면, 물질과 반물질이 같은 양만큼 만들어졌을 것이다. 그리고 얼마 후, 어떤 이유로인가 우주에는 물질이 아주 조금 더 많아졌다. 얼마만큼 많아졌는가 하면, 반물질이 10억 개 있다고 하면 물질은 10억 개하고 하나 더 있는 만큼이다. 우주가 팽창함에 따라, 물질과 반물질이 잘 섞이면서 우주는 점점 식어 갔고, 10억 쌍의 물질과 반물질은 합쳐져서 순수한 에너지의 상태로, 즉 복사의 상태로 우주를 채웠다. 그리고 우주에는 물질 하나가 남게 되었다. 이렇게 남은 물질이 오늘날 우리가 보고 있는 해와 달과 별과 지구와 우리 자신과 우리가 사랑하는 사람을 이루고 있다.

왜 우주가 반물질이 아니고 물질을 더 좋아하는가 하는 질문은 의미가 없다. 어느 쪽을 물질로 부를 것이냐 하는 점은 오로지 우리 마음 대로니까. 중요한 것은 어떤 이유로인가 둘 중에 어느 한쪽이 조금 더 많아졌다는 (혹은 적어졌다는) 사실이다. 어떻게 물질이 반물질보다 아주 조금 많아졌는가 하는 것은 우리 우주에 관해 현대 물리학이 아직 해결하지 못하고 있는 중요한 문제 중 하나다. 과학은 흔히 '왜'라는 질문을 '어떻게'로 받아들인다. 그러니까 반물질을 연구하는 것은 곧 왜 우주가 지금의 모습이 되었는가를 연구하는 일인 셈이다.

무언가로 가득 찬 진공

양자장 이론이 가르쳐 준 진공의 비밀

1654년 5월 8일, 독일 레겐스부르크에서는 신성 로마 제국 황제인 페르디난트 3세가 보는 앞에서 보기 드문 거대한 이벤트가 열렸다. 독일의 과학자이자 마그데부르크 시의 시장이었던 오토 폰 게리케가 벌인 이 쇼는 30마리의 말이 두 무리로 나뉘어 반구 두 개를 맞붙인 구리 공을 양쪽으로 잡아당기는 것이었다. 지름 약 50센티미터의 구리 공은 반구 두 개를 마주 갖다 대고 틈을 밀봉한 다음, 폰 게리케가 발명한 진공 펌프로 안에 든 공기를 뽑아내서 내부를 진공 상태로 만들어 놓았다. 안의 공기를 뽑아냈을 뿐 두 반구를 고정시킨 것이 아니었지만, 말 30마리의 힘으로 당겨도 구리 공은 떨어지지 않았다. 말을 멈추고 폰 게리케가 밸브를 열어 구리 공 안에 공기를 넣자 구리 공은 쉽게 떨어져서 반구 두 개로 나뉘었다.

흔히 '마그데부르크의 반구'라고 일컫는 이 실험은 '진공'이라는 개

Fig. IV.

Fig. V.

Fig. II.

D

N   N

N

넘을 사람들 눈앞에 실제로 보여 준 사건이다. 레겐스부르크에서 일어난 일인데 마그데부르크의 이름이 붙은 이유는, 폰 게리케가 2년 뒤 자신이 시장으로 있던 마그데부르크 시에서 이 실험을 재현할 때, 과학자 가스파르 쇼트가 이 마그데부르크의 실험을 직접 목격하고 자신의 책에 이 장면을 묘사해 남겼기 때문이다. 마그데부르크의 실험에서는 양쪽에 각각 8마리씩 16마리의 말이 동원되었다. 폰 게리케는 몇 년 후 베를린에서도 24마리의 말을 데리고 이 실험을 재현했다.

인공적인 진공 상태는 폰 게리케보다 앞서서 갈릴레오의 제자였던 이탈리아의 과학자 에반젤리스타 토리첼리가 처음으로 만들어 냈다. 토리첼리는 1643년 수은이 담긴 1미터가량의 유리관을 뒤집어 놓아도 유리관 안에 약 76센티미터의 수은 기둥이 남아 있으며, 수은 기둥 위의 공간은 진공 상태가 된다는 것을 보였다. 이 원리를 이용해서 토리첼리는 최초의 기압계를 발명했고, 지금도 기압의 단위로는 토리첼리의 이름에서 유래된 토르(Torr)가 쓰이고 있다. 그러나 사람들에게는 폰 게리케의 실험이 훨씬 더 강렬한 인상을 남겼을 것이다.

사실 폰 게리케와 토리첼리가 보인 것은 진공의 성질이라기보다는 대기압의 위력이다. 이들의 실험으로부터 우리가 알 수 있는 것은, 보이지 않고 느껴지지도 않지만 우리 주변에는 공기가 가득 차 있고, 공기의 압력은 우리가 상상하는 것보다 훨씬 강하다는 사실이다. 그러나 다른 한편으로, 우리는 이 실험을 통해서 진공이란 무엇인지에 대해, 더 나아가서 물질이 존재하지 않는 절대 공간에 대해서 생각하게 된다. 공기가 없어지면 그 반구 속에는 무엇이 있는가?

◀◀ 마그데부르크 반구 실험. 공기의 압력과 진공의 존재를 증명했다.

이 문제는 사실 고대 그리스 시대부터 논의의 대상이었다. 원자 개념을 생각했던 데모크리토스는 이 세상에 존재하는 것은 빈 공간과 원자뿐이라고 생각했다. 그의 머릿속에 있는 우주는 빈 공간에 궁극의 입자인 원자들이 돌아다니는 모습이었던 것이다. 그런 의미에서 그는 원자의 창안자일 뿐 아니라 진공의 창시자이기도 하다. 그러나 플라톤과 아리스토텔레스는 모두 '아무것도 없는 것'의 존재에 대해 부정적이었다. '없는 것'은 없는 것이며 실재가 아니라고 생각했고, 실제로도 '아무것도 없는 것'이 존재하는 일은 일어나지 않는다고 보았다. 아리스토텔레스의 "자연은 진공을 거부한다."라는 생각은 그 후 거의 2,000년 동안 사람들의 생각을 지배했다.

절대 공간을 구체적으로 생각한 최초의 사람은 아마 아이작 뉴턴일 것이다. 뉴턴은 "절대 공간은 본질적으로 언제나 같은 모습으로 움직이지 않는 것이다."라고 말하면서 절대 공간에서 물질의 위치와 그 변화를 논했다. 그것이 바로 뉴턴 역학이다. 물리적인 현상은 절대 공간 안에서 일어나며, 물리적인 사건은 절대 공간에 영향을 주지 않는다. 폰 게리케의 실험은 절대 공간의 존재를 강력하게 지지하는 사례였다. 공기를 모두 뽑아낸 반구 안은 무엇이 남는가? 바로 절대 공간일 수밖에 없었다.

뉴턴 이후 절대 공간이라는 개념은 더욱더 논란의 대상이 되었다. 라이프니츠는 "공간에서 의미 있는 것은 오직 물체의 상대적인 위치다."라고 주장했다. 19세기 말 빈의 과학자이자 철학자였던 에른스트 마흐는 극단적으로 모든 역학 원리는 상대적인 운동에 대한 것이라는 마흐 원리를 주창했다. 이는 젊은 아인슈타인에게 영감을 주었고, 상대성 이론이 나오는 데 중요한 바탕이 되었다. 사실 뉴턴 역학에 절대 공간이 반드시 필요한 것은 아니며, 역학의 법칙은 일정한 속도로 움직이는 관성계에서 성립하기만 하면 충분하다. 현대적인 관점에서 더 이상 뉴턴의 절대 공간은 물리적 실재라고는 생각되지 않는다.

실제로 우리가 진공 상태를 만들 때 공기를 완전히 없애는 것은 물론 불가능하다. 진공 상태는 보통 공기 압력으로 표시한다. 우리가 살고 있는 지상의 대기 압력은 약 1기압, 혹은 1바(bar)로 표현하는데, 이는 섭씨 0도에서 한 변이 1센티미터인 입방체의 부피인 1세제곱미터에 공기 분자가 약 10^{19}개 존재하는 상태다. 기상 예보에서는 기압을 밀리바(mb) 단위로 표현하기 때문에, 흔히 998밀리바, 1,013밀리바 등의 숫자를 들을 수 있다.

진공 청소기 등으로 만드는 간단한 진공 상태는 이 값의 몇분의 1에서 약 30분의 1 정도로서, 토리첼리가 했던 방식으로 측정할 수 있다. 이보다 더 높은 진공 상태는 여러 가지 진공 펌프를 이용해서 만들고, 그때의 진공 정도는 여러 가지 방식의 진공 게이지를 이용해서 측정한다. 진공 펌프를 이용해서 만들 수 있는 진공도는 1조분의 1바 정도이며, 그 이상은 더욱더 특별한 기술이 필요하다. 우주 공간은 흔히 완전한 진공으로 묘사되지만, 사실 장소에 따라 진공도가 크게 차이가 난다. 별 근처에는 많은 물질이 모여 있어서 상대적으로 진공도가 낮고, 은하와 은하 사이의 공간은 인공적으로 만들 수 없을 만큼 진공도가 높다.

현대 물리학을 기반으로 미시 세계를 들여다보면, 진공을 그저 '아무것도 없는 공간'이라고 생각하는 것은 정확한 표현이 아니다. 예를 들어 원자를 생각해 보자. 원자는 원자의 1만분의 1쯤 되는 크기의 원자핵과 그보다 훨씬 더 작은 전자로 이루어져 있다. 즉 양성자가 탁구공만 하다면, 원자는 여의도만 한 것이다. 그러므로 단순히 크기만을 가지고 말한다면 원자는 사실상 대부분 텅 빈 공간이라고 여길 수 있다. 그렇다면 우리가 물질이라고 생각하는 모든 것이 사실상 거의 모두 빈 공간인 셈이다. 그러나 다르게 생각할 수도 있다. 물질이 없다고 해도 원자 내부의 공간은 원자핵과 전자가 상호 작용을 하는 전자기장의 에너지로 가득 차 있다. 그렇다면 이 공간에는 광자가 가득 차 있다고도 할 수 있다. 또한 원자 속의 전자는 위치와 형태가 고정되어 있는 상태가 아니므로, 어느 공간에 전자가 있다, 혹은 없다는 말은 사실 의미가 모호하다.

결국 미시 세계에 대해 이야기하기 위해서는 양자 역학을 통해야 한다. 그런데 양자 역학에서 진공이란 말은 '아무것도 없는 공간'을 의미하는 것이 아니라 우리가 다루는 대상의 가장 낮은 에너지 상태를 가리킨다.

현대 물리학에서 진공을 정확하게 정의하기 위해서는 양자장 이론을 생각해야 한다. 가장 간단한 양자장 이론이라고 할 수 있는 양자 전기 역학에서 완전한 진공을 생각해 보자. 진공은 가장 낮은 에너지 상태이므로, 전자와 같은 물질뿐 아니라 전기장과 자기장조차 없는 상태여야 한다. 물질이 있으면 질량에 의해 $E=mc^2$이라는 상대론적 에너지가 생기고, 전기장이나 자기장이 있으면 장의 에너지가 존재하기 때문이다. 여기서 우리는 현대 물리학에서 말하는 '가장 낮은 에너지 상태'라는 개념이 '아무것도 없는 것'이라는 고전적인 진공 개념과 만나는 것을 본다.

아무것도 없다 해도, 이 상태는 단순히 빈 공간이 아니다. 양자 역학의 불확정성 원리에 따라, 장의 값이 0이라고 하더라도 장의 양자 역학적 요동은 언제나 존재하고 있으며, 이 양자 요동을 통해 소위 '가상의(virtual)' 입자-반입자 쌍이 만들어졌다가 소멸하는 일이 언제나 일어나고 있기 때문이다. 그래서 진공은 사실 텅 빈 공간이나 공허(空虛)가 아니라, 입자가 끊임없이 생성과 소멸을 거듭하는 역동적인 공간이다. 그래서 아무리 이상적인 진공을 생각해도 그 에너지는 완전히 0이 아니라 어떤 값을 갖게 된다.

전기적으로 중성인 물질이라도 전기장 속에 들어가면 원자의 양전기 부분과 음전기 부분이 전기장에 의해 따로따로 영향을 받기 때문에 물질의 한쪽이 양전기를 띠고 다른 한쪽이 음전기를 띠게 된다. 이런 현상을 편극(polarization)이라 한다. 그런데 물질이 아니라 아무것도 없는 진공에서도, 전기장이 생기면 '가상' 입자-반입자 쌍이 전기장의 영향을 받아서 한쪽이 양전기를 띠고 다른 한쪽이 음전기를 띠는 것처럼 보인다. 이런 현상을 '진공 편극(vacuum polarization)'이라고 부른다. 「전자 바라보기」에서 설명한 대로, 전자 주변에서 일어나는 전기장의 양자 효과 중 하나가 바로 진공 편극이다. 그러니까 진공 편극은, 진공이 단순히 아무것도 없는 텅 빈 공간이 아니라는 것을 보여 주는 좋은 예다.

더 복잡한 대칭성으로 이루어진 이론인 양자 색역학에서는 진공의 구조도 더욱 복잡해져서, 일반적으로는 여러 개의 진공 상태가 존재할 수 있다. 이 복잡한 진공 상태 중 자연이 실제로 어떤 상태에 있는지는 이론 그 자체만으로 결정할 수 없고, 우연히 어느 한 상태에 있어서 실험적으로 관측되거나, 특정한 진공 상태에 있다면 더 근본적인 이유에 의해서 그 상태가 결정되어야 한다.

자 그럼 우리 우주의 진공 상태를 생각해 보자. 모든 별로부터 충분히 떨어진 우주 공간은 공기가 희박하기로는 자연에서 가장 높은 정도의 진공 상태다. 그렇다고 해도 우주 공간은 양자장 이론에서 정의한 진공 상태는 아니다. 우주 초기의 에너지의 흔적인 우주 배경 복사가 우주 모든 곳을 채우고 있기 때문이다. 즉 우주에 전기장과 자기장이 완전히 0인 곳은 없다.

한편 우리 우주의 진공은 또 다른 특별한 성질을 가지고 있다. 우리 우주에는 우주를 가득 채우고 있는 스칼라 장이 있어서, 이 스칼라 장이 없을 때보다 스칼라 장이 특정한 값을 가질 때 우주가 더 낮은 에너지 상태가 된다는 것이다. 이는 약한 핵력을 전달하는 게이지 보손의 질량이 0이 아니라는 실험 결과를 다른 모든 물리 법칙과 모순되지 않게 설명하는 방법이다. 이 이론을 고안해 낸 영국의 피터 힉스의 이름을 따라 이 방법을 힉스 메커니즘이라고 부르고, 스칼라 장을 힉스 장, 새로운 진공 상태에서 나타나는 입자를 힉스 보손이라고 한다. 이 이론에 따르면 우주의 진공 상태가 힉스 장에 따라 결정되기 때문에, 힉스 장의 성질이 진공에 그대로 나타난다. 이에 따라 우리 우주의 진공은 힉스 장처럼 약한 상호 작용을 하는 진공이다.

이것은 우리 우주에서 아주 중요한 성질이다. 왜냐하면 우리 우주의 물질이 질량을 가질 수 있게 해 주기 때문이다. 조금 전문적인 이야기가 되겠지만 좀 더 구체적으로 이야기해 보자. 전자와 같이 물질을 이루는 입자를 페르미온이라고 한다. 양자장 이론에서 페르미온의 질량은 왼쪽 성분과 오른쪽 성분 사이를 연결하는 역할을 한다. 그게 무슨 말인지, 왜 그런지는 여기서는 생각하지 말자. 그런데 약한 핵력은 전자와 같은 페르미온에 좌우 비대칭적으로 작용하기 때문에 약한 핵력이 존재하는 세계에서는 원래 질량이 존재할 수 없다. 그런데 다행히도 우리 우주에서는 진공 그 자체가 약한 상호 작용을 하기 때문에 전자와 같은 물질의 왼쪽 성분과 오른쪽 성분, 그리고 진공의 에너지 값이 합쳐져서 질량이 생길 수 있다.

현대의 물리학자들은 진공을 '아무것도 없는 것'으로 이해하지 않는다. 진공은 모든 것이 시작되는 곳이고, 우주의 모든 물리적 성질을 결정하는 곳이다. 우리는 물질을 연구하기 위해서 진공을 탐구하고, 진공을 이해함으로써 우리 우주를 이해할 수 있다.

우리 우주의 진공 상태를 말해 주는 중요한 증거인 힉스 보손은 물리학자들의 오랜 탐색 끝에 2012년 유럽 입자 물리학 연구소 CERN의 가속기 대형 하드론 충돌기(Large Hadron Collider, LHC)에서 발견되었다. LHC 가속기에는 또한 매우 높은 진공 기술이 사용되는데, 양성자가 지나가는, 길이가 27킬로미터에 이르는 빔 파이프 내부가 10조분의 1기압이라는 높은 진공 상태다. 이는 달 표면보다도 진공도가 10배 가량 더 높다.

폰 게리케가 실험했던 마그데부르크의 반구와, 그의 진공 펌프는 현재 독일 뮌헨에 위치한 독일 박물관에 소장되어 있다.

다른 차원

우리가 사는 차원을 넘어선 세계

과학은 우리가 관찰하는 물질이 3차원 공간에 존재한다는 것을, 그래서 물질을 이루는 입자가, 비록 우리가 볼 수 없을 만큼 작다고 해도, 역시 필연적으로 3차원 공간에 존재한다는 것을 조금도 의심하지 않는다.[1]

블라디미르 레닌은 물리학자들 사이에 원자의 실재성, 공간과 시간의 절대성과 상대성의 논란이 한창이던 1908년, 망명지인 제네바에서 쓴『유물론과 경험 비판론』에서 이렇게 말했다. 레닌이 이 책을 쓴 것은 물론 물리학을 논하려고 했던 것이 아니고, 당 내에 번지고 있던 마흐주의지들의 변증법적 유물론에 대한 공격, 특히 1905년부터 볼셰비키와 제휴했던 마흐주의자 알렉산데르 보그다노프의 저서『경험 일원론』에 대한 반론을 위한 것이었다.

이 책에서 레닌은 당대에 쏟아져 나온 물리학의 성과들을 유물론의 입장에서 이해하려고 노력하면서, 마흐의 경험주의적이고 관념론적인 철학에 대해 전면적인 비판을 가했다. 비록 자신의 전문 영역은 아니었지만, 레닌의 마흐 비판은 당 내에서 마르크스-레닌주의의 이론적 기초인 변증법적 유물론을 성공적으로 지켜 냈다고 평가된다.

(실제로 보그다노프는 1909년 6월의 파리 회합에서 패배하고 당에서 축출된다.)

한편 과학자들은 아무도 철학적 입장에 따라서 연구를 하지는 않는다. 자연에 대한 경험적 지식을 말해 주는 것은 결국 자연 그 자체다. 그래서 레닌의 진술은 마흐가 실패한 곳에서 가장 옳고 마흐가 성공한 지점에서 가장 한계를 드러낸다. 지금 우리는 원자의 존재를 인정하지 않았던 마흐의 주장은 실패했음을 알고 있고, 따라서 앞의 인용에서, 보이지 않더라도 물질을 이루는 입자가 존재한다고 단호하게 말하는 레닌의 진술은 분명 옳다. 그런데 우리는 또한 절대 공간을 부정했던 마흐의 주장이 아인슈타인의 상대성 이론에 큰 영향을 주었음을 알고 있으므로, 공간에 대한 레닌의 말은 좀 더 조심스럽게 대하고 싶다.

레닌은 책 전체에 걸쳐서 시간과 공간이 절대적으로 존재함을 여러 차례 강조했지만, 인간이 경험하고 인식하는 시간과 공간은 20세기에 접어들어 커다란 전환을 겪는다. 특히 물리학 분야에서 아인슈타인은 혁명적이고 결정적인 변화를 제시했다. 특수 상대성 이론에 따르면 절대적인 것은 빛의 속도이고, 시간과 공간은 빛의 속도를 절대적으로 유지하도록 서로 얽혀 있다. 시간과 공간은 관측하는 계에 따라 달라지는 상대적인 존재다. 또한 일반 상대성 이론에 따르면 시공간은 더 이상 물질과 무관하게 세상의 바탕을 이루는 것이 아니라 물질과 함께 세상을 구성하는 실체다.

그러면 공간이 3차원이라는 것은 어떨까? 기하학을 배운 사람은 세계가 3차원이라는 걸 알 것이다. 0차원은 크기가 없는 점이고, 1차원은 길이로 표현되는 선이며, 2차원은 바둑판처럼 두 개의 좌표로 나타내지는 면이다. 우리가 사는 세상에서 위치는 숫자 세 개로 표현되므로 이 세상은 3차원이다. 3차원 공간은 자명한 경험적 사실인 것 같다.

그런데 공간이 물질과 동등한 실체라면 공간의 차원이 그저 관측되는 숫자에 불과할까? 이 점에 관해 최초로 3차원 외의 다른 차원의 물리적 의미에 관해 주목할 만한 연구를 한 것은 독일의 젊은 수학 강사 테오도르 칼루차와 닐스 보어 연구소의 오스카르 클라인이었다. 칼루차는 1919년에 4차원 공간의 일반 상대성 이론은 중력과 전자기력이 통일된 이론이 될 수 있음을 보였으며, 클라인은 1926년에 네 번째 차원이 둥글게 말려 있는 이론을 발표했다. 칼루차와 클라인은 여분의 차원이 우리에게 느껴지지 않는 것은 마치 우리가 3차원의 물질인 종이를 2차원이라고 여기듯이 여분의 차원이 매우 작기 때문이라고 설명하고, 여분 차원 방향의 운동량을 가진 물질은 3차원 공간에서는 그만큼의 질량을 갖는 것으로 보인다고 해석했다. 칼루차-클라인의 이론이 비록 성공을 거두지는 못했지만, 이들의 시도는 여분의 차원을 다루는 표준적인 방법이 되었다.

1998년 스탠퍼드 선형 가속기 연구소(SLAC)의 니마 아르카니아메드, 사바스 디모폴루스, 그리고 이탈리아 국제 이론 물리학 연구소

(ICTP)의 기아 드발리는 만약 공간에 3차원 외의 다른 차원이 존재하지만 우리와 모든 물질은 어떤 이유로 오직 3차원 위에만 존재한다면, 물리학의 오래되고 중요한 질문인 "중력은 다른 힘보다 왜 그렇게 약한가?"라는 물음에 새로운 답을 할 수 있다는 것을 보여서 많은 사람들을 놀라게 했다.[2] 원자 이하의 세계에서 입자들이 직접 상호 작용을 할 때 중력의 세기는 전자기력의 약 1조분의 1조분의 1조분의 1에 불과하다. 전자기력에 비해 강한 상호 작용은 약 100배 강하고 약한 상호 작용은 약 1,000분의 1 약한 것을 생각하면 중력은 너무나도 약하다. 그러나 우리가 거시적인 세계에서 중력을 강력한 힘으로 느끼는 이유는, 다른 상호 작용들은 안정된 상태를 이루면서 상쇄되는 반면 중력은 계속 더해지기 때문이다. 예를 들면 전자와 원자핵이 원자를 이루면 각각의 전하는 상쇄되어 전기적으로 중성으로 보인다.

그러면 아르카니아메드 등은 중력이 약하다는 것을 어떻게 설명했을까? 일반 상대성 이론에 따르면 중력이란 시공간 그 자체다. 따라서 물질과 다른 상호 작용은 3차원 공간에만 존재한다고 해도 중력만은 3차원 외의 여분 차원을 포함한 전체 공간에 존재한다. 하지만 우리는 3차원 안에서만 살고 있기 때문에, 우리가 느끼는 것은 중력 전체가 아니라 3차원 공간의 중력뿐이다. 즉 중력도 원래 다른 힘들과 비슷한 세기였지만 우리가 그중 3차원에 국한된 극히 일부만을 느끼기 때문에 다른 힘들에 비해서 그토록 약하게 보인다는 것이다. 비유하자면 개미를 다른 힘, 파리를 중력이라고 할 때, 개미와 파리를 비슷한 수만큼 상자에 넣어 놓으면, 개미는 전부 바닥에서만 기어 다니지만, 파리는 날아다니기 때문에 바닥에 있는 파리의 숫자는 개미보다 훨씬 적은 것과 같다.

　상자의 천장이 충분히 높으면 파리들은 거의 모두 날아다니고 바닥에는 거의 앉지 않을 것이다. 천장이 낮다면 바닥에 앉은 파리가 좀 더 많아질 것이다. 마찬가지로 중력의 세기는 여분 차원의 크기, 그리고 여분 차원의 개수에 따라 달라진다. 반대로 말하면 여분 차원의 크기와 개수는 중력의 크기를 측정함으로써 알 수 있다. 가장 간단한 경우로서 여분 차원이 하나 있다면, 관측되는 중력으로부터 계산한 여분 차원의 크기는 수 킬로미터 정도다. 그런데 이 이론이 맞다면 수 킬로미터보다 작은 크기인 일상 공간에서 느끼는 중력은 3차원 공간의 중력이 아니라 4차원 공간의 중력이어야 한다. 이것은 우리가 실험에서 확인한 뉴턴의 중력 법칙과 맞지 않으므로, 여분 차원이 하나만 있는 경우는 옳지 않다.

　다음으로 여분 차원이 둘 있다고 해 보자. 새로운 두 차원의 크기가 대략 같다고 한다면 중력의 세기로부터 계산한 크기는 밀리미터 정도가 된다. 그렇다면 밀리미터 이하의 세계는 5차원(=3+2차원) 공간이고, 뉴턴의 중력 법칙은 밀리미터 이하에서는 수정되어야 할 것이다. 아르카니아메드 등의 논문이 특별히 많은 관심을 끌었던 이유는 여기에 있다. 놀랍게도 중력은 너무나 약한 힘이라서 중력의 세기가 거리의 제곱에 반비례한다는 뉴턴의 중력 법칙이 1998년 당시까지도 밀리미터 크기에서는 직접 확인된 바가 없었던 것이다. 그렇다면 맨눈으로도 보이고 만져지고 심지어 글씨도 쓸 수 있고 조각도 할 수 있는 밀리미

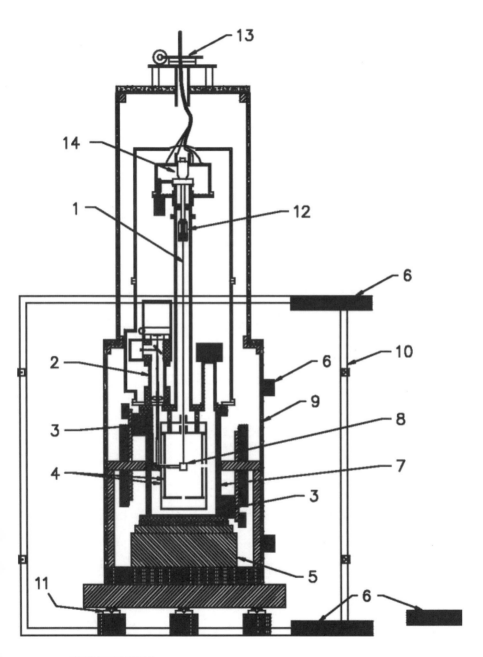

외트워시 그룹의 실험 장치.

터 크기의 세계에서, 뉴턴 이래 300년 동안 알고 있던 중력의 법칙이 다르게 작용한다는 것이 가능할까? 그렇다면 미생물들은 우리와는 다른 중력을 느끼며 살고 있을까?

방금 본 것처럼 이 이론은 칼루차-클라인의 이론에 비해서 새로운 차원의 크기가 훨씬 클 수 있으므로 '커다란 여분 차원(Large Extra Dimension)' 모형이라고 부른다. 그런데 몇 년 후 워싱턴 대학교의 에릭 아덴버거가 이끄는 외트-워시(Eöt-Wash) 그룹이 중력을 직접 측정해서 뉴턴의 중력 법칙을 0.137밀리미터까지 검증했다.[3] 또한 여러 천체 물리학적인 관측에 따라서 여분 차원의 크기는 0.01밀리미터보다 작아야 한다고 예측되었다. 이로써 처음의 흥분은 다소 가라앉았다. 하지만 여분 차원이 존재한다면 우리가 알고 있는 물리 법칙을 더 심오하게 이해할 수 있음을 본 것은 큰 수확이었다.

거의 같은 시기에 MIT의 리사 랜들과 보스턴 대학교의 라만 선드럼은 비틀린 공간 차원이 하나 더 존재하는 이론을 제안했다.[4] 이 이론은 여분 차원 공간의 비틀린 효과로 중력과 다른 힘의 차이를 설명하기 때문에 '비틀린 여분 차원(Warped extra dimension)' 모형이라고 부른다. 이들의 이론 역시 우리가 살고 있는 우주를 새롭게 설명하는 커다란 가능성을 보여 주어 이론 물리학자들에게는 오히려 앞의 논문보다도 더 많이 인용되고 있다.

현대의 물리학자들은 이제 우주가 반드시 3차원 공간에 존재한다고 생각하지 않는다. 3차원 공간을 자명한 사실로 여기지 않는다. 다른 차원의 세계는 더 이상 상상의 영역이 아니라 물리학자의 탐구의 대상이다. 물리학자가 보는 세상은 이제 그 지평을 넓혀 갈 뿐 아니라 말 그대로 차원을 달리해 가고 있다.

2부 **쉬운 듯 우아하게**

사실 난 그저 질서를 좋아해서 물리학자가 되었지요.
자연에 나타나는 표면상의 무질서를
더 높은 질서로 환원시키기 위해서요.

—뒤렌마트, 「물리학자들」

엔리코 페르미
1901~1954

쉬운 듯 우아하게

페르미 솔루션

르네상스 절정기에 이탈리아 우르비노 공작 귀도발도 다 몬테펠트로의 외교관이었던 발다사레 카스틸리오네 백작은 자신의 인생에서 최고의 시절을 보낸 곳이면서 당대의 이탈리아에서 가장 세련된 곳이던 우르비노 궁정을 그리워하며 『궁정인의 책(Il Cortegiano)』를 썼다. 이 책에서 묘사한 이상적인 르네상스 인본주의자의 모습은 이후 오랫동안 서양의 세련된 신사의 이상형이 되었다.

카스틸리오네는 궁정인이 반드시 갖춰야 하는 것은 우아함이며, 우아함이란 모든 일에서 "스프레차투라(sprezzatura)"를 실행하는 것을 말한다고 한다. 스프레차투라라는 말을 카스틸리오네는 "의도적인 행동이란 티가 나지 않게 해서, 말과 행위 모두를 전혀 수고하지 않고 하는 것처럼, 미처 생각지도 않고 하는 것처럼 보이게 하는 것"이라는 의미라고 설명했다. 즉 어려운 일을 전혀 힘을 안 들이는 것처럼 쉽게 하면서도 세심하고 뛰어나게 해 낸다는 말이다. 그러니까 스프레차투라와 가장 거리가 먼 것은 아마도 큰소리 치는 것, 대놓고 잘난 척하는 것이겠다.

물리학자 중에서 스프레차투라라는 말이 가장 잘 어울리는 사람은 역시 이탈리아 사람인 엔리코 페르미일 것이다. 20세기의 가장 위대한 물리학자 중 한 사람인 페르미는 페르미-디랙 통계, 약한 상호 작용의 방정식 등 심오한 이론적인 업적과 원자핵에 대한 중성자 산란 및 최초의 원자로 건설 등 중요한 실험적인 업적을 남겼다. 페르미는 1901년 로마에서 태어나서 피사의 고등 사범 학교와 피사 대학교에서 학위를 받은 후, 독일의 괴팅겐, 네덜란드의 레이던에서 공부했다. 이후 페르미는 피렌체 대학교를 거쳐 1926년 가을에 로마 대학교 물리학과의 교수로 부임했으며, 그곳에서 중성자 산란을 연구한 업적으로 1938년 노벨 물리학상을 받았다.

부인의 유태인 혈통 때문에 무솔리니 치하의 이탈리아를 떠나 미국으로 망명한 페르미는 1942년 시카고 대학교에서 최초의 원자로를 만들었고 원자 폭탄을 만들기 위한 맨해튼 프로젝트에서는 고문으로 활약했다. 페르미가 얼마나 광범위하게 현대 물리학에 중요한 영향을 미쳤는가 하는 것은 페르미온(fermion), 원자 번호 100번의 원소 페르뮴(fermium), 길이의 단위인 페르미(fermi, 1페르미=1000조분의 1미터), 반도체의 페르미 준위(Fermi level) 등 물리학 곳곳에서 그의 이름을 발견할 수 있다는 사실에서 쉽게 실감할 수 있을 것이다.

아마도 평생 자기 손으로 실험을 해 본 일이 없었을 아인슈타인이

엔리코 페르미 1940년대 후반 모습. ▶

나, 실험적 지식이 부족해서 박사 학위 시험에서 떨어질 뻔했던 하이젠베르크와는 달리, 페르미는 쇠를 깎아서 실험 장비를 직접 만드는 일부터 고도의 수학적인 계산까지 모두 손수 해 냈다. 이런 페르미의 모습에서 우리는 망원경의 원리를 듣고 난 뒤 직접 렌즈를 깎아서 당대 최고의 망원경을 만들고, 그것으로 천체를 관찰해서 지동설을 확립한 갈릴레오를 쉽게 떠올릴 수 있다. 이것은 이탈리아 장인 전통의 영향일지도 모른다.

페르미는 훌륭한 이론가이면서 최고의 실험가였고, 영감이 가득한 선생이자 믿음직한 리더였다. 물리학 전반에 대한 방대한 지식과 정확한 이해를 바탕으로 그는 젊은 시절부터 이미 진정한 대가의 모습을 보였다. 그러면서도 그는 언제나 겸손하고 소탈해서 노벨상 수상자들부터 실험실의 기술자들까지 모두 그를 좋아했다. 이에 대해 미국 페르미 연구소의 소장을 지냈고 1988년 노벨상 수상자인 리언 레이더먼은 "이론 물리학자들은 모두 격렬하고 때로는 불합리할 정도로 경쟁심이 강한 사람들이지만 페르미만은 드문 예외다."라고 말한 바 있다.

자신을 내세우지 않아도 페르미의 탁월함은 어디서나, 심지어 노벨상 수상자들 사이에서도 두드러진 것이었다. 노벨상 수상자의 사회학을 연구한 해리엇 주커먼은 노벨상 그 이상의 존재의 예로 페르미를 들면서, 노벨상 수상자인 어떤 물리학자가 현역의 페르미를 관찰한 후 "페르미가 어떠한 일을 할 수 있다는 것을 알아도, 나는 조금도 내 자신을 낮추거나 처량해지는 일은 없었습니다. …… 당신이 무엇이거나 모두 잘할 수는 없는 것 아닙니까?"라고 말한 것을 인용했다.[1]

영화 「아마데우스」를 보면 모차르트의 부인 콘스탄체가 살리에리에게 남편의 일자리를 부탁하려고 모차르트가 직접 쓴 악보를 몇 장 들고 오는 장면이 있다. 살리에리가 악보를 나중에 찾아가라고 하자, 콘스탄체는 이 악보는 다 원본이고 사본이 없어서 안 된다고 한다. 그 말을 들은 살리에리는 경악하면서 이렇게 말한다.

"그럴 수가! 도저히 믿을 수 없었소. 악보는 초고인데도 고친 흔적이 하나도 없었소. 무슨 말인지 알겠소? 그는 이미 자기 머릿속에서 완성된 음악을 단지 써 내려갔을 뿐이오. 한 페이지 한 페이지 그저 받아 적듯이."

페르미의 첫 제자였으며 반양성자를 발견해서 1959년 노벨상을 수상한 에밀리오 세그레는 「아마데우스」의 이 장면을 연상케 하는 페르미의 모습을 기억했다. 1920년대에는 이탈리아 어로 씌어진 현대 물리학 교과서가 없었다. 페르미는 모든 일에 그러듯이 스스로 책을 쓰기로 하고 1927년 여름 방학 때 돌로미티의 산 속으로 휴가를 가서 책을 완성했다. 아름다운 산 위의 풀밭에 배를 깔고 엎드려서 아무 참고 문헌도 없이 노트에 연필로 써 내려간 원고에는, 지운 자국도 없고 틀렸다고 줄을 그어 놓은 곳도 없었다고 한다. 머릿속에서 완성된 내용을 그저 써 내려간 것이다. 세그레는 이 에피소드를 회상하며 이탈리아의 연필에는 지우개가 달려 있지 않다고 강조했다. 페르미의 노트는 그대로 출판사로 넘어가서 『원자 물리학 입문(*Introduzione alla fisca atomica*)』이라는 제목의 책으로 출판되었다.

물리학자로서 페르미는 항상 실용적인 자세로 가능한 한 간결한 것을 좋아했고 추상적인 것보다 구체적인 것을 추구했다. 아마도 그의 진정한 능력은 문제의 핵심을 꿰뚫어 가장 중요한 것을 파악하는 능력일 것이다. 페르미는 문제를 단순화하고, 간단한 계산만으로 핵심적인 해답을 구해서 그 누구보다도 빠르고 정확하게 답을 내곤 했다. 페르미의 이런 능력을 가장 잘 보여 주는 것은 1945년 7월 16일, 최초로 완성된 원자 폭탄을 시험하는 트리니티 시험에서의 일화다. 페르미 본인은 그날 아침의 일에 대해서 이렇게 말했다.

> 7월 16일 아침, 나는 폭발에서 10마일가량 떨어진 트리니티의 베이스캠프에 있었다. 폭발은 오전 5시 30분에 일어났다. …… 폭발에서 약 40초 후, 폭발로 인한 돌풍이 내게 이르렀다. 폭발의 세기를 추정해 보려고, 종잇조각을 돌풍이 오기 전, 돌풍이 지나갈 때, 그리고 지나간 후에 각각 약 6피트 높이에서 떨어뜨려 보았다. …… 바람이 없었으므로 종잇조각이 날아간 거리를 측정해 보았더니 약 2.5미터였다. 그로부터 돌풍을 일으킨 것은 TNT 약 10킬로톤에 해당한다고 추정했다.

실제 폭발의 위력이 TNT 19킬로톤이었으니까, 실험이 간단한 데 비해 정확성은 놀라울 정도였다. 그 자리에는 20세기 최고의 물리학자들 상당수가 있었지만 페르미와 같은 착안을 한 사람은 아무도 없었다.

별 내부의 핵반응을 밝혀내서 노벨상을 받은 한스 베테는 1931년 연구원으로 로마에 와서 페르미의 능력에 감탄하고 이를 배워 갔다. 페르미의 부인 라우라 여사는 베테에 관해서 이렇게 썼다. "그가 이전에 받은 교육은 문제에 부딪칠 때는 마치 그것이 커다란 스파게티 접시인양 한꺼번에 달려들어 모든 자료를 복잡한 공식 속에 집어넣어 끈기 있게 풀어 나가는 것이었다. …… 엔리코는 그에게 문제를 본질적인 기본 요소로 축소시키는 법과 먼저 부분적인 해결을 찾는 법, 그리고 어떻게 단순한 추론이 힘든 수학적 추론을 대신할 수 있는가를 보여 주었다."[2]

베테 자신은 이렇게 말했다. "페르미의 방법에서 내가 가장 인상 깊었던 것은 간결성이었다. …… 그는 문제에서 복잡한 수학과 불필요한 형식을 제거해 버렸다. 이런 식으로 해서 대개 30분 이내로 물리의 본질적인 문제를 풀 수 있었다. …… 만약 당신이 페르미와 이 문제로 토론을 했다면 당신이 그를 떠날 때쯤 수학적 해법이 어떻게 진행될지 분명해질 것이다." 바로, 스프레차투라다.

페르미가 즐겨 그렇게 했듯이, 복잡하고 어려운 문제를 적절한 가정을 통해 단순화시켜서 자세한 계산 없이 정량적인 값을 어림해 내는 것을 페르미 해답(Fermi Solution)이라고 부른다. 그리고 페르미 해답을 구하도록 만들어진 문제를 페르미 문제(Fermi Question)라고 한다.

흔히 예로 드는 페르미 문제로 "시카고에는 피아노 조율사가 몇 명이나 있는가?"라는 것이 있다. 여기에 대한 페르미 해답의 한 예는 다음과 같다. 시카고에는 약 500만 명이 살고, 한 가구에는 평균 2명이 산다고 가정하자. 대략 20집에 하나꼴로 조율을 하는 피아노가 있고, 조율은 평균 1년에 한 번 한다면 시카고에서 1년에 피아노 조율은 총 $5,000,000 \div 2 \div 20 \times 1 = 125,000$회가 필요하다. 피아노 조율사가 조율하는 데는 2시간이 걸리고, 하루 8시간, 1주일에 5일, 1년에 50주를 일한다면 조율사 한 사람이 1년에 하는 조율 횟수는 50 × 5 × 8 ÷ 2 = 1,000회이므로, 125,000회의 조율을 하기 위해서 조율사는 총 125,000 ÷ 1,000 = 125명이 필요하다.

페르미 문제는 물리학이나 공학 교육에서 널리 쓰이고 있으며, 요즘은 학교나 직장의 면접에서도 흔히 볼 수 있다.[3] 오늘날 능숙한 물리학자라면 누구나 문제를 처음 접할 때, 본격적인 계산이나 실험에 들어가기 전에 어느 정도는 페르미와 같은 방법으로 접근할 것이다. 그런 의미에서 우리 물리학자는 모두 약간씩은 페르미의 제자라고 해도 좋겠다.

반신반인의 좌절

폰 노이만 전설

19세기 영국의 시인이자 정치가인 오언 메러디스는 그의 시 「섬세한 이류 시인의 마지막 말」에서 "천재는 해야 할 일을 하고 재능 있는 자는 할 수 있는 일을 한다."라고 썼다. 진정한 천재란 잘할 수 있는 것을 잘하는 것뿐 아니라, 필요한 일이라면 무엇이든 해 낼 수 있어야 한다는 뜻일까? 그렇다면, 1903년 12월 28일에 헝가리 부다페스트에서 태어난 마르기타이 네우만 야노시 러요시야말로 바로 그런 진정한 천재일 것이다. 친구들에게 '얀시'라 불리던 그는 20세기의 손꼽히는 수학자이면서, 물리학과 경제학, 현대 컴퓨터 과학 및 수리 과학의 여러 관련 분야에 걸쳐 무수한 업적을 남겼기 때문이다.

얀시는 기본적으로 수학자지만 물리학에도 거대한 업적을 남겼다. 1925년 여름에 젊은 하이젠베르크가 북해의 헬골란트에서 원자를 설명하는 새로운 물리학을 만들었을 때, 그는 행렬이라는 수학적 개념에 대해서 전혀 모르고 있었다. 이 새로운 수학을 이용해서 하이젠베르크의 생각을 행렬 역학이라는 체계로 완성시킨 것은 괴팅겐 대학교의 막스 보른이었다. 몇 달 후, 스위스의 산장에서 취리히 연방 공과 대학의 에르빈 슈뢰딩거가 연구해 온 파동 역학은 고전 물리학에서 익숙한 파동을 이용해서 양자 역학을 기술했기에 다른 물리학자들에게 더 친근하게 느껴졌다.

우연히 서의 같은 시기에 전혀 다른 인물에 의해 등장한 두 이론은 모두 원자를 잘 설명했지만, 전혀 다른 관점으로 양자론을 기술하기 때문에, 당시에는 과연 무엇이 옳은지 판단하기 어려웠다. 이듬해 슈뢰딩거와 미국 캘리포니아 공과 대학의 젊은 물리학자 칼 에커트가 이 두 이론이 동등하다는 것을 처음으로 보였다. 이로써 원자를 설명하는 진정한 이론으로서의 양자 역학이 마침내 탄생했다.

새로 나온 이 흥미로운 이론인 양자 역학의 수학적 기초를 완성한 사람이 하이젠베르크보다 두 살 아래인 헝가리 출신의 젊은 수학자 얀시였다. 얀시는 양자 역학을 이해하는 사람도 얼마 없을 때, 그 안의 수학적 구조를 파악하고 엄밀한 체계를 세웠다. 오늘날 양자 역학 교과서에서는 양자 역학에서 말하는 '상태'란 무한 차원 벡터 공간인 '힐베르트 공간'의 원소인 '벡터'이며, 우리가 측정하고 관측하는 물리량은 이 벡터들에 적용하는 '에르미트 연산자'라고 정의한다. 행렬이란 연산자를 표현하는 방법 중 하나며, 파동 함수란 힐베르트 공간의 상태 벡터를 표현하는 방법 중 하나다. 물리학자가 실제로 계산을 할 때는 여전히 슈뢰딩거의 미분 방정식을 풀고, 행렬 요소를 구하지만, 힐베르트 공간에서의 연산자 이론을 통해서 양자 역학의 수학적 체계가 엄밀하게 구축되어 있기 때문에 우리는 양자 역학에 논리적인 문제는 없는가 하는 걱정은 하지 않아도 된다.

어려서부터 신동이었던 얀시는 김나지움을 졸업하고 1921년에 부다페스트 대학교와 베를린 대학교에 모두 등록했다. 그는 수학을 전공하고 싶어 했지만 성공한 은행가였던 그의 아버지는 그가 현실적인 사업가로 성공하기를 바랐기 때문에, 타협안으로 화학을 전공하기로 했기 때문이다. 그래서 그는 대부분의 시간을 베를린 대학교에서 아인슈타인의 통계 역학 강의 같은 것을 들으며 지내다가 시험 때면 부다페스트 대학교에 와서 시험을 쳐서 최고점을 받곤 했다. 그는 1923년에 베를린 대학교에서 화학으로 학위를 받은 후, 다시 취리히의 연방 공과 대학에서 화학 공학을 전공해서 1925년에 학위를 받았고, 이듬해에는 부다페스트 대학교에서, 물리학과 화학을 부전공으로 하면서 수학으로 박사 학위를 받았다.

얀시는 박사 학위를 받기도 전부터 이미 바일이나 쿠란트 같은 대가 수학자들로부터 탁월한 젊은 천재로 인정받고 있었다. 그는 1926년부터 2년간 록펠러 장학금으로 괴팅겐에 머물렀고, 1927년 가장 어린 나이로 베를린 대학교의 강사가 되었다. 1930년까지 그는 150편이 넘는 논문을 썼는데, 그중에는 수학의 여러 분야는 물론이고 양자 역학의 수학적 기초 및 양자 에르고드 정리 등 물리학에 관한 논문 및 게임 이론의 기초에 대한 논문도 있다. 그는 1930년에 프린스턴 대학교에 초빙 교수로 가서 양자 역학을 가르쳤고, 그 인연으로 1933년 문을 연 프

존 폰 노이만. 로스 앨러모스 출입 비표의 사진.

린스턴 고등 연구소에 아인슈타인과 함께 최초의 종신 교수 네 사람 중 한 사람으로 초청을 받는다. 다른 종신 교수들이 모두 40대 이상 의 대가들이었던 데 반해 20대였던 그는 확실히 이채로운 존재였다. 1938년 미국 시민이 된 후 그의 이름은 존 폰 노이만이다.

양자 역학의 기초에 관한 폰 노이만의 작업은 1932년 『양자 역학 의 수학적 기초』라는 책으로 나왔다.[1] 한편 영국 케임브리지의 디랙은 1930년 '변환 이론'이라는 일반적인 방법으로 양자 역학을 정식화했 다. 디랙의 델타 함수를 이용하는 디랙의 방법은 수학적인 엄밀성은 부족하지만, 물리학자들에게는 더 많이 사용된다.

당대의 석학들이 모인 프린스턴 고등 연구소에서도 폰 노이만은 특 출했다. 1937년에 발표한 그의 첫 경제학 논문은 "수리 경제학의 가장 중요한 논문"이라는 말을 들었고, 양자 역학을 연구하면서 시작된 연 산자 이론은 '폰 노이만 대수'라고 불리는 체계로 발전했다. 제2차 세 계 대전 때 국방에 관한 연구 및 자문 역할을 하기 시작한 폰 노이만은 이후 미국 국방부의 가장 중요한 과학 자문으로 활약했으며, 프로그 램을 기억 장치에 분리해서 저장하는 현대의 컴퓨터를 구상하고 직접 제작했고, 자동 기계(automata) 시스템을 구상하는 등 광범위한 분야 에서 방대한 업적을 남겼다. 그에게는 전성기란 말이 의미가 없다. 그 는 평생 어떤 문제건 남들보다 훨씬 빨리 해결했고, 손을 대는 분야마 다 중요한 성과를 올렸기 때문이다.

폰 노이만의 두뇌가 얼마나 뛰어났던가 하는 데에는 무수한 전설이 남아 있다. 같은 헝가리 출신으로 10대 때부터 평생 폰 노이만과 가깝게 지냈던 유진 위그너는 "얀시는 진정으로 천재였다."라고 회상했다.[2] 프린스턴에서 폰 노이만과 함께 지냈던 미국의 이론 물리학자 에이브러햄 파이스는 "나는 그보다 위대한 사람들도 만나 보았지만 그보다 머리가 좋은 사람은 본 적이 없다."라고 하기도 했다.[3] 그는 5개 국어를 자유롭게 했으며, 라틴 어와 고대 그리스 어도 할 수 있었다. 여섯 살 때 여덟 자리 수를 암산으로 계산할 수 있었고, 아버지와 고대 그리스 어로 농담을 주고받았다고 한다. 그가 고등 연구소에서 제작한 컴퓨터를 처음 가동할 때 계산이 맞는가를 확인하기 위해 같이 계산을 했는데, 그가 계산을 더 빨리 끝냈다는 일화도 있다. 어렸을 때부터 주변 친구들이 어려운 계산을 가져오면 풀어 주곤 했던 폰 노이만은 사실상 평생 인간 컴퓨터와 같은 역할을 했다고 할 수 있다. 프린스턴에서 그에게 문제를 가져오던 사람들은 당대의 수학자들과 물리학자들이었고, 제2차 세계 대전 이후에는 미국 국방부와 정부 기관들이 그랬다.

그는 또한 놀라운 기억력으로도 유명했는데, 언제 읽은 책이든지 필요하다면 글자 한 자 틀리지 않고 암송할 수 있었다. 그래서 그가 관심을 가졌던 역사 분야의 경우, 최소한 그의 지식은 그 분야의 전문가를 능가할 정도였다. 프린스턴의 동료 허먼 골드스타인은 이렇게 말했다. "연구소에서는, 폰 노이만은 사실 반신(半神)인데, 사람들을 잘 관찰해서 인간의 흉내를 내고 있는 것이라고들 했다."

뛰어난 두뇌를 빼고 보면, 폰 노이만은 유쾌하고 같이 있으면 즐거운 사람이었다. 술 마시고 노는 것을 좋아했고 잘 차려 입는 것을 좋아했으며 맛있는 음식을 좋아하고 돈과 사치스러운 물건을 좋아했다. 프린스턴에서 폰 노이만의 집에서는 매주, 어떤 때는 일주일에 두 번 파티가 열렸고, 연구소의 사람들이 자유로이 어울렸다. 사실 그의 인생 자체가 어떤 의미에서 파티 같은 것이었다. 앞머리가 벗겨지고 통통한 그의 외모는 천재의 모습과는 거리가 멀었고, 게임 이론에 관한 그의 전기를 쓴 윌리엄 파운드스톤의 표현에 따르면 "친절하고 변변치 못한 아저씨를 연상시켰다."[4] 그러면서 그는 언제나 은행가 스타일로 정장을 차려 입고 다녀서 고등 연구소에서는 옷에 분필 좀 묻히고 다니라며 놀림을 받기도 했다. 그의 정장에 대한 집착은 대단히 강해서, 그랜드 캐니언을 구경하러 나귀를 타고 협곡을 내려갈 때도 핀 스트라이프 정장에, 셔츠에, 조끼를 갖춰 입고 가슴에는 손수건까지 꽂고 있었다고 한다. 그는 또한 짓궂고, 풍자적인 농담도 엄청나게 많이 알고 있었다. 대체로 여성에 대해서는 성차별적이어서 주로 몸매로 평가를 했다. 로스 앨러모스에서 일할 때 비서들은 앞이 트여 있는 책상을 썼는데, 늘 앞에 두꺼운 종이를 가려 놓았다. 그 이유는 폰 노이만이 지나가면서 종종 책상 밑으로 스커트 속을 들여다보았기 때문이라고 한다.

폰 노이만의 만년은 학자라기보다 여러 가지 일이 어지럽게 뒤섞인 만능 컨설턴트에 가까웠다. 그의 일은 여러 국방 기관과 CIA, 원자력 위원회 같은 국가 기관, IBM이나 스탠더드 오일과 같은 민간 기업 등을 망라했다. 그래서 많은 사람들이 그의 만년을 "낭비"라고 비판하기도 한다. 그의 친한 친구였던 스타니스와프 울람은 "그는 강한 사람이나 조직에 대해 숨은 존경심을 품고 있었다고 생각한다."라고 말했다.

이 반신반인도 자신의 본령인 수학 분야에서 딱 한 번 실패를 경험했다. 1920년대의 많은 수학자들과 논리학자들은 수학의 논리적 기초를 확립하고자 노력했다. 러셀과 화이트헤드는 역작 『수학 원리』를 통해 이 문제를 제시하고 탐구했다. 힐베르트는 소위 '힐베르트 프로그램'을 통해서 모든 수학적 진술은 올바른 방법으로 형식화되고 다루어진다면 반드시 참과 거짓을 결정하는 알고리듬이 존재할 것이라고 제창했다. 힐베르트 사단의 젊은 스타 폰 노이만도 당연히 이 문제를 파고들었다. 그러던 1931년 빈의 한 젊은이가 발표한 결과가 그 모든 논의를 종식시켰다.

그 젊은이는 1906년 오스트리아-헝가리 제국에 속하는 도시 브르노에서 태어나고 빈에서 공부한 쿠르트 괴델이었다. 괴델은 1931년 "참과 거짓을 판별할 수 없는 올바른 수학적 진술이 반드시 존재한다. 즉 수학의 체계는 근본적으로 불완전하다."라는 유명한 불완전성 정리를 증명했다. 누구보다도 명민한 폰 노이만은 괴델의 증명의 의미를 바로 깨달았다. 그것은 인간의 이성이 이룩한 또 하나의 거대한 승리이면서, 동시에 폰 노이만이, 그리고 모든 수학자가 추구했던 이상이 무너짐을 의미하는 것이었다. 이후 폰 노이만은 다시는 수학 기초론을 연구하지 않았으며, 괴델을 "아리스토텔레스 이후 최고의 논리학자"라며 존경했다. 아마도 그 존경심에는 자신의 실패에 대한 실망감도 깃들여 있었을 것이다.

괴델도 프린스턴 고등 연구소가 문을 연 1933년부터 고등 연구소와 관련을 맺었고, 오스트리아가 제3제국에 병합되자 빈을 떠나 프린스턴으로 찾아와서 1940년부터 연구원으로 지냈다. 괴델이 고등 연구소의 교수가 된 것은 1953년에 이르러서였는데, 고등 연구소가 설립될 때부터 교수였던 폰 노이만은 종종 "괴델이 교수가 아니라면, 우리 중 누가 교수라고 할 수 있겠는가?"라고 말하곤 했다.

1955년 폰 노이만은 어깨를 다치면서 골수암에 걸려 있다는 것을 알았다. 그는 국방에 관한 여러 위원회에서 활약하고 있었으므로, 혼수 상태에서 기밀을 누설할 경우에 대비해서 1급 기밀을 다룰 자격이 있는 공군 요원이 간호를 해야 했다.

죽음은 폰 노이만에게 대단히 고통스러운 과정이었다. 그의 뛰어난 두뇌는 자신의 병이 치유 불가능한 것이며, 따라서 논리적으로 자신은 곧 생각을 하지 못하게 될 것이라는 결론을 내렸다. 그러나 그로서도 이 결론을 받아들인다는 것은 너무나 공포스러운 일이었고 더할 수 없는 좌절이었다. 그 결과 평생 불가지론적이었던 그가 진지하게 가톨릭에 귀의하고 신부에게 도움을 구했다. 그러나 종교가 그에게 평안을 주지는 못했다. 병이 진행되면서 그는 병의 영향으로 종종 치매 상태에 빠지기도 했는데 그것을 몹시 괴로워 했다. 같은 헝가리 출신 물리학자이며 수소 폭탄의 아버지로 불리는 에드워드 텔러는 "폰 노이만은 그의 정신이 더 이상 제대로 기능하지 않을 때, 내가 본 고통 받는 어떤 사람보다도 더 괴로워했다."라고 말했다. 그토록 뛰어난 두뇌가 주변 사람조차 알아보지 못하는 것을 보는 것은 친구들에게도 너무나 고통스러운 일이었다.

그가 죽기 얼마 전부터는 그의 병실에서 회의가 열렸다. 그의 침대 주위에 그의 마지막 충고와 지혜를 한마디라도 더 듣기 위해 국방부

장관과 각료들, 각 군 참모 총장들과 보좌관들이 둘러서 있었다고 한다. 폰 노이만은 1957년 2월 8일 사망했다.

두 천재 이야기

존 바딘과 윌리엄 쇼클리

두 사람이 벨 연구소에서 만난 것은 제2차 세계 대전이 막 끝난 1945년 10월이었다.

존 바딘은 미국 위스콘신 주의 매디슨에서 태어났다. 아버지는 위스콘신 주립 대학교의 의과 대학을 설립한 이로 초대 학장을 지냈고, 어머니는 예술적 재능이 있어 실내 디자인을 했다. 어릴 때부터 그는 수학에 재능을 보였고, 월반해서 열다섯 살에 고등학교를 졸업했다. 과묵하고 조용한 성격의 바딘은 위스콘신 대학교에서 전기 공학을 전공하고, 프린스턴 대학교에서 유진 위그너를 지도 교수로 물리학 박사 학위를 받았다. 그의 박사 학위 논문은 당시 새롭게 떠오르는 분야인 '고체 물리학'에 관한 것이었다. 학위를 받고 바딘은 하버드 대학교 연구원이 되어, 존 밴 블렉과 일했다. 위그너와 밴 블렉은 훗날 노벨상을 받게 된다. 1938년 바딘은 미네소타 대학교 교수가 되었고, 제2차 세계 대전 때는 해군 연구소에서 일했다. 전쟁이 끝나고 바딘은 본격적으로 고체 물리학을 연구하려고 기업 연구소로서 기초 연구를 선도하던 벨 연구소로 자리를 옮긴다.

윌리엄 쇼클리의 아버지는 광산 엔지니어였고, 어머니는 스탠퍼드 대학교를 나온, 당시로서는 몇 안 되는 재원이었다. 그는 어려서부터 자기 주장이 너무 강하고 고집이 세서 부모가 애를 먹었고, 결국 기숙학교에 들어갔다. 쇼클리는 캘리포니아 공과 대학을 나와서 MIT에서 고체 물리학 분야를 연구해서 박사 학위를 받았다. 그는 여전히 독선적인 성격이었으나, 다른 한편으로는 물리학에 관한 뛰어난 통찰력을 보여 주었다. 그는 또한 만능 스포츠맨이었고, 아마추어 마술사였으며, 청중을 사로잡는 우수한 연설가이기도 했다. 학위를 받고 쇼클리는 벨 연구소에 스카우트되어 곧 두드러진 연구 업적을 냈다. 제2차 세계 대전 시기에는 레이더 연구 분야에 종사하며 국방부에 자문을 하기도 했다. 전쟁이 끝나고 난 뒤 벨 연구소는 진공관을 대체할 고체 소자를 개발하는 연구 팀을 발족시켰고, 돌아온 쇼클리를 그 책임자로 앉혔다. 이 연구 팀에 새로 영입한 이론 물리학자 존 바딘이 합류했다.

오늘날 세상을 움직이는 전자 공학은 한마디로 말해서 전자의 움직임을 제어하는 일이다. 20세기 전반의 전자 공학에서 핵심적인 부품은 진공관이었고 1940년대에 진공관을 가장 많이 사용하는 곳은 바로 대규모의 전화 교환 시스템을 운영하는 벨 연구소의 모기업인 AT&T였다. 그래서 진공관의 성능에 한계가 보이던 당시, 벨 연구소는 진공관을 대체할 고체 소자를 개발하는 데 관심을 기울였다. 쇼클리의 연구 팀은 바로 이를 위한 것이었다.

쇼클리는 물리학에 대한 깊은 이해와 통찰력을 가졌고 카리스마가 넘치는 훌륭한 물리학자였지만, 한편으로는 지나치게 강한 에고 때문에 다른 사람과 함께 연구하는 데에는 커다란 문제가 있었다. 프로젝트 초기에, 쇼클리가 제안한 반도체 소자가 잘 작동하지 않았는데, 그 원인이 반도체 표면 상태가 전자가 이동하는 데 영향을 주기 때문이라는 것을 바딘이 알아냈다. 자신이 제안한 소자의 결함을 바딘이 찾아내자 자존심이 상한 쇼클리는 연구에서 손을 놓아 버리고, 결국 바딘과 월터 브래튼이 프로젝트를 추진하게 되었다.

1947년 12월 23일, 바딘과 브래튼은 저마늄 표면에 0.05밀리미터 간격으로 놓은 텅스텐 침을 통해 진공관처럼 전류를 증폭시킬 수 있는 소자를 개발하고 특허를 취득했다. 이 소자의 이름은 트랜지스터로 명명되었고, 특히 이들의 발명품은 점-접촉 트랜지스터라고 부른다. 특허권자의 이름에 쇼클리는 없었다. 쇼클리는 이 발명은 자신의 이론에 기반을 둔 것이라고 주장했으나 받아들여지지 않았다. 다시금 충격을 받은 쇼클리는 호텔 방과 집에 틀어박혀서 몰래 새로운 방식의 소자를 연구했다. 두 종류의 반도체를 접합한 쇼클리의 트랜지스터는 1948년에 발표되었다.

최초의 영광은 바딘과 브래튼의 몫이었지만, 성능과 안정성, 양산 가능성 등에서는 쇼클리의 접합형 트랜지스터가 월등했고, 이후 반도체 혁명의 주역이 된 것은 접합형 트랜지스터다. 이 세 사람에게는 훗날 "트랜지스터 발명의 업적으로" 노벨 물리학상이 주어지게 된다. 그러나 이후에도 쇼클리의 독선과 경쟁심 때문에 연구 팀 내에서는 마찰이 끊이지 않았다. 쇼클리는 바딘과 브래튼이 접합형 트랜지스터를 연구하는 것을 막았고, 바딘은 점차 쇼클리와의 갈등에 염증을 느꼈다. 또한 바딘은 이 무렵 초전도에 관심을 가지기 시작했는데, 이는 벨 연구소에서 연구하기에는 적합하지 않은 주제였다. 마침내 1951년 바딘은 벨 연구소를 떠나 일리노이 대학교의 교수로 자리를 옮긴다.

일리노이 대학교에서 바딘은 본격적으로 초전도 현상을 연구하기 시작했다. 1911년 네덜란드의 카멜링 오네스가 처음 발견한 초전도 현상은 일정한 온도 아래에서는 갑자기 전기 저항이 사라지는 현상이다. 오네스 이후 수십 년 동안 아무도 초전도 현상을 설명하지 못했다. 아인슈타인이나 파인만 같은 뛰어난 물리학자들도 초전도를 연구했지만 답을 찾지 못했다. 그러니까 초전도 현상을 설명하는 일이야말로 고체 물리학에서 가장 큰 이론적 과제였던 것이다.

이미 하버드 대학교의 연구원 시절에 초전도에 관심을 가졌던 바딘은 초전도 연구에는 새로운 관점이 필요하다고 느꼈고, 당시 발전하던 양자장 이론이 그 방법이 될 수 있다고 생각했다. 바딘은 프린스턴 고등 연구소의 양전닝으로부터 젊은 물리학자 리언 쿠퍼를 소개받고, 자신의 학생 중 존 로버트 슈리퍼를 발탁해서 초전도 연구 팀을 구성했다. 초전도를 연구하는 도중에 바딘은 트랜지스터를 발명한 공로로 노벨상을 수상했는데, 수상식에 가기 전날에도, 갔다 온 다음날에도 변함없이 연구실에 나와서 연구했다고 한다.

벨 연구소에서 쇼클리는 점점 곤란한 존재가 되어 갔다. 회사에 엄청난 기여를 했고 뛰어난 물리학자이긴 하지만 쇼클리와 같이 일하고자 하는 연구원은 이제 아무도 없었고, 쇼클리 또한 특유의 자만심으로 벨 연구소에 자신을 좀 더 대접할 것을 요구했다. 벨 연구소는 쇼클리를 도저히 만족시킬 수 없었다. 결국 쇼클리는 1950년대 중반 트랜지스터가 사업적 전망을 보이는 데 고무되어, 스스로 사업을 벌이기로 결심하고 벨 연구소를 나왔다.

1955년 여름, 쇼클리는 과학 계측 기기 회사의 소유자인 아널드 베크먼으로부터 투자를 받아, 그의 회사인 쇼클리 반도체 연구소(Shockley Semiconductor Laboratory)를 고향인 팰로 앨토 근처에 설립했다. 회사를 시작할 때부터 약간의 문제가 생겼는데, 벨 연구소에서 경력 있는 전문가를 아무도 데려오지 못한 것이다. 쇼클리가 쌓은 악명의 대가였다. 그래서 쇼클리는 주로 갓 학위를 받은 젊은이 위주로 연구원을 채용해야 했다. 그중에는 다른 회사에서 반도체 연구를 하던 28세의 로버트 노이스와 로런스 버클리 연구소에서 온 화학자 고든 무어도 있었다.

초전도 이론의 핵심적인 부분은 두 개의 전자가 쌍을 이룬다는 것이다. 보통의 경우라면 두 개의 전자는 전기적으로 반발하기 때문에 쌍을 이루지 못하지만, 원자 결정 격자와의 상호 작용으로 인해 그것이 가능해질 수 있다는 것이 쿠퍼의 아이디어였다. 이 전자쌍을 '쿠퍼쌍'이라고 부른다. 온도가 임계 이하로 내려가면 쿠퍼쌍을 이룬 전자들이 같은 상태가 돼서 집단으로 움직인다. 이것이 바로 초전도의 원리다. 이 이론은 바딘, 쿠퍼, 슈리퍼 세 사람의 머리글자를 따서

BCS 이론이라고 부른다. BCS 이론을 담은 논문 「초전도 이론(Theory of Superconductivity)」은 1957년 미국 물리학회의 회지인 《피지컬 리뷰(Physical Review)》에 발표되었다.[1] 이 논문은 이론 고체 물리학의 절정을 보여 주는 한 예다.

쇼클리의 회사는 제대로 굴러가지 못했다. 원인은 바로 쇼클리 자신이었다. 쇼클리에게는 사업보다 본인의 우월감을 만족시키는 것이 더 중요한 것처럼 보였다. 그는 모든 직원을 깔보고 의심하고 함부로 대했다. 연구원이 실수를 하면 어느 학교를 다녔느냐, 정말 박사가 맞느냐 하는 식으로 모욕을 주고, 새로운 아이디어를 가져오면 눈앞에서 벨 연구소의 지인에게 전화해서 의견을 묻는 식이었다. 게다가 쇼클리는 연구 결과가 나오면 논문을 쓸 생각부터 하고 사업적인 요소를 뒷전으로 돌리는 학자 기질도 버리지 못했다. 물론 자신의 이름이 항상 논문의 맨 앞에 있어야 했다. 연구원들의 불만은 쌓여만 갔고, 사업적 전망은 있지만 쇼클리가 무시한 연구들을 연구원들끼리 몰래 진행했다.

1957년 연구원들의 갈등은 최고에 달했고, 마침내 연구원들은 단체 행동에 나서 투자자인 베크먼에게 쇼클리가 회사에서 손을 떼게 할 것을 요구했다. 베크먼은 고민했으나, 바로 전해에 노벨상을 수상한 쇼클리를 그만두게 할 수는 없었다. 베크먼이 쇼클리 편을 들자, 노이스와 무어를 비롯한 젊은 연구원 8명은 쇼클리 반도체를 그만두고 나와서 새로운 회사인 페어차일드 반도체를 설립한다. 쇼클리는 격분해서 이들을 "8명의 배신자들"이라고 부르며 결코 용서하지 않겠다고 했지만, 문제는 그의 회사였다. 이후 쇼클리 반도체는 한 번도 흑자를 내지 못하고 결국 1960년 매각되었다. 반면 페어차일드 반도체는 IC, CMOS 등 반도체 시대를 여는 발명품을 내놓으며 크게 성공했다. 또한 페어차일드 반도체 출신들은 아이디어가 있으면 회사를 나와서 자유로이 새로운 회사를 창립하는 전통을 만든다. 이 회사들이 바로 오늘날 실리콘 밸리의 시작들이 되었다. 그 대표적인 회사가 바로 노이스와 무어가 만든 인텔 사다.

바딘은 1972년 초전도를 해명한 BCS 이론을 만든 업적으로 두 번째 노벨상을 수상한다. 노벨 물리학상을 두 번 수상한 사람은 바딘이 유일하다. 그러면서도 바딘은 어디까지나 소박한 사람이었고, 대중에게도 거의 알려지지 않았다. 바딘은 그의 부인이 난청으로 고생하고 있었기 때문에, 자신이 발명한 트랜지스터로 소형 보청기가 만들어진 것을 무척 기뻐했다고 한다. 바딘은 1991년 사망했다. 그의 묘석에는 두 개의 노벨상을 의미하는 두 개의 "N"자가 씌어져 있다. 내가 대학생이었을 때 바딘이 우리나라를 방문해서 강연을 한 적이 있다.

그는 이미 고령이었고 거동이 편해 보이지 않았다. 그리고 그의 강연은 엄청나게 지루했다. 담담하게 준비한 원고를 읽을 따름이었으니까.

과학적 업적과 노벨상은 남았지만 쇼클리의 사업은 실패했고, 그를 배신한 사람들은 새로운 시대를 열면서 성공을 구가하고 있었다. 남들보다 몇 배나 큰 쇼클리의 자존심과 우월감은 깊은 상처를 받았다. 이 상처를 잊기 위해 쇼클리는 극단적인 선택을 해서 말년의 인생을 더욱 얼룩지게 만들게 된다. 그가 전념하기 시작한 것은 우생학이었다.

20세기 전반에는 미국에서도 우생학이 성행해서, 심지어 수만 명이 강제로 불임 시술을 받기도 했지만, 제2차 세계 대전과 히틀러를 겪은 뒤, 우생학은 거의 금기시된 분야였다. 그런데 쇼클리는 그의 뛰어난 두뇌와 카리스마와 경력을 배경 삼아 우생학을 적극적으로 지지하고 나섰다. 그는 인간은 IQ를 통해 분류되어야 하고, 지능은 유전되는 것이라고 주장했다. 그의 아이들이 그만큼 공부를 잘하지 못하는 것은 부인 닷이라고도 했다. 그의 활동이 활발해지는 것에 비례해서 그의 명성과 경력은 빠르게 추락했다.

처음에는 단지 놀랐던 사람들은 점차 쇼클리에 대한 존중을 철회하고 돌아섰다. 그가 강연을 할 때면 야유를 보내기 위해 들어온 청중이 대부분이었고, 대학생들은 KKK단의 옷차림으로 들어와서 그를 조롱하기도 했다. 그의 자녀들도 모두 그를 떠났다. 말년의 쇼클리에게 남은 것은 그의 두 번째 부인 에미 래닝뿐이었고, 1989년 그의 임종을 지킨 것도 그녀였다. 그의 자녀들은 쇼클리의 죽음을 신문을 통해 알았다고 한다. 천재 물리학자의 너무나도 쓸쓸한 죽음이었다.

존 바딘의 장남 윌리엄 바딘 역시 물리학자가 되었다. 윌리엄은 미네소타 대학교에서 입자 물리학으로 박사 학위를 받은 후 스토니브룩 대학교에서 이휘소의 연구원을 지냈다. 이 인연으로, 윌리엄은 스탠퍼드 대학교의 조교수로 있다가 1975년 이휘소가 부장으로 있는 페르미 연구소 이론 그룹에 합류해서 계속 재직했다. 1976년 이휘소가 비극적인 교통 사고를 당했을 때 페르미 연구소가 사고 현장으로 파견한 사람이 바로 윌리엄이었다. 그는 미국의 초거대 가속기 SSC 계획이 추진

될 때 이론 부장을 맡기도 했다. 윌리엄은 자신이 소장하는, 존 바딘이 만든 세계 최초의 트랜지스터 두 대를 과학 행사에서 전시하기 위해 2008년 한국을 방문하기도 했다.

2002년 릴리언 호드슨과 빅키 다이치가 존 바딘의 전기를 펴냈다. 저자들은 아인슈타인이나 파인만처럼 잘 알려지지 않고, 겉보기에는 옆집 아저씨처럼 평범하면서도, 20세기의 가장 중요한 업적으로 꼽힐 만한 연구를 두 가지나 해 내서 유일하게 노벨 물리학상을 두 차례 수상한 바딘이야말로 진정한 천재라는 생각에서 전기의 제목을 『진정한 천재(*True Genius*)』라고 붙였다. 2008년에는 조엘 셔킨이 윌리엄 쇼클리의 전기를 출판했다. 전기의 제목은 『망가진 천재(*Broken Genius*)』였다.

사랑해

모든 여성을 두려워한 천재, 폴 디랙

나는 시간이 흐를수록 더욱더 당신이야말로 내 유일한 여자라는 걸 깨닫
게 돼. 결혼하기 전엔, 결혼을 하게 되면 반작용으로 사랑이 식을까 봐 걱정
했었는데, 당신을 더 잘 알게 되고 사랑스러운 당신을 바라보면서 이제 난
당신을 앞으로도 더욱더 사랑할 것이라고 느껴. 당신도 나를 더욱더, 계속
사랑하리라고 생각해? 아니면 지금이 가장 많이 사랑하는 거야?[1]

사랑에 빠진 남자의 열정을 가득 담고 있는 이 러브레터는 글쓴이가
정말 사랑에 눈이 멀었구나 싶긴 하지만, 그다지 특별할 것은 없어 보
인다. 단 한 가지, 이 글을 쓴 사람이 폴 에이드리언 모리스 디랙이라는
것만 제외한다면.

1919년 5월 왕립 천문학자 아서 에딩턴 경이 이끄는 영국의 관측 팀
이 개기일식을 이용해서 태양의 중력으로 빛이 휘는 것을 확인했다는

기사가 영국의 《타임스》에 대서특필되면서, 아인슈타인은 삽시간에 세계에서 제일 유명한 과학자가 되었고, 경외와 추종의 대상을 넘어 신화가 되었다. 그리고 위대한 아인슈타인으로부터, 어딘가 특이한 괴짜 과학자라는 이미지가 만들어져서, 최근의 미국 CBS의 시트콤 드라마인 「빅뱅 이론」의 등장 인물 셸던에 이르기까지 하나의 전형이 되어 버렸다. 이들은 언제나 흐트러진 머리와 헐렁한 옷차림에, 일상에는 극히 무심하고, 늘 깊이 생각에 빠져서 멍한 모습으로, 현실적인 문제에도 턱없이 이론적으로 접근하며 여자에는 거의 관심이 없다.

하지만 이것은 대중 매체에서의 이미지일 뿐이고, 현실의 이론 물리학자는 이런 이미지에 부합하는 사람도 있고, 전혀 상관없는 사람도 있다. 예를 들어 아인슈타인만 해도, 적어도 여자 문제에 관한 한 이 이미지와는 거리가 멀다. 아인슈타인 다음으로 유명한 물리학자 중 한 사람인 리처드 파인만은, 멍하기는커녕 엄청나게 활기 넘치는 사람으로, 그와 가까웠던 프리먼 다이슨의 표현에 따르면 "절반은 천재, 절반은 어릿광대"였다고 한다. 파인만을 코넬 대학교로 스카우트해 온 베테는 "파인만이 우울하다는 것은 명랑한 사람보다 조금 더 쾌활한 정도라는 뜻이다."라고 했을 정도다. 반면, 파인만과 함께 동시대 최고의 이론 물리학자였던 줄리언 슈윙거는, 고상하게 보이도록 옷차림에 정성과 비용을 들였고 캐딜락을 타고 다녔다.

대중이 가지고 있는 전형적인 이론 물리학자의 이미지에 가장 잘 맞는 사람을 찾는다면, 아마 디랙일 것이다. 디랙의 삶은 거의 전부가 과학이었다. 물리학에 대한 디랙의 순수한 헌신은 그 어떤 사람도 도달하지 못하는 수준이었다. 그는 평생을 물리학 이론의 아름다움과 단순성만을 추구하면서 혼자서 자신의 길을 묵묵히 걸어갔다. 그의 일상에의 무심함과 과묵함, 그리고 정확성에 대한 추구는 물리학자들 사이에서도 전설이 될 만한 것이었다. 심지어 그는 유명세가 싫어서 노벨상을 거부하려고도 했다. (그러면 더 유명해질 것이라고 러더퍼드가 충고해서 마음을 돌렸다.) 대중 매체와의 인터뷰에서는 두 단어로 대답하는 일조차 흔치 않았으며, 술과 담배도 하지 않고 단순한 삶을 유지했다.

특히 여자 문제에 대해서 디랙의 태도가 어떠했는지 1929년 함께 일본을 여행했던 하이젠베르크의 말을 들어보자.[2]

우리는 미국에서 일본으로 가는 기선에 타고 있었는데, 내가 저녁에 댄스 파티에 참석하면 폴은 의자에 앉아 구경만 하곤 했다. 한번은 내가 춤을 추고 돌아오자 그가 이렇게 물었다. "하이젠베르크, 당신은 왜 춤을 추죠?" 나는 대답했다. "멋진 여자들이랑 춤추는 것이 즐겁거든요." 그는 한참 생각하더니 한 5분 뒤에 이렇게 말했다. "하이젠베르크, 그 여자들이 멋지다는 것을 어떻게 사전에 알 수 있지요?"

디랙이 노벨상을 받고 유명해진 뒤, 한 신문은 그를 "가젤영양처럼 수줍음을 타고 빅토리아 시대의 처녀처럼 정숙하다."라고 묘사했으며 "모든 여성을 두려워하는 천재"라고 칭했다. 그랬던 그가 마침내 사랑에 빠진 것이다!

케임브리지 대학교 루카스 교수였던 디랙은 1934년 가을부터 프린스턴 대학교에서 방문 교수로 지내면서 헝가리 출신의 유진 위그너와 가까워졌다. 마침 그때 위그너의 여동생 마르기트가 부다페스트에서 오빠를 찾아왔다. 어느 날 디랙은 단골 레스토랑에서 위그너 남매와 우연히 만나서 식사를 같이 하면서 마르기트를 소개받았다. 가까운 사람들에게는 '맨시'라고 불리던 그녀는, 과묵하고, 신중하고, 냉정한 디랙과는 정반대로 수다스럽고 충동적이고 열정적인 성격이었다. 진도는 그리 빠르지 않았지만, 그들은 종종 같이 식사를 하는 사이로 발전했다.

맨시는 활발하고 따뜻하고 대화를 잘 이끌어내는 사람이었을 뿐 아니라, 디랙의 마음을 풀어 주는 놀라운 능력이 있었다. 맨시와 함께 있으면서 디랙의 침묵도 조금씩 녹기 시작했고, 그는 맨시에게 어두운 어린 시절과 형의 자살과 아버지의 강압적인 분위기에 대해 이야기했다. 맨시도 자신의 힘든 어린 시절과 이르고 불행했던 결혼 생활에 대해서 이야기했다. 맨시는 프린스턴에 오기 2년 전에 이혼한 상태였고, 부다페스트에는 두 아이가 있었다.

훗날 노벨 물리학상을 받는 오빠를 두었지만 맨시는 과학은 아는 바가 없었다. 대신 윤리나 도덕, 정치에 관심이 많았고 지식도 풍부했다. 그녀는 또한 예술에 대해 민감한 감수성을 가지고 있어서, 문화적인 면에서 백지에 가까운 디랙을 음악이나 문학의 세계로 이끌었다. 맨시는 원래 크리스마스에 돌아갈 예정이었으나, 예정을 바꿔서 디랙과 플로리다로 가서 크리스마스 휴가를 지냈다. 그들이 크리스마스를 함께 보낸 것은 오빠인 유진을 제외하면 아무도 몰랐다.

맨시가 부다페스트로 돌아간 후, 그들은 편지를 주고받았는데, 그 중 디랙의 편지를 보면 역시 디랙이구나 하는 생각이 몇 번이고 들게 된다. 예를 들면, 맨시는 몇 쪽에 걸쳐서 주변 얘기며 질문을 잔뜩 써 보냈는데, 한번은 자기 질문에 제대로 대답하지 않는다고 디랙에게 투덜댔다. 그러자 디랙은 맨시의 편지에서 그가 미처 대답하지 못했던 모든 질문을 찾아서 모두 대답을 했다. 사실 디랙이 답한 질문의 상당 수는 "내가 당신을 아주 많이 보고 싶어 하는 걸 알아요?"와 같이 굳이 대답할 필요가 없는 것이었으나, 그는 거기에도 일일이 "알아. 하지만 어쩔 수 없어." 이런 식으로 대답을 한 것이다. 게다가 디랙은 맨시의 편지에 번호를 부치고, 질문과 대답의 목록을 표로 만들어 보냈다. 이 표를 받은 맨시는 잠시 어이가 없었으나, 차츰 무척 재미있다고 생각했다. 후에도 디랙은 종종 그렇게 질문-대답 표를 보냈다. 사실 이 당시 디랙의 편지는 맨시를 생각하는 마음이 담겨 있긴 하지만, 그 특유의 정확함과 소심함이 뒤섞인, 러브레터라고 하기는 어려운 것들이었다.

1935년 여름 디랙은 부다페스트를 방문해서 맨시를 다시 만났다. 며칠을 같이 보낸 후 케임브리지로 돌아온 디랙은 맨시에게 이렇게 써 보냈다.[1]

당신을 떠나면서 아주 슬펐고, 지금도 당신이 아주 많이 그리워. 지금까지 누군가와 헤어져서 그리워해 본 일이 없었는데, 왜 이러는지 모르겠어. 당신과 같이 있을 때 당신이 나를 이상하게 만들었나 봐.

오! 뭔가 달라진 조짐이 보이지 않는가? 과연 디랙과 맨시는 1937년 1월 2일 런던에서 결혼했다.

신혼 여행을 다녀온 후 디랙이 신혼집을 찾는 동안 맨시는 잠시 부다페스트로 돌아갔다. 쓸쓸한 케임브리지의 겨울날, 맨시를 그리워하며 쓴 것이 바로 이 글 첫머리에 소개한 편지다. 이 편지는 디랙의 말에 따르면 "내가 쓰는 첫 번째 러브레터"였다. 디랙은 얼마 후 또 한 통을 썼다. 디랙이 쓴 이 두 통의 편지야말로, 그의 인생에서 가장 특별한, 그리고 색다른 글일 것이다. 두 번째 편지도 엿보자.[2]

당신은 정말 예뻐, 내 사랑, 너무도 생생하고 매력적이야. 게다가 그 모든 것이 내 것이라는 걸 생각해. 내 사랑이 너무 육체적인 걸까? 그렇게 생각해?

맨시, 내 사랑, 당신은 내게 너무도 소중해. 당신은 내 삶을 너무도 멋지게 바꿔 놓았어. 당신은 나를 인간답게 만들었어. 이제 내가 더 이상 성공적인 일을 하지 못한대도, 난 당신과 행복하게 살 수 있을 거야. …… 내가 만약 다른 것은 아무것도 하지 못해도 당신을 행복하게만 한다면, 내 인생은 살 가치가 있는 거라고 느껴.

거참, 번역하기가 다 민망할 지경이다. 이것이 디랙이 쓴 글이라니.

물리학자도 물론 다른 사람들과 마찬가지로 사랑을 하고 괴로워하고 행복해한다. 물리학자라고 다를 것이 없고, 물리학자의 사랑 역시 특별하다. 모든 사람의 사랑이 특별하듯이.

사랑이 물리학자의 인생을 풍요롭게 해 준 것은 틀림없지만, 물리학 연구에 어떤 영향을 주는지는 잘 모르겠다. 물리학자에게 특별한 러브 스토리가 있는 경우가 많은 것도 아니지만, 그 혹은 그녀의 사랑 때문에 그들의 물리학이 좋은 방향이건 나쁜 방향이건 영향을 받았다는 이야기는 거의 듣지 못했다. 파인만이 시한부 생명을 선고받은 첫사랑 아일린과 절망적인 사랑을 할 때도, 오펜하이머가 진 태틀록과 고통스러운 사랑을 하는 중에서도, 마리 퀴리가 남편을 잃었을 때에도 그들이 연구하는 데에는 별다른 변화가 보이지 않는다. 물리학을 하는 정신은 사랑을 하는 마음과는 별개의 것일까?

물리학자가 쓴 또 하나의 사랑의 편지를 읽어 보는 것으로 글을 마치도록 하자. 파인만의 첫사랑이자 아내였던 아일린이 죽은 뒤 2년 후에, 그를 과학으로 처음 인도해 주었던 아버지가 돌아가셨다. 아일린이 죽었을 때처럼, 파인만은 장례식을 마치고 코넬 대학교로 돌아와서도 평소와 전혀 다르지 않은 활기찬 모습이었다. 그리고 며칠이 지난 어느 날 밤, 파인만은 결국 더 이상 견디지 못하고, 그에게 힘이 될 수 있는 유일한 사람에게 편지를 썼다. 이 편지는 파인만이 쓴 후 아무도 읽지 않고 상자 속에 간직되다가, 그가 죽은 후에 발견되었다.[3]

아일린에게

정말 사랑해, 내 사랑.

당신이 얼마나 그 말을 듣고 싶어 하는지 알아. ― 하지만 단지 당신이 좋아해서 이렇게 쓰는 건 아니야. ― 그렇게 쓰고 나면 내 안이 전부 따뜻해져.

......

당신이 세상에 없는데 당신을 사랑하는 것이 무슨 의미일지 모르겠어 ― 하지만 아직도 당신을 편하게 해 주고 싶고 돌보고 싶어. ― 그리고 당신이 날 사랑하고 날 돌봐 줬으면 좋겠어.

......

P. S. 이 편지를 부치지 못하는 걸 용서해. 난 당신의 새 주소를 모르는걸.

그러고 보니, 이번 글에는 과학 이야기는 전혀 하지 않았다.

어떤 지식인

마술사 로버트 윌슨

미국 뉴멕시코 주 리오그란데 강 동쪽, 스페인 어로 '사자(死者)의 길'
이라는 뜻인 호르나다 델 무에트로(Jornada del Muetro) 사막에 위치한
앨라모고도 북서쪽 97킬로미터 지점, 암호명 그라운드 제로. 이곳에
1945년 7월 16일, 채 여명이 깃들기도 전인 오전 5시 29분 45초에 그
때까지 지구에서 생겨난 가장 밝은 빛이 솟았다. 최초로 만들어진 원
자 폭탄을 테스트하는 트리니티 시험이 실행된 것이다. 수십만 년 동
안 원자들 사이의 결합 에너지만을 사용해 온 인류가 처음으로 원자
핵에서 에너지를 꺼낸 것이다. 완전히 새로운 힘의 탄생이었다.

그라운드 제로 남쪽 약 10킬로미터에 위치한 실험 통제소에서 폭발
을 지켜본 로버트 오펜하이머는 힌두교 경전인 『바가바드기타』의 구
절을 중얼거렸고, 페르미는 종이를 찢어 날려서 폭탄의 위력을 측정
했다. 약 32킬로미터 떨어진 콤파니아 언덕에서 폭발 순간을 지켜보던

맨해튼 프로젝트의 과학자들도 폭발의 섬광을 보면서 숨이 막힐 듯한 감정을 느꼈다. 약 100초 후 폭발음이 들려왔다. 어니스트 로런스의 표현에 따르면 "그제야 사람들은 춤을 추기 시작했고, 서로 등을 두드리며 행복한 아이들처럼 웃어대기 시작했다." 그들은 해 낸 것이다.

콤파니아 언덕에는 한 달 전 아내를 잃은 리처드 파인만도 있었다. 파인만 역시 폭탄의 성공에 기뻐 날뛰었고, 로스 앨러모스로 돌아와서 시프차 보닛 위에 앉아서 봉고를 두드리며 파티를 즐겼다. 모두가 그들이 인류 역사의 커다란 분기점을 만들어 낸 것에 도취되어 있었다. 파인만의 기억에 따르면 그 자리에서 오직 한 사람만이 침울하게 앉아 있었다고 한다. 파인만이 그에게 물었다. "왜 그렇게 우울해요?" 그가 대답했다. "우리가 저 무시무시한 것을 만들어서." 파인만은 깜짝 놀랐다. 그는 로버트 윌슨이었다. 파인만의 표현에 따르면 윌슨은 그 순간에 계속 생각을 하고 있던 유일한 사람이었다.

입자 물리학은 지성적인 활동이다. 그것도 다소 극단적인 지성을 필요로 하는 일이다. 그래서 다른 방향에서, 혹은 더 넓은 견지에서 입자 물리학을 바라보는 사람은 귀하고 소중하다. 바로 그런 사람이 사르트르가 말하는 지식인일 것이다. 그런 의미에서 로버트 윌슨은 입자 물리학자 중 대표적인 지식인이었다.

윌슨은 1914년 미국 와이오밍 주에서 태어났다. 어머니 쪽 집안이 목장을 했기 때문에 윌슨은 어렸을 때부터 목장에서 소들과 지냈다고 한다. 그가 여덟 살 때 부모가 헤어졌고, 윌슨은 일종의 독립 학교인 토드 스쿨에 다녔다. 이때부터 윌슨은 이미 과학에 흥미를 보여서 친구들 사이에 "발명가"로 불렸다. 윌슨은 1932년에 한창 물리학 분야에서 명성을 떨치던 캘리포니아 주립 대학교 버클리 캠퍼스에 입학했으나, 로런스에게서 두 번이나 쫓겨난 끝에 프린스턴으로 옮겨서 학위를 받았다. 프린스턴에서 그는 우라늄의 동위 원소를 분리하는 연구를 했는데, 이는 원자 폭탄 연구의 핵심 과제 중 하나였다. 맨해튼 프로젝트에 최종적으로 채택된 것이 윌슨이 개발한 방법은 아니었지만, 그 역시 원자 폭탄을 만들기 위해 곧 로스 앨러모스로 불려갔다.

맨해튼 프로젝트에서 그는 29세의 나이로 사이클로트론 그룹 R-1의 팀장을 맡았는데, 프로젝트의 팀장들 중 가장 어린 나이였다. 젊은 리처드 파인만을 맨해튼 프로젝트로 스카우트해 온 사람이 바로 윌슨이었다. (파인만의 자서전을 보면 밥(로버트 윌슨)이 자신을 전쟁 연구에 끌어넣었다고 이야기하는 장면이 나온다.) 그러나 한편 윌슨은 원자 폭탄을 만드는 것에 대해서 그 누구보다 많은 고민을 하고 여러 사람들과 의견을 나누었다. 1944년 말 유럽에서의 전쟁이 막바지에 달했다는 것이 명백해지면서 로스 앨러모스에서도 과연 이 폭탄을 만들어야 하는가에 대한 회의가 생겨나자 윌슨은 프로젝트의 총 책임자인 오펜하이머를 찾아가 대화를 나눴으며, '장치가 문명에 미치는 영향'이라는 제목으로 공공 토론회를 열기도 했다. 토론회에는 오펜하이머도 찾아왔다고 한다. 토론회 참가자들은 이 문제를 완전히 납득하지 못했으나, 딱히 다른 방법을 찾을 수도 없었고, 역사는 우리가 알고 있는 대로 흘러갔다.

전쟁이 끝난 후, 윌슨은 1947년부터 코넬 대학교에서 일하면서 입자 물리학과 가속기 전문가로서의 화려한 경력을 꽃피우기 시작했다.

코넬의 뉴먼 원자핵 연구소(Newman Laboratory of Nuclear Studies)에서 윌슨은 네 개의 전자 싱크로트론을 건설했는데, 각각의 가속기는 모두 나름대로 독특한 성능을 지니도록 설계되었다. 그의 방식은 이단적인 것으로 유명했는데, 그것은 그저 독특할 뿐만 아니라 과학에 대한 윌슨 특유의 사상과 그의 미학적 감각이 조화를 이룬 것이었다. 그에게 있어서 가속기란 물리학 연구를 위해 더없이 중요한 도구인 동시에 이 시대에 인간의 손에서 만들어지는 가장 거대하고 정교한 창조물이다. 그런 의미에서 윌슨은 종종 가속기를 이탈리아의 대성당에 비교하곤 했다. 가속기의 기술적인 섬세함에 대해서 그보다 더 잘 아는 사람도, 가속기를 실제로 설계함에 있어서 그보다 더 독창적인 사람도 당대에 찾기 어려울 것이다. 그는 언제나 새로운 기술을 적극적으로 추구해서 더 값싸고 작게, 더 효율적인 가속기를 만들려고 노력했다.

그의 연구는 시의적절하면서도 미래를 위한 올바른 방향을 제시하는 것이었다. 그가 건설한 가속기에서 윌슨은 광자에 의한 파이온 생성을 연구했고, 광자에 의한 K 메손의 생성을 최초로 측정했으며, 원자핵의 두 번째 들뜬 상태를 발견했고, 짧은 거리에서의 양자 전기 역학을 정밀하게 검증했다. 그의 지휘 아래 코넬의 연구진은 스탠퍼드의 로버트 호프스태터가 연구했던 원자핵과 양성자의 구조에 대한 연구를 더욱 발전시켰다. 또한 윌슨은 싱크로트론 복사를 이용하는 실험에 대해 선구적으로 연구했는데, 우리나라의 포항 가속기 연구소에서 수행하는 일이 바로 이런 실험이다.

코넬에서 윌슨이 마지막으로 건설한 것은 12기가전자볼트 출력의 싱크로트론이었다. 역시 여러 가지 새로운 기술이 적용된 이 가속기는 7년 동안 훌륭히 가동되며 양자 전기 역학을 극히 짧은 거리에서 검증하고, 벡터 메손의 성질을 연구했으며 쿼크 이론을 검증했다. 이 가속기는 나중에는, 1979년에 건설되어 20년 넘게 활약한 코넬 전자 저장 링(Cornell electron storage ring, CESR)의 예비 가속기로 활용되었다.

세계 최대의 가속기를 만들기 위해 국립 가속기 연구소(National Accelerator Laboratory)를 건설하겠다는 미국 원자력 위원회의 기획안에 존슨 대통령이 사인한 것은 1967년 11월 21일이었다. 애초에 이 초대형 가속기 계획은 로런스 버클리 연구소에서 200기가전자볼트 출력의 가속기를 짓겠다고 제안하면서 촉발된 일이었다. 「입자 전쟁」에서 자세히 이야기하겠지만, 당시 세계 최대의 가속기는 32기가전자볼트 출력을 내는 미국 브룩헤이븐 국립 연구소의 AGS(Alternating Gradient Synchrotron) 가속기였다. AGS 이전에 최대의 가속기였던 베바트론을 건설했던 로런스 버클리 연구소는 다시 최대 가속기를 보유하겠다는 야심을 가지고 7년 동안 3억 달러를 들여서 AGS 출력의 6배의 출력을 내는 가속기를 계획한 것이다. 그러자 원자력 위원회는 건설비를 댈 수는 있지만, 대신 새로운 가속기 연구소의 위치는 시카고 근처의 바타비아로 할 것을 제안했다. 버클리에서는 원자력 위원회의 제안을 거절했고, 원자력 위원회는 대안을 찾기 시작했다.

당시 윌슨은 가속기 전문가로서 로런스 버클리 연구소의 계획이 너무 구식이고 보수적이라고, 그래서 건설 기간도 너무 길고 턱없이 많은 돈을 들인다고 비판하고 있었다. 원자력 위원회는 윌슨에게 새로운 계획을 맡아 줄 것을 요청했다. 윌슨이 이 제안을 수락하고 코넬을 떠난 것은 1967년이 채 가기 전이었다. 1947년에 코넬에 처음 도착했으니, 윌슨은 코넬에서 꼭 20년을 지낸 것이다.

새 가속기 연구소는 그야말로 아무것도 없는 맨땅에서, 윌슨이 원하는 대로, 무(無)로부터 창조해 내야 하는 일이었다. 역사상 최대의 가속기를 만드는 일뿐 아니라, 부지의 설계, 연구동의 건축도 같이 시작해야 했다. 이는 윌슨의 마음에 꼭 들었다. 창조성을 늘 최고의 가치로 두던 윌슨답게, 그는 연구소의 모든 일에 그 자신의 감각과 미학을 최대한 반영했다. 조각과 건축에도 조예가 깊었던 윌슨은 연구소 곳곳에 그와 다른 사람의 작품을 장식했다. 연구소 입구에 서 있는 세 갈래 조형물은 윌슨의 작품인데,「부서진 대칭성」이라는 제목이다. 이 작품은 아래에서 보면 대칭적이지만 그 외의 어떤 각도에서 보더라도 비대칭적인 모습이다. 연구소의 로고를 닮은 대칭형의 주 건물은 그를 기념하여 '윌슨 홀'이라 부른다. 멀리서 연구소를 보면 지평선에 우뚝 솟아 있는 윌슨 홀은 과연 현대의 대성당처럼 보인다. 연구소 내에는 또한 버펄로를 방목하는 목장이 있다. 이 모든 조각과 건축이 어우러진 조경을 갖추어, 연구소는 흔히 공장을 연상시키는 다른 어떤 가속기 연구소와도 다른 모습이 되었다.

1969년 4월 17일, 윌슨은 연구소 설립을 위한 원자력 위원회 예산안 심의를 위해 의회의 원자력에 관한 합동 위원회에서 발언했다. 여기서 가속기에 관한 그의 유명한 발언이 나온다. 상원 의원인 패스토어가 이 가속기가 국가 안보에 도움이 되느냐고 묻자 윌슨은 국가 안

보와 직접 관련은 없다고 하면서 이렇게 말했다.

가속기는 좋은 화가, 뛰어난 조각가, 훌륭한 시인과 같은 것들, 즉 이 나라에서 우리가 진정 존중하고 명예롭게 여기는 것, 그것을 위하여 나라를 사랑하게 하는 것들과 같은 것입니다. 이 가속기는 우리나라를 직접 지키는 일에 쓰는 것이 아니라, 이 나라가 지킬 만한 가치가 있는 나라가 되도록 하는 것입니다.

가속기를 지으면서, 윌슨은 로런스 버클리 연구소의 제안서를 훨씬 상회하는 놀라운 성취를 거두었다. 가속기의 출력을 200기가전자볼트에서 400기가전자볼트로 높였고, 건설 기간은 7년에서 6년으로 단축시켰으며, 비용은 2억 5000만 달러로 낮추었다. 윌슨은 나아가서 가속기의 출력을 500기가전자볼트로 높이고, 미래의 기술인 초전도 기술을 도입할 것을 적극적으로 추진했다. 결국 이 가속기는 윌슨의 꿈대로 초전도 기술을 도입해서 출력을 다시 두 배인 1테라전자볼트(1,000기가전자볼트)로 높였으며, 양성자-반양성자 충돌기로 변신해서 무려 2테라전자볼트의 충돌 에너지를 내는 진정한 의미의 역사상 최고 출력의 가속기가 되었다. 테라전자볼트를 내는 최초의 가속기였기 때문에 테바트론(TeVatron, Tera EV synchroTRON)이라는 이름이 붙여졌다.

1974년 5월 11일, 연구소는 시카고 대학교에서 만년을 보낸 물리학자 엔리코 페르미를 추모하며 연구소의 이름을 페르미 국립 가속기 연구소(Fermi National Accelerator Laboratory, FNAL)로 바꾸기로 결정했다. 기

넘식에서는 페르미의 미망인 라우라 페르미 여사가 감사의 연설을 했다. 이 연구소를 보통 '페르미 연구소(Fermilab)'라 부른다.

테바트론은 이제 없다. 주 가속기로서 처음 건설된 이래 약 30년간 최고 출력의 가속기 자리를 지키던 테바트론은 보텀 쿼크와 톱 쿼크를 발견했으며, 관련 실험에서 세 번째 중성미자를 발견했고, 그 밖의 무수히 많은 업적을 남겼다. 2009년 유럽 입자 물리학 연구소 CERN의 LHC가 가동되어 테바트론은 정상의 자리에서 내려왔고, 2011년 10월 가동을 멈추고 위대한 역사를 마쳤다.

첫 장면에서 보았듯이, 윌슨은 원자 폭탄을 만드는 데 참가하면서도 늘 진지하게 성찰했다. 특히 독일이 항복한 후에도 원자 폭탄을 계속 만들어야 되는가를 놓고 고민했고, 훗날 폭탄을 완성시킨 것을 후회했다. 그는 반전 운동 및 핵무기 반대 활동에 많이 관여했고, 동시에 핵물리학의 평화적 이용에도 관심을 가졌다. 그 한 예로, 코넬로 가기 전에 윌슨은 하버드에 잠시 재직했는데, 그때 「고속 양성자의 방사선학적인 이용(Radiological use of fast proton)」이라는 논문을 발표했다. 이 논문은 방사선 의학 분야의 선구적인 논문으로 평가된다. 그래서 사람들은 윌슨을 '양성자 치료의 아버지'라고 부르기도 한다. 또한 인권에도 많은 관심을 가졌던 윌슨은 소수계 우대 정책을 일찍부터 페르미 연구소에 도입하기도 했다. 예술가이기도 했던 그의 조각 작품들은 여러 대학과 연구소에서 볼 수 있다.

윌슨은 2000년 1월 16일 뉴욕 주 이타카의 집에서 86세로 사망했다. 과학과 예술과 사회와 인간성 모두를 늘 생각하고 추구했으며, 모

◀◀ 로버트 윌슨의 창조력이 총동원된 페르미 연구소.
윌슨 홀, 「부서진 대칭성」 등이 잘 보인다.

든 분야에 뛰어나게 창조적인 업적을 남긴 윌슨을 두고 코넬 대학교의 알 실버만은 그가 사망한 뒤 추모하는 글에서 이렇게 말했다.

"밥 윌슨은 마술사였다."

슬픈 에렌페스트

파울 에렌페스트의 삶과 죽음

암스테르담에서 남쪽으로 약 40킬로미터를 내려오면 조용한 대학 도
시 레이던이 있다. 네덜란드에서 가장 오래된 대학인 레이던 대학교는
오라녜 공 빌럼 1세가 새로 태어나는 공화국의 미래를 위해, 그리고 스
페인과의 독립 전쟁에서 포위 공격을 잘 버텨 낸 레이던 시민에 대한
감사의 뜻으로 1575년에 세운 대학이다. 대학 건물은 시가지 전체에
흩어져 있는데, 오늘날 물리학과가 위치한 곳은 레이던 중앙역 서쪽,
닐스 보어 거리다. 물리학과 건물 중에서, 7도가량 기울어진 외관이
눈에 띄는 오르트 빌딩 2층(유럽은 0층부터 시작하므로 우리식으로는 3층)은 노
벨 물리학상 수상자이자 네덜란드의 국민적 영웅이었던 위대한 물리
학자 헨드릭 안톤 로렌츠의 이름을 딴 로렌츠 연구소다.

연구소 복도에 서면 네덜란드 국민 모두가 존경을 아끼지 않았던 노
학자 로렌츠의 초상화가 눈에 띈다. 복도 한쪽 끝에 면한 라운지로 들

로렌츠 연구소에서 필자가 촬영한 세 물리학자의 초상. 위에서부터 시계방향으로
로렌츠, 아인슈타인, 에렌페스트.

어가면 또 두 점의 초상화가 걸려 있다. 하나는 누구나 금방 알아볼 수 있는 아인슈타인의 초상화다. 다른 하나의 초상화의 주인공은, 로렌츠의 후계자였으며 실질적으로 이 연구소를 설립한 파울 에렌페스트다.

파울 에렌페스트는 오스트리아 빈에서 잡화점을 하던 모라비아 출신의 유태인 집안에서 태어났다. 김나지움에서 수학을 잘하는 평범한 학생이었던 에렌페스트는 빈 공과 대학에서 화학을 전공하면서 빈 대학에서도 강의를 들었는데, 거기서 일생을 결정지을 중요한 순간을 맞는다. 바로 루트비히 볼츠만의 열역학 강의였다. 에렌페스트는 이론 물리학의 아름다움과 심오함에 깊은 감명을 받고 볼츠만의 영감에 넘치는 강의에 매료되어 이론 물리학으로 전공을 바꾸었다. 그리고 1901년에 당시 수학과 이론 물리학 분야에서 세계의 중심 중 하나이던 괴팅겐 대학교로 갔다. 당시 독일어권에서는 학생들이 여러 대학을 옮겨 다니며 공부하는 것이 보통이었다. 괴팅겐에서 에렌페스트는 클라인과 힐베르트 같은 대가들의 수학 강의를 들었고, 또한 그의 아내가 될 우크라이나 출신 수학자 타티야나 아파나시예바를 만났다.

에렌페스트는 빈으로 돌아와 볼츠만의 지도하에 1904년 박사 학위를 받고 타티야나와 결혼했다. 1907년에 에렌페스트는 아내인 타티야나와 러시아의 상트페테르스부르크로 가서 5년간 머물며 본격적인 연구를 시작했다. 그러나 에렌페스트는 1911년까지 확실한 자리를 얻지 못했다. 1912년부터 에렌페스트는 직장을 구하러 여러 독일어권 대학들을 떠돌아 다녔다. 이때 그는 베를린에서는 막스 플랑크를, 뮌헨에서는 아르놀트 조머펠트를 만났으며, 프라하에서는 아인슈타인을 처음 만났다. 이후 에렌페스트는 아인슈타인의 가장 가까운 친구가 된다.

24세의 나이로 레이던 대학교 이론 물리학 교수가 되고 난 후 34년을 레이던에서 보낸 로렌츠는 뛰어난 물리학 지식과 온화한 인품과 명석한 강의로 널리 학계의 존경을 받는 당대의 지도적인 물리학자였다. 로렌츠는 고전 물리학의 위대한 완성자로서, 당시까지의 전자기학 지식은 로렌츠에 의해 집대성되었으며, 로렌츠의 업적으로부터 상대성이론과 양자론이 흘러나왔다고 할 수 있을 정도였다. 그는 제자인 피터 제만과 함께 1902년 두 번째 노벨 물리학상을 받았으며, 벨기에의 실업가 솔베이의 지원으로 최고의 물리학자 30여 명을 초청하는 물리학 회의인 솔베이 회의를 조직하고, 1911년의 첫 회의부터 1927년까지 주재했다. 저온 물리학의 대가로서 최초로 액체 헬륨을 만드는 데 성공해서 1913년 노벨 물리학상을 수상하고, 초전도 현상과 초유동 현상을 발견한 카멜링 오네스 역시 레이던 대학교에 있었다. 레이던 대학교는 분명 20세기 초 물리학의 중심지 중 하나였다.

아인슈타인 역시 로렌츠를 존경하는 사람 중 하나였다. 로렌츠보다 26세 어린 아인슈타인은 1911년 레이던을 처음 방문해서 로렌츠의 따뜻한 대접을 받았는데, 그가 가장 존경해 온 로렌츠를 만난다는 것에 흥분했고 돌아와서 감사의 답장을 보냈다. 평생 권위를 혐오했던 아인슈타인에게 로렌츠야말로 가장 아버지에 가까운 존재였다. 아인슈타인은 평소 주변 사람들에게도 로렌츠에 대한 존경심과 애정을 숨기지 않았으며, 로렌츠의 사후 "내게 로렌츠는 인생의 여정에서 만난 그 어떤 사람보다도 더 중요한 사람이었다."라고 말했다.

로렌츠 역시, 아인슈타인을 아끼고 더없이 높게 평가하여, 아인슈타인에게 네덜란드로 올 것을 몇 번이나 권했고 1912년에는 레이던 대학교에서 자신의 후계자가 되어 달라고 하기까지 했다. 그러나 아인슈타인은 모교인 취리히 공과 대학의 교수직 제안을 수락한 뒤였기 때문에 레이던에 갈 수 없었다. 자신의 후임을 찾던 로렌츠에게 조머펠트는 이렇게 말하며 에렌페스트를 추천했다. "저는 그렇게 매력적이고 명석하게 강의하는 사람을 거의 본 적이 없습니다. …… 그는 수학적 진술을 알기 쉬운 생생한 묘사로 바꾸어 버립니다." 1912년 9월 29일 에렌페스트는 그를 레이던 대학교의 이론 물리학 교수로 초빙하고 싶다는 전보를 받았다.

에렌페스트를 택한 것은 레이던 대학교에게도 훌륭한 선택이었다. 에렌페스트는 레이던에 온 이후 1933년까지 통계 역학과 상대성 이론, 그리고 초기 양자 역학의 여러 아이디어에 대해 중요한 업적을 남겼고 상전이를 분류했다. 그의 이름은 양자 역학과 고전 역학 사이의 대응 원리를 표현하는 에렌페스트 정리와 회전하는 강체와 특수 상대성 이론 사이의 문제를 지적한 에렌페스트 역설 등에 남아 있다.

에렌페스트가 특히 많은 관심을 가졌던 분야는 고차원 이론이다. 이는 중력에 관한 선구적인 업적으로 '핀란드의 아인슈타인'이라는 말을 들었던 군나르 노르드스트룀이 레이던의 연구원으로 오면서 비롯되었다. 노르드스트룀은 헬싱키라는 물리학의 변방에서, 비록 올바른 이론을 완성하지는 못했지만 아인슈타인과 동시대에 중력 이론을 구축했으며, 칼루차보다도 먼저 고차원의 통일 이론을 생각했던 물리학자다. 그와 함께 토론을 하면서, 에렌페스트는 3차원 공간이 왜 특별한가, 고차원 공간에서는 어떤 일이 일어나는가, 원자의 안정성과 공간의 차원은 어떤 관계가 있는가에 대한 영감이 넘치는 논문을 남겼다. 에렌페스트는 후에 고차원 이론의 또 한 사람의 전문가였던 오스카르 클라인이 방문했을 때 다시 한번 자극을 받아서, 제자인 헤오르헤 울렌벡과 5차원의 파동에 관한 논문을 썼다.

본인의 연구 결과보다 더 중요한 것은 에렌페스트가 레이던 대학교를 이론 물리학의 메카 중 하나로 만들었다는 것이다. 물리학에 대한 토론을 이끄는 재능을 가진 그는, 레이던 대학교에서 물리학의 근본 이론에 대한 수준 높은 토론이 전개되길 바랐고, 그래서 뛰어난 외부 연사들을 계속 초청해서 콜로키엄을 열고 적극적으로 토론의 장을 이끌었다. 그렇게 초빙된 연사들은 에렌페스트가 마련한 강사의 벽에 사인을 남겼다. 지금도 수요일 저녁에 계속되고 있는 이 강연은 그의 이름을 따서 에렌페스트 콜로키엄(Colloquium Ehrenfestii)이라고 불린다. 건물 0층에 전시되고 있는 강사의 벽에는 아인슈타인, 파울리, 디랙, 양전닝, 휠러, 앤더슨, 긴즈부르크, 다이슨 등 레이던에서 콜로키엄을 했던 수많은 위대한 물리학자들의 사인이 남아 있다.

레이던의 에렌페스트의 집에는 늘 그의 제자들과 레이던 대학교를 방문한 물리학자들이 드나들면서 그와 지적인 대화를 나누었다. 집에서 학자들과 어울리며 성장한 에렌페스트의 아이들은 돌아가며 강의를 하는 콜로키엄 놀이를 하며 놀았다. 이런 분위기를 사랑한 아인슈타인은 레이던을 자주 찾아왔다. 1920년부터는 아예 레이던 대학교의 비전임 교수로서 매년 몇 주씩을 레이던에서 지냈고 그때마다 에렌페스트의 집에서 머물며 따뜻한 시간을 보냈다. 닐스 보어 역시 에렌페스트의 절친한 친구였다. 사실 보어와 아인슈타인을 서로에게 소개한 사람이 바로 에렌페스트다. 아인슈타인은 보어를 처음 만나고 나서 보낸 편지에 "저는 이제 에렌페스트가 당신을 왜 그렇게 좋아하는지 이해할 수 있습니다."라고 썼다.

에렌페스트는 좋은 물리학자였을 뿐 아니라, 훌륭한 선생이었다. 많은 젊은이들이 에렌페스트로부터 배우고 격려를 받아서 뛰어난 물리학자로 성장했다. 에렌페스트의 제자였던 울렌벡과 사뮈엘 하우드스미트는 학생 시절에 전자의 스핀이라는 새로운 개념을 발견해 냈다. 그러나 스핀은 워낙 새로운 개념이라서 주변의 대학자들도 고개를 갸웃거리는 바람에 울렌벡과 하우드스미트는 겁을 먹고 논문을 포기하려고 했다. 그때 에렌페스트는 그들의 논문을 이미 투고했다며 이렇게 말했다. "자네들은 젊으니까, 좀 이상한 논문을 써도 괜찮아." 이런 말을 해 줄 수 있는 선생은 그리 많지 않다. 한 번도 학문에서 좌절을 겪은 적이 없을 것 같은 엔리코 페르미도, 갓 학위를 받고 세상에 나와 스스로에 대한 확신을 갖지 못해 불안해 할 때 레이던에 와서 에렌페스트로부터 격려를 받고 자신감을 찾았다.

아인슈타인은 에렌페스트에 대해 이렇게 말했다.

에렌페스트는 단순히 내가 아는 중에 최고의 선생 정도가 아니었다. 그는 인간의, 특히 자기 학생의 발전과 운명에 정열적으로 온 마음을 다했다. 다른 사람을 이해하는 것, 우정과 믿음을 얻는 것, 누군가가 내적인, 혹은 외적인 고투에 전념하도록 돕는 것, 젊은 재능을 북돋우는 것 ─ 이 모든 것이, 과학 문제를 가지고 학생을 지도하는 것보다 더 중요한, 에렌페스트라는 사람의 일부였다.

아이로니컬하게도, 젊은이의 자존감을 높여 주는 데 그토록 뛰어났던 에렌페스트 본인은 평생 스스로에 대한 낮은 자존감에 시달렸다. 그것은 그가 하필 아주 특별한 사람들 속에 둘러싸여 있었기 때문이기도 하다. 그는 위대한 로렌츠의 뒤를 이었으며, 가장 가까운 친구들이 20세기 최고의 물리학자들인 아인슈타인과 보어였다. 이런 위대한 사람들 속에서 에렌페스트는 자신을 한없이 왜소하게 여겼다. 또한 1925년에 양자 역학 이론이 나온 이후는 젊은이들의 양자 이론을 따라갈 수 없다는 생각도 그를 더욱 우울증에 빠져들게 했다.

또 다른 문제가 있었다. 에렌페스트는 2남 2녀를 두었는데, 딸 하나는 어머니처럼 수학자가 되었고, 다른 하나는 작가가 되었으며, 아들 하나는 물리학자가 되었다. 그러나 막내아들 바시크는 다운 증후군으로 독일 예나의 전문 시설에 맡겨져 있었다. 1933년 나치가 집권하면서 유태인이던 에렌페스트는 위기를 느끼고 바시크를 암스테르담의 시설로 옮겼다. 그러자 이번에는 비용이 문제가 되었다. 우울증과 경제적 어려움으로 고민하던 에렌페스트는 1933년 9월 25일 그의 모든 괴로움을 끝낼 극단적인 선택을 한다. 암스테르담의 병원 대기실에서 아들을 불러낸 그는 아들을 쏘고, 이어서 자신을 향해 방아쇠를 당겼다.

2012/2013년도는 에렌페스트 콜로키엄이 시작된 지 100년이 된 해로서, 이를 기념하여 특별 강연이 진행되었다. 양자 홀 효과를 발견해서 1985년 노벨 물리학상을 수상한 폰 클리칭을 시작으로 여러 노벨상 수상자들과, 힉스 보손을 제안해서 2013년 노벨상을 수상한 프랑수아 앙글레르, 끈 이론에 중요한 가설을 제안한 아르헨티나 출신의 이론 물리학자 후안 말다세나 등이 강연했다.

로렌츠 연구소에 걸려 있는 에렌페스트와 아인슈타인의 초상화는 카멜링 오네스의 조카 함이 그린 것이다.

프라하의 아인슈타인

알베르트 아인슈타인의 유명하지 않은 17개월

프란츠 카프카는 친구에게 쓴 편지에서 "프라하는 사람을 놓아 주질 않는다. …… 이 할멈은 맹수의 발톱을 지니고 있다."라고 적었다. 보헤미아 왕국과 신성 로마 제국의 수도였던, 중부 유럽의 천년 고도 프라하에서 태어나서 길지 않은 생애의 대부분을 이 도시에서 보낸 카프카에게, 프라하는 어린 시절과 젊은 시절의 기억을 이루는 그의 일부이면서 동시에 증오와 저주의 대상인, 모순의 도시였다.

프라하의 역사가 오래된 만큼, 프라하 카를 대학교의 역사도 무려 1348년으로 거슬러 올라간다. 보헤미아 왕이자 신성 로마 제국의 황제였던 카를 4세가 세운 카를 대학교는 볼로냐 대학교와 파리의 소르본 대학교 다음으로 세워진, 유럽에서 세 번째로 오래된 대학이며, 중부 유럽에서는 최초의 대학이다. 그래서 초기의 카를 대학교에는 보헤미아와 모라비아, 헝가리 등의 중부 유럽은 물론, 오스트리아 및 라인

강 유역, 폴란드와 러시아, 심지어 덴마크나 스웨덴에서도 학생이 찾아왔다. 1409년 라이프치히 대학교가 세워지면서 독일계 교수 및 학생이 빠져나가기 전의 카를 대학교는 학생 수가 3만 명에 이르는 거대한 대학이었다.

유럽 전역에 혁명의 불길이 번지던 1848년, 카를 대학교의 학생들은 대학에 체코 어 강좌를 개설하기 위해 투쟁해서 이를 관철시켰다. 이는 새로운 문제의 시작을 뜻하는 사건이었는데, 대학 내의 체코 인 비율이 날로 증가하면서 두 개의 언어가 혼용되는 상황이 점점 더 불편해졌던 것이다. 이 문제는 계속 대학의 체코 인 교수들과 독일인 교수들 사이에 갈등을 일으켰다. 오랜 논의 끝에, 마침내 대학은 분리할 것을 결정했다. 제국 의회와 황제의 재가를 얻어, 1882년 카를 대학교는 체코 어 대학과 독일어 대학으로 분리되었다. 양자는 똑같이 대학을 계승하며, 서로 독립적으로 운영하면서 도서관, 의학 및 과학 연구소, 식물원 등의 시설은 공유하기로 했다. 공동 시설의 운영은 독일 대학 쪽이 맡았다. 이 독특한 두 대학 체제는 제2차 세계 대전 때까지 지속되었다.

두 대학 체제가 한창 운영되던 1911년, 카를 대학교의 독일어 대학에 젊은 물리학 교수 한 사람이 스위스에서 새로 부임해 온다. 학계에 발을 디딘 지 얼마 되지 않았지만, 6년 전에 발표한 몇 편의 논문으로 유럽의 주요 물리학자들의 관심을 끌고 있던 서른두 살의 그 유태인 교수의 이름은 알베르트 아인슈타인이었다.

1900년 취리히 공과 대학을 졸업한 스물한 살의 청년 아인슈타인은 인생에서 가장 비참한 시기를 보냈다. 대학에서 연구 조교 자리를 얻고 싶었지만, 최종 시험을 꼴찌로 통과하고 교수들과의 관계도 좋지 않았던 그에게 돌아올 자리는 없었다. 대학에서 자리를 얻는 것을 포기하고 중등 교사 자리를 찾아보기도 했으나 임시직 이상은 얻지 못했다. 보험 회사에도 지원해 보았으나 퇴짜를 맞았다. 동급생이던 밀레바 마리치와 결혼하려는 시도는 집안의 반대에 부딪쳤다. 1901년 그들이 결혼하기도 전에 마리치는 아이를 낳게 되었다. 이 아이에 대해서는 그 후 더 이상 알려지지 않았다. 임신 와중에 졸업 시험을 치러야 했던 마리치는 시험에 낙방해서 결국 학위를 받지 못한다. 이런 온갖 문제를 짊어지고 있던 것이 1901년의 아인슈타인이다.

한심한 처지에 있던 그에게 다행히 대학 동기였던 마르셀 그로스만이 특허청의 공무원직을 주선해 주었다. 1902년 6월 아인슈타인은 베른으로 가서 특허청의 3급 검사관으로 근무하기 시작했다. 이듬해 1월에는 마리치와 결혼식을 올렸고 1904년에는 첫아들 한스가 태어났다. 비로소 아인슈타인은 정상적인 생활을 찾은 듯 보였다.

놀랄 만한 일은, 그렇게 힘든 시기를 보낸 아인슈타인이 직장을 잡자마자 진지하게 물리학 연구를 시작했다는 사실이다. 그는 일과 후에도, 주말에도, 그리고 사실상 직장에서도 연구에 몰두했다. 그 결과 경험도 없고 학계와 직접 접촉도 없던 젊은 특허청 서기는 1904년까지 몇 편의 논문을 학술지에 발표했다. 물론 별다른 주목을 받은 것은 아니었지만.

그리고 아주 특별한 1905년이 되었다. 이해, 지금까지 학계에서 아무 존재감도 없던 26세의 특허청 직원은 네 편의 논문을 잇달아 발표한다. 잘 알려진 대로 이중 세 편은 당대 물리학의 핵심을 꿰뚫고 새로운 세상을 여는 놀라운 논문들이었다. 브라운 운동을 통계 역학적으로 설명한 논문, 훗날 아인슈타인에게 노벨상을 가져다준, 광전자 효과를 설명한 논문, 그리고 역사상 가장 유명한 논문 중 하나일, 특수 상대성 이론을 탄생시킨 논문이 그 세 편의 논문이다. 이전의 연구에서는 이 논문들에 대한 어떤 기미도 찾아볼 수 없어서, 마치 논문이 기적처럼 하늘에서 갑자기 쏟아져 내린 것처럼 보인다. 그래서인지 사람들은 1905년을 아인슈타인의 '기적의 해(Annus Mirabilis)'라고 부른다.

당대의 물리학계는 곧바로 이 논문들의 중요성을 알아차렸다. 플랑크, 레나르트, 조머펠트, 뢴트겐 등, 노벨상을 받았거나 앞으로 받게 될, 당시 독일의 가장 중요한 물리학자들이 다투어 그에게 편지와 논문으로 접촉해 왔다. 플랑크는 조수 막스 폰 라우에를 직접 보내 아인슈타인을 만나게 하기까지 했다. 무명의 특허청 검사관은 일약 물리학계의 총아가 되었다.

그러나 아인슈타인이 실제로 대학 사회에 들어간 것은 무려 3년도 더 지나서였다. 가장 큰 이유는 교수 봉급이 특허청에서 받는 것보다 훨씬 적다는 것이었다. 그사이 아인슈타인은 특허청에서 2급 심사관으로 승진했다. 1908년에는 베른 대학교에서 강의를 맡았고, 다음해에야 마침내 특허청을 그만두고 취리히 공과 대학의 전임 교수진에 합류했다. 취리히 공과 대학에서 처음 그에게 제시한 봉급은 특허청에서 받던 것의 4분의 1 수준이어서 아인슈타인은 대학 당국과 오래 줄다리기를 해야 했다고 한다. 취리히 공과 대학에서 아인슈타인의 직위는 도슨트(docent)라고 부르는 중간급의 강사 자리였다. 이는 정교수보다 아래지만 독립적인 강의를 할 수 있는 직위다.

1911년 프라하 카를 대학교의 이론 물리학 교수 자리가 공석이 되었다. 대학에서 제국 정부에 추천한 교수 후보자는 세 사람이었는데, 맨 앞의 이름이 바로 알베르트 아인슈타인이었다. 문제는 그가 어느 교파에도 속하지 않아서 충성 맹세를 할 수 없다는 것이었다. 아인슈타인은 서류에 자신을 "모든 교파(mosaic)"라는 식으로 써서 겨우 이 문제를 통과했다. 1911년 1월 아인슈타인을 카를 대학교 이론 물리학 정교수로 임명한다는 오스트리아 황제 프란츠 요제프 1세의 허가가 내렸다. 취리히 공과 대학 측은 뒤늦게 월급을 올려 주며 그를 잡으려 했지만, 이미 때가 늦었다.

프라하를 "100개의 탑이 있는 도시"라고도 한다. 이 고도(古都)에서, 막 태어난 둘째 아들까지 아인슈타인의 네 식구는 스미초프 구역에 속한 레스니카 거리 7번지에 살았다. 평범한 건물이지만 당시로는 흔치 않게 전기가 들어왔다. 지금도 2층 외벽에 아인슈타인의 집이었음을 알리는 흉상이 붙어 있는 이 집은 도시 가운데를 흐르는 블타바 강 바로 옆 블록이다. 아마도 아인슈타인은 집을 나와 강을 따라 걷다가 다리를 건너 연구실로 가거나, 구시가의 카페에서 커피를 마시며 사람들을 만났을 것이다.

당시 프라하의 유태인 사회에서 지식인들이 모이는 구심점은 베르타 판타 여사가 구시가 광장에 접한 자신의 집에 연 살롱이었다. 작가인 막스 브로트와 카프카, 철학자 휴고 베르크만, 물리학자 필립 프랑크 등이 살롱에 모여서 철학과 문학을 토론하고 강연회나 작은 음악회를 열기도 했다. 아인슈타인은 이 모임에서 크게 환영받았고, 그 자신도 토론을 즐기며 상대성 이론을 강의하거나 바이올린을 연주했다. 두 유명인, 카프카와 아인슈타인이 같은 자리에 있었으니, 뭔가 교류가 있었을 것이라고 상상하는 사람들도 있지만, 두 사람이 대화를 나누었다는 증거는 남아 있지 않다. 다만 카프카의 친구 막스 브로트는 확실히 이 물리학자에게 관심을 가져서, 그의 소설 「신을 향한 튀코 브라헤의 길(Tycho Brahe's Path to God)」의 등장 인물 요하네스 케플러를 묘사할 때 아인슈타인을 모델로 했다. 지금 구시가 광장 판타 여사의 집이었던 건물에는 이곳이 아인슈타인이 들르던 살롱이었음을 알리는 명패가 붙어 있다.

일반 상대성 이론의 핵심적인 개념인, 중력과 가속 운동을 연결짓는 등가 원리의 아이디어가 아인슈타인의 머리에 처음 떠오른 것은 1907년 베른 특허국의 책상 앞이었다고 한다. 그러나 아인슈타인이 본격적으로 중력에 대해 연구하기 시작한 것은 바로 프라하 시절부터다. 1905년의 특수 상대성 이론에서 그는 시간과 공간이 고정된 틀이 아니라 물리 법칙과 연관되어 변하는 것임을 밝혔다. 이로써 뉴턴 역학처럼 맥스웰의 전자기 방정식도 모든 관성 좌표계에서 성립한다는 것이 확인되었고, 그 대신 시간과 공간의 길이가 움직임에 따라 변한다는 것이 밝혀졌다. 이제 가속 운동, 혹은 중력의 효과를 설명하기 위해서 아인슈타인은 또다시 시공간에 대해 대담한 상상력을 발휘했다.

그것은 중력에 의해 시공간이 휘어진다는 것이었다. 프라하에서 쓴 논문에서 중력이 빛에 어떻게 영향을 미치는가 하는 최초의 논의를 발견할 수 있는데, 중력이 빛을 휘게 한다는 생각은 곧 중력이 시간을 휘어지게 한다는 통찰로 이어진다. 즉 특수 상대성 이론이 시간의 길이가 변할 수 있음을 말하는 것이라면, 일반 상대성 이론은 시간이 휘어질수 있음을 말하는 것이다.

프라하 시절은, 또한 아인슈타인이 정식으로 세계적인 학자로 인정받은 시기다. 벨기에의 사업가 에르네스트 솔베이는 당대 물리학의 가장 중요한 문제를 논의하기 위해서 초청받은 학자만이 참석할 수 있는 권위 있는 학회를 창설하고 후원했다. 그 첫 학회가 1911년 가을에 브뤼셀에서 열렸는데, 아인슈타인은 단 24명만 초청된 이 학회에 당대의 물리학을 이끌어 나가던 어니스트 러더퍼드, 마리 퀴리, 폴 랑주뱅, 막스 플랑크, 앙리 푸앵카레, 헨드릭 로렌츠 등과 함께 초청되었다. 아인슈타인이 가장 젊은 참가자였다. 여러 주요 물리학자들과의 우정이 이때부터 시작되었고, 학회의 의장이었던 로렌츠에게는 하도 깊은 감명을 받아서, 평생 그를 아버지처럼 여기게 되었다.

그러나 아인슈타인의 프라하 시절은 그리 길지 않았다. 프라하에 온 다음해, 아인슈타인의 모교인 취리히 연방 공과 대학은 아인슈타인을 정교수로 초빙한다. 아무래도 프라하가 그의 고향만 할 수는 없었다. 부인 마리치에게는 더욱 그랬다. 불과 17개월의 프라하 시절을 뒤로하고 아인슈타인은 취리히로 돌아갔다. 이제 그는 취리히에서 리만의 기하학을 만나고, 프라하에서 시작된 그의 중력 이론을 본격적으로 전개하게 될 터였다.

아인슈타인에게는 프라하에서 이어진 가느다란 인연의 끈이 하나 있다. 베르타 판타 여사의 며느리였던 요한나 판토바는 1929년 베를린에서 아인슈타인을 처음 만났다. 아인슈타인이 프라하에 있을 때 그녀는 아직 어린아이였으므로 프라하에서 두 사람이 만난 적은 없다. 아마도 베를린에서 우연히 만난 두 사람은 프라하와 판타 여사를 이야기하며 가까워졌으리라. 아인슈타인은 요한나에게 도서관의 일자리를 주선해 주었다. 그 후 아인슈타인은 미국의 프린스턴 고등 연구소로 옮겼고, 독일의 상황이 어려워지면서 요한나도 1939년 미국으로 건너왔다. 아인슈타인이 권해서, 요한나는 노스캐롤라이나 대학교에서 정식으로 도서관 사서 공부를 했고, 그 뒤 프린스턴 대학교의 도서관에서 근무하게 되었다. 아인슈타인과 스물두 살 차이의 요한나는 프린스턴 주변에서 아인슈타인의 '걸프렌드'로 알려졌다고 한다. (두 번째 부인 엘자가 1936년에 사망해서 프린스턴에서 아인슈타인은 홀몸이었다.) 두 사람은 종종 함께 식사를 하고, 일주일에 두세 번은 전화로 이런저런 얘기를 나누었다. 호수에서 같이 배를 타기도 했다. 아인슈타인과 요한나가 함께 배를 타는 사진은 지금도 웹에서 쉽게 찾아볼 수 있다. 요한나는 아인슈타인의 머리를 잘라 주었고, 아인슈타인은 그녀에게 시를 써 주기도 했다.

요한나는 아인슈타인과의 대화를 62쪽에 걸쳐 독일어로 기록했다. 그녀는 이를 자신이 죽기 전에 책으로 출판하려고 했지만 뜻을 이루지 못했다. 그 기록은 그녀가 1981년에 죽은 뒤 묻혀 있다가 2004년에 발견되었다. 알베르트 아인슈타인의 만년 모습을 보여 주는 좋은 기록이라고 한다.

물리학, 정치, 그리고 리더

이시도어 라비의 힘

폴 에이드리언 모리스 디랙이 영국 케임브리지 대학교에서 미국 플로리다 주립 대학교로 자리를 옮길 때 많은 사람들은 크게 놀랐다. 20세기의 물리학자 중 아인슈타인을 제외하고는 누구도 그의 앞자리에 놓기 어려울 위대한 물리학자가 미국 랭킹 83위의 물리학과에 온다는 것은 생각하기 어려운 일이었기 때문이다. 게다가 놀랍게도 몇몇 교수들은 나이든 사람(당시 디랙은 60대 후반이었다.)을 채용할 필요가 있느냐며 부정적인 태도를 보였다. 이 논란은 물리학과 학과장이었던 조 라누티가 이렇게 말하며 끝이 났다. "디랙이 물리학과에 오는 것은 영문학과에 셰익스피어가 오는 것과 같은 일이다."

정말 물리학과 교수진에 디랙이 있다는 것은 엄청난 일일 것이다. 어디선가 디랙의 강의가 들려오고 세미나 청중 속에 디랙이 앉아 있고 복도에서 가끔 디랙과 마주친다는 것은, 물리학자나 물리학을 공부하는 학생들에게는 감격스러운 일이다. 그러나 디랙이 있다고 해서 플로리다 주립 대학교 물리학과가 세계 물리학계의 중심지 중 하나가 되는 일은 일어나지 않았다. 디랙은 물리학 그 자체를 풍요롭게 하는 물리학자긴 했지만, 그가 속한 물리학과를 발전시키는 사람은 아니었기 때문이다. 디랙이 좀 극단적인 사람이긴 하지만, 그와 같은 물리학자가 드문 것은 아니다. 아인슈타인도 사실 그런 부류에 속한다고 할 수 있다.

반대로 주변에 사람을 모아서 자기가 속한 대학이나 연구소를 학문의 중심지로 만드는 사람들이 있다. 닐스 보어가 바로 그런 사람이다. 1930년대까지 코펜하겐의 닐스 보어 연구소는 양자 역학에 관심이 있는 사람은 누구나 다녀가야 하는 성지였다. 괴팅겐의 막스 보른 역시 그런 사람이었다. 이들의 주변에는 재능 있는 사람들이 끊임없이 모여들었고, 늘 활기 있는 분위기로 물리학 토론이 이루어지며, 이들은 또한 사람들을 격려하며 활발하게 활동하도록 만들었다. 제2차 세계 대전이 끝난 뒤 코넬 대학교 물리학과를 키운 한스 베테나 로마와 시카고에서 훌륭한 연구 그룹을 이끌었던 엔리코 페르미도 그런 사람들이다. 어쩌다 보니 이론가의 예만 들었는데, 실험가에게 그런 재능은 더욱 중요하고, 현대에는 거의 필수적이라고 할 수 있다. 그리고 그런 능력으로 말한다면, 1950년대와 1960년대에 컬럼비아 대학교의 물리학과를 최고의 물리학 교육 및 연구 기관으로 키워 낸 이시도어 라비야말로 가장 뛰어난 사람이었을 것이다.

1926년 컬럼비아 대학교에서 결정의 자화율에 대한 실험적 연구로 박사 학위를 받은 라비는, 당시 막 세상에 나온 양자 역학에 경도되어

이 새로운 지식의 발상지에 가서 배우고 싶었다. 라비는 다음해 컬럼비아 대학교의 바너드 펠로에 선발되어 유럽으로 건너갔다. 처음에 에르빈 슈뢰딩거를 만나러 취리히로 갔다가, 슈뢰딩거가 곧 다른 대학으로 떠나게 되자 라비는 뮌헨으로 옮겨서 아르놀트 조머펠트와 같이 일했다. 다음으로 코펜하겐의 보어에게 간 라비는 다시 보어의 제의로 볼프강 파울리를 만나러 함부르크로 갔다. 그리고 거기서 라비는 오토 슈테른을 만났다. 슈테른과의 만남은 라비의 물리학에 가장 큰 영향을 준 사건이었다.

발터 게를라흐와 함께 자기장에 은 원자 빔을 통과시켜 전자 스핀의 양자 효과를 보인 실험으로 유명한 슈테른은 그의 체계적인 분자 빔 실험으로 물질과 자기장의 연구에 선구적인 업적을 남겼고, 그 업적으로 1943년 노벨 물리학상을 받게 된다. 이 팀에 합류한 라비는 슈테른의 실험 방법을 개선해서, 불규칙한 자기장 대신 일정한 자기장을 사용하는 방법을 제안했는데, 슈테른은 라비에게 직접 그 실험을 하라고 권유했다. 실험은 성공적이었고 그 결과는《네이처》에 라비의 단독 논문으로 발표되었다.[1] 라비의 단독 논문으로 하자는 것은 슈테른의 제안이었다. 슈테른의 실험실에서 배운 것들은 훗날 라비가 가장 중요한 업적을 이루는 데 기초가 되었다.

베르너 하이젠베르크는 1925년 행렬 역학이라는 새로운 양자 역학을 만들어 내고 1927년에 라이프치히 대학교 교수로 부임했는데, 라비는 하이젠베르크와 같이 일하고 싶어서 라이프치히로 갔다. 그곳에서 그는 하이젠베르크보다 그의 인생에서 더 중요한 사람을 만난다.

바로 로버트 오펜하이머였다. 마침 하이젠베르크는 1929년 3월 미국으로 여행을 떠나게 되어 두 사람은 취리히로 가서 파울리의 그룹에 합류한다.

라비와 오펜하이머는 곧 매우 친한 사이가 되었고 그들의 우정은 평생 계속되었다. 유럽에서 두 사람은 1920년대 미국의 물리학이 얼마나 무시당하는가에 대해 이야기를 나누곤 했다. 뉴욕에서 자란 유태인이라는 공통점이 있었지만, 사실 오펜하이머와 라비는 꽤 많이 다른 사람들이었다. 오펜하이머가 허드슨 강이 내려다보이는 아파트 한 층 전체를 차지하는 집에서 사업가였던 아버지와 화가였던 어머니의 과잉 보호를 받으며 자란 "매끈한, 기분 나쁠 정도로 착한 어린아이"였던 반면, 오스트리아-헝가리 제국에 속한 작은 마을인 갈리시아에서 태어나서 어릴 때 미국으로 이민 온 라비는 뉴욕 동남쪽의 방 2개짜리 아파트에서 가난하게 살아온 노동자 집안 출신이었다. 라비가 가난에서 온 건강함을 기반으로 솔직하고 개방적이고 균형 잡힌 시각을 가졌다면, 오펜하이머는 날카롭고 모호한 성격에 세련된 교육이 가져다준 열정과 냉소가 뒤섞인 성격을 지녔다.

또한 오펜하이머의 집안은 유태 전통을 별로 존중하지 않았고 오펜하이머는 스스로를 유태인이라고 밝히지도 않았던 반면, 부모님이 정통 유태교 신자였고 유태교 의식이 일상 생활의 일부였던 라비에게 유태인이라는 것은 그의 중요한 정체성 중 하나였다. 라비는 유태인 학교를 다니며 배워서 이디시 어를 할 줄 알았고, 반유태주의가 팽배하던 1920년대 말의 독일에서도 자신이 오스트리아 출신 유태인이라고 밝

히곤 했다. 그렇다고 라비가 독실한 유태교도였다는 말은 아니다. 오히려 어릴 때부터 과학에 경도된 라비는, 13세에 치르는 유태인 성인식인 바르 미츠바를 제대로 유태교 예배당에서 치르는 대신, 자기 멋대로 집에서 '전기불이 어떻게 작동하는가?'에 대해 이디시 어로 연설하는 것으로 대신했을 정도로 유태교 의식에 신경을 쓰지 않았고, 나중에는 정식으로 유태교를 버렸다. 그러나 종교와는 별개로 라비에게 유태인이라는 정체성은 중요한 부분이었고, 어쨌든 적어도 버릴 수는 없는 것이었다.

그렇게 다르면서도 두 사람 사이의 유대는 깊었다. "뉴욕 출신의 부자고 버릇없는 유태인 녀석"이라고 표현하면서도 라비는 오펜하이머를 잘 파악하고 있었고, 나중까지도 오펜하이머에게 솔직하게 자신의 판단을 이야기했다. 라비는 오펜하이머의 복잡함을 진정으로 이해하는 몇 되지 않는 사람으로서, "나는 사람들이 싫어하는 그의 성격들까지도 어떤 의미에서 좋아했다."라고 하기도 했다. 훗날 오펜하이머가 원자 폭탄을 만드는 맨해튼 프로젝트의 책임자가 되었을 때, 라비를 부소장으로 데려가고 싶어 했지만 라비는 폭탄에 대한 거부감으로 이를 거절하고, 매사추세츠 케임브리지로 가서 레이더 팀에 합류했다. 그러나 라비는 오펜하이머에게 조언을 아끼지 않았으며, 보수는 일체 받지 않는 조건으로 오펜하이머의 개인 자문 역할을 했다.

라비는 1929년 컬럼비아 대학교의 강사로 초빙한다는 연락을 받고 귀국했다. 그는 미국 대학의 물리학과에 강사로 채용된 유태인은 자기가 처음일 거라고 했다. 라비와 같이 유럽에서 배운 젊은이들이 돌아

◀ 위대한 물리학 연구소들을 만든 카리스마 물리학자들.
왼쪽부터 어니스트 로런스, 엔리코 페르미, 이시도어 라비.

오면서 1930년대에 미국의 물리학은 급격하게 부상한다. 라비는 뉴욕 지역에서 최첨단 물리학을 토론하는 자리를 만드는 중심 인물이 되었다. 또한 1931년경에 그 자신의 분자 빔 실험실을 건설한 라비는 그로부터 그의 가장 중요한 업적을 이룩한다.

1932년 중성자가 발견되어 원자핵에 대한 지식이 매우 정확해졌다. 라비는 슈테른의 실험을 원자핵에 적용해 원자핵의 자기 모멘트와 스핀을 결정하는 실험을 시작했다. 함부르크에서 그랬듯이 라비는 슈테른의 방법을 여러 가지로 개선하고 변형해서 훨씬 정밀한 결과를 얻었다. 1936년 라비는 일정한 자기장에 덧붙여 주기적으로 진동하는 자기장을 추가하고, 자기장의 진동수를 정밀하게 변형시켜 자기 공명을 일으킴으로써 자기 모멘트 측정값의 정확성을 획기적으로 향상시키는 아이디어를 제안한다.[2] 이는 그때까지의 실험에서는 찾아볼 수 없는 정확성을 가져다주었고, 지금까지도 마찬가지다. 또한 이 아이디어는 물리학을 넘어 화학, 생물학, 특히 의학 분야에도 널리 이용되게 된다. 오늘날 병원에서 몸 안을 들여다보는 중요한 검사 방법인 MRI(Magnetic Resonance Imaging)도 라비가 개발한 핵자기 공명(NMR)을 이용하는 기술이다. 핵자기 공명 방법을 개발한 공로로 라비는 1944년 노벨 물리학상을 수상했다.

선생이 끝나고 난 뒤 라비는 학교로 돌아와 컬럼비아 대학교의 물리학과를 다시 일으키는 데 전력을 다했다. 학과장을 맡은 라비는 우수한 젊은이들을 모으고, 최첨단 물리학을 강의하고 토론하는 자리를 만들고자 노력했다. 그 결과로 당시 컬럼비아 대학교 물리학과는 라비 본인과 페르미라는 두 명의 노벨상 수상자, 그리고 미래에 노벨상을 받게 되는 일곱 명의 교수진을 보유하게 된다. 그 일곱 명은 양자 효과에 따른 수소 스펙트럼의 미세한 갈라짐을 말하는 램 이동을 발견한 윌리스 램과 폴리카르프 쿠시, 레이저를 발명한 찰스 타운스, 원자핵을 이루는 힘에 대한 이론을 제안한 일본의 유카와 히데키, 원자핵 모형을 제안한 마리아 괴퍼메이어, 역시 원자핵에 관한 이론을 발전시킨 제임스 레인워터, 원자 시계를 개발하는 데 중요한 분리된 진동자장 방법을 발명한 노먼 램지 등이다. 또한 당시 박사 과정 학생이던 리언 레이더먼은 훗날 두 번째 중성미자를 발견한 업적으로, 그리고 학부생이던 리언 쿠퍼는 초전도 이론을 개발한 공로로 각각 노벨상을 타게 되며, 닐스 보어의 아들로서 레인워터와 함께 1975년 노벨상을 받게 되는 아게 보어와, 태양이 불타는 원리를 해명해서 1967년에 노벨상을 받게 되는 한스 베테가 방문 교수를 지내기도 했다.

컬럼비아 대학교 물리학과의 위용은 1960년대까지 이어져서 늘 교수진의 절반가량은 노벨상을 이미 받았거나 앞으로 받게 될 사람들이었다. 이휘소도 박사 학위를 받은 직후인 1962년 라비로부터 교수 자리를 제의받은 적이 있다고 한다. 1964년 컬럼비아 대학교는 어떤 연구나 강의든 마음대로 할 수 있는 '유니버시티 교수(University Professor)'라는 특별한 직책을 만들어서 라비를 초대 교수로 임명했다.

그토록 훌륭한 교수였지만, 라비의 강의가 뛰어났던 것은 아니다. 뛰어나기는커녕 라비의 강의는 악명이 높았다. 맨해튼 프로젝트에도 참여한 화학자 어빙 카플란은 라비의 강의는 "내가 들어본 중 최악"이라고 했으며, 레이더먼은 "강의가 끝나고 나면 우리는 라비가 대체 무슨 소리를 한 건지 알아보려고 도서관에 달려갔다."라고 회상했다. 램지도 그의 강의는 "아주 끔찍하다."라고 했다.[3]

라비는 대학 바깥에서도 과학에 관련된 행정적, 정치적 활동에 뛰어들어 커다란 업적을 남겼다. 1946년에는 대규모 물리학 연구를 공동으로 추진하기 위한 대학 컨소시엄을 제안했으며, 1950년 6월에 피렌체에서 열린 유네스코 회의에서는 같은 맥락에서 유럽의 연구소 건설을 제안했다. 전자의 결과로 오늘날까지 미국의 가속기 실험을 이끌어 가는 브룩헤이븐 국립 연구소(BNL)가 설립되었으며, 후자의 결과로는 CERN이 탄생했다. 1946년부터 라비는 미국 원자력 위원회 자문 위원으로 일했고 1952년부터는 오펜하이머의 뒤를 이어 의장을 지냈다. 아이젠하워가 컬럼비아 대학교 총장을 지낼 때 교분을 쌓은 라비는 그가 대통령이 되자 과학 보좌관을 둘 것을 제안했으며 결국 그 자신이 대통령 과학 자문 위원회 초대 의장을 지냈다. 이는 과학이 정치에 커다란 영향을 미치게 된 시대에 꼭 필요한 일이었다. 1953년에는 유엔과 함께, 제네바에서 열린 원자력의 평화적 사용을 위한 제1차 국제 회의를 조직했다. 단지 학문적인 면뿐 아니라 모든 면에서 과학에 공헌한 바를 다 합친다면 라비는 의심할 바 없이 챔피언 급이다.

라비는 1988년 1월 암으로 사망했다. 암 치료를 받는 도중 그의 업적을 기초로 만들어진 MRI 검사를 받으며 이렇게 말했다고 한다.

"내가 이 기계 안에 들어가 있군. 내가 한 일이 이런 게 되리라곤 상상도 못 했어."

거장 베포 I

주세페 오키알리니의 모험

1988년 설립된 이탈리아 우주국(Agenzia Spaziale Italiana, ASI)이 최초로 발사한 본격적인 과학 위성은 1996년 발사된 베포색스(BeppoSAX) 위성이다. 베포색스 위성은 우주에서 오는 신호 중에서 특히 엑스선 영역을 관찰하기 위한 위성으로, 0.1킬로전자볼트에서 300킬로전자볼트에 이르는 넓은 에너지 영역을 동시에 볼 수 있는 당대 최고의 성능을 지녔다. 베포색스에는 네덜란드 우주국도 참여했는데, 위성에 설치된 광역 카메라(Wide Field Camera, WFC)는 네덜란드 우주 연구소(Netherlands Institute for Space Research, SRON)가 개발한 것이다.

베포색스는 특히 감마선 폭발이라고 불리는 현상에 대해 중요한 관측 결과를 남겼다. 우주에서 가장 밝은 현상으로 알려진 감마선 폭발은 극히 높은 에너지의 전자기파가 100분의 1초에서 수 분 동안 나오는 현상이다. 베포색스의 이름에서 SAX는 이탈리아 어로 'Satellite per Astronomia a raggi X', 즉 엑스선 천문 위성이라는 뜻이며, 베포는 이탈리아 이름 주세페의 애칭이다. 이 이름은 우주선과 가속기에서의 여러 실험에서 큰 업적을 남기고, 이탈리아의 우주 연구의 기틀을 마련한 입자 물리학자 주세페 오키알리니를 기념해서 붙여진 이름이다.

1907년 이탈리아 중부 우르비노 근처의 작은 마을인 포솜브로네에서 태어난 오키알리니는 동시대 사람들에게 '베포'라는 애칭으로 널리 알려졌다. 그는 물리학자로서 탁월했을 뿐 아니라, 물리학에서나 실제 인생 모두가 모험에 가득했던 것으로도 유명하다. 그의 아버지 라파엘 아우구스토 오키알리니도 이탈리아의 분광학과 전자 공학 분야에 선구자 역할을 했던 물리학자였다. 베포의 어린 시절 교육에 많은 영향을 주었던 그는 베포가 훌륭한 물리학자가 되는 데 중요한 영향을 끼친 첫 번째 사람이다.

어린 시절을 피사에서 보낸 베포는 1926년 피렌체 대학교에 들어갔다. 갈릴레오에서 토리첼리, 갈바니, 볼타, 아보가드로 등으로 이어지는 이탈리아 물리학의 빛나는 전통은 19세기에 들어서 빛이 바랬다. 20세기에 접어들어 새로운 물리학이 태동하고 있었지만 이탈리아 대학의 물리학과는 다른 유럽 국가에 비해 상대적으로 뒤쳐져 있었다. 장비는 열악했고, 현대 물리학을 아는 교수도 없었다. 그러던 이탈리아의 물리학이 일약 비약적인 발전을 이루게 되는 것은 양차 세계 대전 사이인 1920년대와 1930년대이며, 그 중심이 된 것은 오르소 마리오 코르비노가 일으킨 로마 그룹과 안토니오 가르바소가 세운 피렌체 그룹이었다. 1913년에 피렌체에 온 가르바소는 그곳에 현대적인 과학 연구소를 건설할 것을 꿈꾸었고, 마침내 1918년, 갈릴레오가 살던 집 근처, 시가지가 내려다보이는 남쪽의 아르체트리 언덕에 물리학 연구소를 세운다.

엔리코 페르미에 힘입어 일약 세계적인 연구소로 발돋움하는 로마 대학교와는 달리, 아르체트리는 가르바소가 1933년 사망하고 연구원들이 차츰 흩어지면서 역사에 굵은 이름을 남기지는 못했다. 그러나 1920년대와 1930년대에 아르체트리 연구소는 훗날 이탈리아 물리학을 일으키게 되는 많은 젊은이들이 거쳐 간 곳이었다. 엔리코 페르미도 로마 대학교 교수가 되기 전에 이곳에서 그의 중요한 업적 중 하나인 페르미 통계에 대한 논문을 발표했다. 또한 아르체트리는 이탈리아에서 우주선 물리학을 개화시킨 곳이기도 하다. 그 주역은 「하늘의 입자」에도 등장하게 될 브루노 로시였다.

브루노 로시는 우주선 및 천체 물리학 분야에서 수많은 업적을 남긴 20세기의 중요한 이탈리아 물리학자 중 한 사람이다. 볼로냐 대학교에서 학위를 받고 1928년 피렌체에 온 로시는 우주선 속의 입자가 무려 4센티미터의 금을 통과했다고 보고한 보테의 1929년 논문[1]을 읽고 우주선이야말로 새롭고 신기한 현상을 탐구할 수 있는 신세계임을 깨닫고 연구의 방향을 정했다. 우주선의 연구를 시작한 로시는 보테의 실험 방법을 발전시켜 3극 진공관을 이용해서 해상도가 훨씬 뛰어나고 동시에 여러 펄스를 처리할 수 있는 동시 계수 회로(coincidence circuit)를 발명했다. 이 기술은 첫 제자인 오키알리니에게 전수되어 훗날 큰 역할을 하게 된다. 로시는 또한 지구 자기장의 영향을 생각할 때,

동쪽 방향의 우주선과 서쪽 방향의 우주선의 숫자가 다르다는 사실로부터 우주선 입자들은 대부분 양전하를 띤 입자라는 것을 발견했다. (「하늘의 입자」 참조) 이는 당시 밀리컨이 주장하던, 우주선의 근원이 감마선이라는 이론을 결정적으로 뒤집는 것이었다. 만약 감마선이 우주선의 근원이라면, 감마선은 전기적으로 중성이므로 양전하를 띤 입자와 음전하를 띤 입자의 수가 같아야 하기 때문이다.[2] 이로써 우주선 분야에서 로시는 젊은 스타가 되었다. 그러나 이런 활약에도 불구하고, 유태계였던 로시는 훗날 무솔리니의 반(反)유태인 법안이 통과되어 교수 자리를 잃고 이탈리아를 떠나 덴마크와 영국을 거쳐 미국으로 망명한다. 오키알리니에게 있어 브루노 로시는 아버지에 이어 두 번째로 만난 스승이었다.

오키알리니가 케임브리지에 가게 된 것은 베를린의 어떤 회의에서 브루노 로시와 케임브리지의 패트릭 블래킷이 만나게 되면서였다. 블래킷은 입자를 검출하는 장치인 안개 상자의 전문가였는데, 이에 관심을 가진 로시가 자신의 학생을 블래킷에게 보내기로 했기 때문이다. 오키알리니는 1931년 7월 케임브리지의 캐번디시 연구소에 도착했다. 당시 캐번디시 연구소는 대영제국의 과학적 성취를 잘 보여 주는 세계 최고의 연구소였다. 연구소의 소장은 위대한 어니스트 러더퍼드였고, 러더퍼드와 그를 보좌하는 제임스 채드윅을 중심으로 많은 똑똑한 젊은이들이 방사능과 원자 물리학을 연구하며 계속해서 노벨상을 타게 되거나 그에 준하는 연구 성과를 내놓고 있었다. 블래킷은 그중에서도 탁월한 물리학자였다.

당시 블래킷이 발전시키고 있던 안개 상자는 과포화 상태를 만들기 위한 피스톤 장치와 입자의 궤적을 기록하는 카메라를 기계적으로 결합한 것이었다. 오키알리니는 여기에 로시의 동시 계수 회로를 적용했다. 기계식 제어 장치가 전자 공학적 장치로 대체되어, 더욱 정밀하게 작동되었다. 마침 이 새로운 안개 상자를 적용할 흥미로운 주제가 나타났다. 1932년 미국의 칼 앤더슨이 우주선 속에서 전자의 반입자인 양전자를 발견한 것이다. 디랙의 반입자 이론을 알지 못했던 앤더슨과는 달리, 블래킷은 양전자가 전자의 반입자라는 것을 보이려고 했다. 블래킷과 오키알리니는 그들의 새로운 안개 상자를 가지고 우주선 속에서 이 새로운 입자를 찾았고, 전자-양전자가 쌍생성하는 과정을 보여 주는 23개의 전자-양전자 쌍을 확인했다. 이로써 양전자는 전자의 반입자임이 확인되었다.

오키알리니와 블래킷의 공동 연구는 대단히 성공적이었고, 두 사람의 관계는 상호 존중을 기초로 신뢰와 애정을 주고받는 것이었다. 블래킷은 이 젊은 이탈리아 인의 명민함, 우주선 물리학에 대한 지식, 그리고 안개 상자를 발전시키며 보여 준 실험적 재능과 기술을 높이 평가했다. 오키알리니는 과학의 중심지에서 블래킷과 함께 중요한 연구를 직접 수행하며, 귀중한 지식과 경험을 얻을 수 있었다. 블래킷은 그의 인생에서 세 번째로 만난 스승이라고 할 수 있다. 그러나 영국인 블래킷과 분방한 이탈리아 인 오키알리니의 기질이 늘 잘 맞는 것은 아니어서, 할 때는 맹렬히 일하지만 툭하면 놀러가기를 좋아하는 오키알리니에게 블래킷이 잔소리를 하는 일도 종종 있었다. 한번은 이렇게 말한 적도 있다고 한다. "오키알리니가 그렇게 오래 휴가를 다니지만 않았으면, 우리가 앤더슨보다 먼저 양전자를 발견했을 텐데……."

1948년 블래킷이 단독으로 노벨 물리학상을 수상했다. 수상 이유는 "윌슨의 안개 상자를 발전시키고, 이를 이용해서 핵물리학과 우주선 분야에서 이룩한 발견에 대해서"였다. 노벨상 심사 위원들에게 25세의 오키알리니는 위대한 캐번디시 연구소의 젊은 조수로밖에 보이지 않았던 것일까? 그러나 블래킷은 오키알리니의 기여를 충분히 인정했다. 그의 노벨상 수상 기념 강연 원고를 보면 "오키알리니와 내가"라는 표현이 몇 차례나 나온다. 또한 노벨상을 받을 때 오키알리니에게 "베포, 무척 기쁘지만, 너 아니었으면 없었을 일이야."라고 전보를 보냈으며, 오키알리니의 아버지에게 보낸 편지에는 "만약 베포가 같이 영예를 누렸으면 더 기뻤을 것입니다."라고 적었다. 오키알리니에게 "스톡홀름에서 네가 내 옆에 앉아 있어야 하는데."라고 쓰기도 했다. 블래킷이 오키알리니를 어떻게 생각했는지를 쉽게 알 수 있다.

사실 블래킷이 처음 노벨상 후보로 지명되었을 때 오키알리니의 이름도 거론되었다. 1936년 드 브로이는 양전자를 발견한 업적에 대해 절반은 앤더슨, 그리고 나머지 절반은 블래킷과 오키알리니를 노벨상 후보로 추천했다. 그러나 결국 그해는 앤더슨의 단독 수상으로 결정되었던 것이다.

원래 오키알리니가 케임브리지를 방문하려던 기간은 3개월이었으나, 이탈리아 정부에서 주던 장학금이 다행히 연장되고, 러더퍼드도 후원을 해서 결국은 3년이나 머무르게 된다. 케임브리지 시절은 오키알리니가 한 사람의 과학자로 인정받기 시작하는 중요한 시기였다. 1934년 오키알리니는 이탈리아로 돌아가서 아르체트리의 정식 스태프가 되며, 1936년에는 피렌체 대학교의 교수직도 겸하게 된다.

그러나 아르체트리의 분위기는 전과 달랐다. 브루노 로시는 파도바 대학교의 교수로 부임해서 연구소를 이미 떠난 후였으며, 그 밖의 예전의 동료들도 대부분 연구소에 남아 있지 않았다. 게다가 그보다 더 오키알리니를 견디기 어렵게 만드는 것은 점차 파시즘으로 뒤덮여 가는 이탈리아의 분위기였다. 천성이 자유주의자인 오키알리니에게는 참기 어려운 일이었다. 더구나 직장을 유지하기 위해서는 무솔리니의 정당에 적을 두어야 했다. 오키알리니는 마침내 피렌체를 떠나기로 결심했다. 그렇게 결정한 것은 마침 새로운 직장이 나타났기 때문이다. 그런데 그 직장은 좀 먼 곳이었다. 1937년 오키알리니는 브라질 상파울루 대학교 물리학과의 교수직을 받아들여서 브라질을 향해 떠났다. 또다시 모험이 시작된 것이다.

거장 베포 II

전후의 오키알리니

상파울루 대학교는 상파울루 주가 1934년에 설립한 브라질 최대의 대학이며 오늘날 부에노스아이레스 대학교와 함께 남아메리카에서 가장 높은 평가를 받는 대학이다. 상파울루 대학교 설립 초기에는 교수진 상당수가 외국, 특히 유럽 각국에서 초빙되었는데, 앙리 레비스트로스나 페르낭 브로델과 같은 석학들도 강의를 한 적이 있다. 대학은 이탈리아 파시스트 정부와의 마찰을 피하기 위해, 이탈리아에서는 인문학과 사회 과학 분야를 피해서 주로 수학 및 물리 분야의 교수를 초빙하고자 했다. 상파울루 대학교가 창립될 당시 물리학 분야를 주도했던 사람은 우크라이나 출신의 이탈리아계인 글레브 바시엘리에비치 와타긴이었다. 와타긴은 베포, 즉 오키알리니의 아버지와 친분이 있었을 뿐 아니라, 베포와도 캐번디시 연구소에서 만난 적이 있었다. 와타긴은 베포에게 상파울루 대학교의 교수직을 제안했고, 아르체트리에서 만족을 느끼지 못하던 베포는 와타긴의 요청을 받아들여서 1937년 브라질로 떠났다.

오키알리니는 수학에 그다지 관심을 기울이지 않았다. 그는 본질적으로 실험가였으며, 자연의 핵심적인 본질을 드러내는 방법을 고안해내는 데 달인이었다. 와타긴과 함께 오키알리니는 상파울루 대학교에서 브라질 물리학자의 1세대를 키워 내고 브라질에 현대 물리학의 씨를 뿌렸다. 줄리오 체사레 라테스, 마리오 셴베르그, 파울루스 폼페이아 등이 오키알리니에게 교육받은 학생들인데, 그중에서도 오키알리니의 수제자였던 라테스는 후일 오키알리니와 함께 중요한 업적을 남기게 되고, 마리오 셴베르그는 훗날 가모브 및 여러 미국 물리학자들과도 공동 연구를 하는 등 널리 알려지게 된다. 마침 오키알리니의 전문 분야인 우주선은 비교적 적은 비용과 규모로 연구할 수 있었으므로, 연구 환경이 부족한 브라질의 상황에 적합한 주제였다. 오키알리니와 학생들은 오키알리니가 블래킷과 함께 만들었던 새로운 안개 상자를 만드는 데 성공해서 오키알리니가 유럽에서 했던 연구를 계속할 수 있었다.

오키알리니가 상파울루 대학교에 머물렀던 5년 동안 상파울루 대학교 물리학과는 주변부 국가의 물리학과로서는 극히 예외적으로 왕성하게 활동했고 빠르게 성장했다. 1941년에는 미국의 노벨상 수상자인 아서 콤프턴이 방문해서 상파울루에서 기구를 이용해서 우주선을 측정하는 실험을 했다. 같은 해 리우데자네이루의 브라질 학술원에서 최초의 국제적인 물리학회가 열려서, 콤프턴과 오키알리니를 비롯해서 상파울루 대학교, 리우데자네이루의 브라질 대학교 학생들과 교수들이 참가했다. 이는 화려했던 시절의 절정이었다. 그리고 빠르게 마지막이 왔다.

1939년 발발한 제2차 세계 대전이 점점 더 확대되면서 브라질의 정국도 변해 갔다. 우크라이나 출신의 이탈리아계인 와타긴은 학과장 자리를 내놓아야 했다. 학과는 군이 요구하는 일을 하는 방향으로 변해 갔다. 센베르그는 정치판에 불려가서 공산당 소속의 연방 의원이 되었다. 우주선 연구를 하는 사람은 이제 학과장에서 물러난 와타긴과 라테스와 대학원생 몇 명뿐이었다. 이 모든 일보다 더 심각한 것은 오키알리니였다. 1942년 8월 브라질이 연합국을 편들며 참전을 결정하자, 이탈리아 사람인 오키알리니는 적국 사람이 된 것이다. 오키알리니는 수용소에 가거나 본국으로 송환당할 위험을 피하기 위해 학교를 사직하고 가명으로 상파울루에서 멀지 않은 이타티아야 산의 국립 공원으로 피신했다.

전쟁 시기에 오키알리니가 이 지역에서 어떻게 지냈는지는 잘 알려져 있지 않지만, 그는 산 속의 기상 관측용 오두막에서 살며 이탈리아에서의 경험을 살려 산악 가이드 노릇을 했다고 한다. 나중에 오키알리니는 이 지역에 관한 가이드북을 쓰기까지 했다고 하는데, 정식으로 출판하지는 않았다. 1943년 9월 이탈리아가 무조건 항복을 하고 난 뒤 비로소 오키알리니는 산에서 내려왔다. 한동안 리우데자네이루의 생물 물리학 연구실에서 일하며 사진에 관련된 작업을 하던 오키알리니는 1944년 말 영국으로 갔다.

오키알리니가 영국으로 간 이유는, 전쟁이 계속되고 있었으므로 군에 관련된 일자리를 곧 구할 수 있으리라고 생각했기 때문이다. 하지만 현실은 달랐다. 브라질에서 막 돌아온, 공산주의자 전력이 있는 이탈리아 인이 영국에서 군 분야의 일자리를 구하기란 하늘에 별따기였다. 오키알리니는 여러 차례 퇴짜를 맞고, 군대에서 접시를 닦으며 어려운 시절을 보내야 했다. 그에게 구원의 손길을 보낸 것은 블래킷이었다. 블래킷의 도움으로 오키알리니는 브리스톨 대학교 윌스 연구소의 세실 파월과 만났고, 1945년 6월부터 브리스톨에서 일하기 시작했다. 파월은 좌파 성향의 반전주의자였으므로, 전쟁에 관련된 연구는 전혀 하지 않는 사람이었다. 다시 순수한 물리학 연구로 돌아온 오키알리니는 이곳에서 그의 가장 유명한 업적을 남기게 된다.

당시 브리스톨 그룹은 중성자-양성자 충돌 실험을 하면서, 감광 유제(emulsion)를 이용해서 입자를 검출하는 방법을 개발하고 있었다. 감광 유제란 광학 카메라의 필름에 바르는 물질로서, 빛을 받으면 화학적 변화를 일으켜서 필름에 영상을 남기게 된다. 전기를 띤 입자를 만나도 감광 유제는 마찬가지 변화를 일으켜서 입자가 지나간 자국을 남기므로, 입자를 검출하는 데 이용할 수 있다. 그러나 아직은 감도가 그리 좋지 않아서 본격적으로 실험에 사용하지는 못했다. 오키알리니는 특유의 뛰어난 실험적 직관을 가지고, 일포드 사진 연구소의 기술자들과 함께 연구해서 감도가 우수하고 훨씬 두꺼운 유제 건판을 개발하는 데 성공했다. 이제 이것을 가지고 무엇을 연구할 것인가가 관건이었다.

오키알리니는 아르체트리에서부터 그의 전문 분야였던 우주선 연구가 높은 에너지의 입자를 연구하는 최고의 방법임을 떠올렸다. 하늘에서 쏟아지는 우주선을 연구하려면 높은 곳에 올라갈수록 유리하다. 산에 익숙한 오키알리니는 일포드 사와 함께 개발한 일포드 C2 건판을 가지고 피레네 산맥 해발 2,850미터에 위치한 피 뒤 미디(Pic du Midi) 연구소로 갔다. 이 정도의 높이를 영국에서는 찾을 수 없었기 때문이다. 오키알리니가 가져간 것은 크기가 가로 2센티미터, 세로 1센티미터인 감광 유제 건판 24개가 전부였다. 그러나 새로운 세상을 보는 데는 그것만으로도 넉넉했다.

오키알리니가 가져온 건판을 분석한 브리스틀 그룹은 환호했다. 그 건판은 노다지였다. 수많은 입자들이 이전에는 보지 못한 정밀도로 기록되어 있었던 것이다. 파월은 이렇게 표현했다.

완전히 새로운 세상이 모습을 드러냈다는 것을 바로 알 수 있었다. …… 마치, 벽으로 둘러싸인 과수원에 갑자기 들어간 것 같았다. 그곳에는 잘 보호된 나무들이 번성하고 있고, 수많은 종류의 신비한 과실이 아무도 손대지 않은 채로 가득 무르익고 있었다.

그리고 그 과실 중에는 정말로 이전에는 세상 그 누구도 보지 못했던 것도 있었다. 그 과실은 얼마 후 노벨상이 되어 돌아온다.

「원자핵 이해하기」에서 이야기했듯이, 일본의 유카와 히데키는 1935년에 원자핵을 뭉치게 만드는 힘을 매개하는 입자인 메손이 있다고 예견하고, 입자의 성질을 계산했다. 그런데 오키알리니가 가져온 건판에서 발견한 새로운 입자의 질량은 유카와가 예견한 값과 잘 맞았다. 마침내, 1947년 5월 24일자 《네이처》에 라테스, 휴 뮈레드, 오키알리니, 파월의 이름으로 게재된 「전기를 띤 메손이 포함된 과정」이라는 논문[1]의 서문에서, 저자들은 "우리는 최종적으로 두 번째 메손을 만들어 내는 메손의 증거를 발견했다."라고 발표한다. 여기서 두 번째 메손이란 1936년 미국의 칼 앤더슨이 발견한 뮤온(muon)을 뜻한다. 당시는 아직 뮤온의 정체를 확실히 알지 못하고, 다만 질량이 전자와 양성자 사이에 있었으므로 역시 메손이라고 부르고 있었던 것이다. 그런데 뮤온은 강한 상호 작용을 하지 않기 때문에 유카와의 메손으로는 보이지 않았다. 반면 브리스톨 그룹이 발견한 입자는 유카와의 메손일 가능성이 높았다.

당시 오키알리니의 수제자 라테스는 전해에 상파울루에서 영국으로 건너와서 파월의 그룹에 합류해 있었고 이 논문에도 저자로 참가하고 있다. 라테스는 이 발견을 확인하기 위해 해발 5,500미터에 위치한 볼리비아의 차칼타야 산의 기상 관측소에 가서 우주선을 관측했다. 여기서 관측한 건판은 리우데자네이루로 가져가서 조사했으며, 여기서도 역시 그들이 발견한 메손이 뮤온으로 붕괴하는 같은 과정을 확인했다.

이 입자를 파이 메손 혹은 그저 파이온이라고 부른다. 파이온의 발견은 세상의 근본 원리를 발견하려는 입자 물리학이라는 분야의 역사에서도 특별한 순간이었다. 원자핵의 원리를 발견하는(실제로는 아직

갈 길이 많이 남아 있었지만) 순간이었고, 힘을 매개하는 입자라는 현대적인 관점이 확립되었으며, 이론이 예측한 입자를 실험에서 찾아냄으로써 물리학 이론의 가공할 위력을 보여 주기 시작하는 사건이었기 때문이다. 그 결과 1949년에는 일본의 유카와 히데키가, 그리고 다음해인 1950년에는 파월이 각각 단독으로 노벨 물리학상을 받았다.

노벨상은 세 사람까지 수여되므로, 파월이 노벨상을 단독으로 받지 않고 오키알리니와 같이 받았더라도 이상하게 여길 사람은 없을 것이다. 블래킷의 경우처럼 말이다. 그러나 운은 또다시 노벨상이 오키알리니를 살짝 벗어나게 해 버렸다. 한 가지 다른 점이라면, 오키알리니의 공헌을 최대한 인정한 블래킷과는 달리, 파월은 노벨상 수상 기념 강연에서 오키알리니를 한번도 언급하지 않았다는 것이다. 이런 문제는 다른 사람이 언급하긴 어려운 일이니까, 여기서는 당시 윌스 연구소에서 연구에 참여했던 사람 중 하나인 윌리엄 록의 인터뷰 중에서 일부를 인용하도록 하자.[2]

이 일에 대한 오키알리니의 역할은 두 가지로 생각해 볼 수 있다. 하나는 파이온을 발견하는 데 있어 그의 열정과 많은 시간을 들인 헌신적인 노력을 들 수 있고, 다른 하나는 일포드 사와 코닥 사가 더 많은 아이디어를 찾아내도록 추진한 것이다. 오키알리니는 물리학에 얼마나 몰두했는지 모른다. 파월과 점차 갈등을 빚으면서 그런 노력이 어느 정도 빛이 바랜 것은 참 애석한 일이다. 그 둘은 애초에 맞지 않는 사람들이었다.

사실 오키알리니는 노벨상이 주어지기 전인 1948년 이미 브리스톨을 떠나 브뤼셀의 자유 대학으로 옮겨 가 있었다. 1947년 파월과 함께 그동안의 연구를 집대성한 책 『사진을 이용한 핵물리학(*Nuclear Physics in Photographs*)』을 펴낼 때, 저자 이름을 입자 물리학 분야의 관습처럼 알파벳 순서로 하지 않고 파월의 이름을 앞에 놓았던 것이 그 주요 이유라고 록은 추측한다.[3] 아마 그때부터 오키알리니는 노벨상이 자기에게 오지 않을 것을 예감했는지도 모른다.

1950년 브뤼셀의 자유 대학에서 다시 제노바 대학교로 옮긴 오키알리니는 마침내 1952년 밀라노 대학교에 정착해서, 은퇴할 때까지 머무르게 된다. 당시는 제2차 세계 대전 이후 이탈리아 사회가 재건되던 시기였다. 물리학 분야에서도 1951년 국가 핵물리학 연구소(Istituto Nazionale di Fisica Nucleare, INFN)가 설립되었다. 상대적으로 비용이 적게 드는 감광 유제 실험은 전쟁 직후 어려운 이탈리아의 경제 사정상 적합한 주제였고, 게다가 이 실험의 세계적인 대가인 오키알리니가 귀국하면서, 감광 유제 실험이 이탈리아의 여러 물리학 연구실에서 번성하게 되었다. 오키알리니도 직접 제노바와 밀라노 그룹을 함께 이끌면서 시그마 입자를 발견하기도 했다. 이탈리아의 여러 물리학 연구실에서 많은 입자 물리학자들이 길러졌고 이렇게 자라난 입자 물리학자들이 현재까지 이탈리아 입자 물리학을 이끌고 있다.

1957년, 오키알리니의 인생에 또다시 전환점이 왔다. 1950년대 가속기가 발전하면서 입자 물리학의 중심은 우주선에서 가속기로 옮겨 갔고 오키알리니와 같은 사람은 구세대가 되어 가고 있었다. 그러나 이해, 소련의 스푸트니크 호가 발사되었다. 이것은 오키알리니처럼 우주선을 연구하던 사람들에게는 하나의 꿈이 현실로 다가왔음을 의미했다. 대기권 바깥에 나가서 우주선 그 자체를 연구할 수 있게 된 것이다.

우리가 지상에서 측정하는 우주선은 원래의 우주선이 대기권의 공기 분자와 충돌해서 만들어 내는 2차 및 3차 우주선들이다. 원래의 우주선을 직접 연구하게 되면 그 근원이 되는 별과 천체 현상에 대한 이해에 크게 도움이 될 것이 자명하며, 이는 천체 물리학의 발전으로 이어질 것이다. 이때부터 오키알리니는 그의 관심을 우주 물리학으로 돌렸다. 1960년대에는 미국 MIT에 방문 교수로 가서 옛 스승 브루노 로시와 함께 일하기도 했고, 이후에도 유럽 우주 연구소(European Space Research Organization) 설립에 중요한 역할을 했다. 이것이 베포색스 위성에 그의 이름이 붙은 까닭이다.

1993년 12월 30일 오키알리니는 파리에서 사망했다. 브루노 로시가 세상을 뜬 지 불과 한 달 만이었다. 또 한 사람 오키알리니의 친구였던 브루노 폰테코르보도 그해 9월에 사망했다. 같은 세대의 훌륭한 이탈리아 물리학자 세 사람이 한꺼번에 사망한 것이다. 한 시대가 저물었음을 실감하게 되는 일이었다.

많은 이들이 베포를 사랑했다. 뛰어난 실험가로서의 기술과 물리학에 대한 감각을, 엄청난 추진력과 넘치는 에너지를, 물리학에 대한 열정을, 그리고 그의 매력적인 성격과 재치를. 그는 학생들에게 과학 연구에 있어서나 다른 이를 평가할 때 꼼꼼한 성실성을 갖추도록 가르쳤고, 실험적 증거를 발견할 때나 논문에서 정확한 표현을 찾을 때에는 뛰어난 감각을 보여 주었기 때문에 그의 학생들에게 오키알리니는 우상이었다. 비록 노벨상은 그의 손을 빠져나갔지만, 울프 상을 비롯한 수많은 상과 왕립 학회의 외국인 펠로 등의 영예가 주어졌다. 그의 친구였던 밸런타인 텔레그디는 평소에 오키알리니가 종종 인용하던 블레이크의 구절을 빌려 그에 대해 이렇게 말했다.

그는 한 줌의 소금에서 세상을 보고 …… 순간에서 영원을 볼 수 있는 그런 사람이었다.

베포색스 위성은 2003년 4월 29일 임무를 마치고 궤도에서 떨어져서 태평양에 잠들었다. 2007년 2월에는 베포 탄생 100주년을 기념하는 학회가 밀라노 대학교에서 열려 그를 추모했다.

어떤 화성인

유진 위그너의 마음속 조국

제2차 세계 대전 중에 원자 폭탄을 개발하기 위한 맨해튼 프로젝트에는 미국인뿐 아니라 유럽에서 건너온 많은 외국인 과학자도 참여했는데, 그중에서도 특히 눈에 띄었던 것은 헝가리 출신의 일군의 물리학자들이었다. 헝가리는 유럽의 중심 국가도 아니었고, 과학이 특별히 발전한 나라도 아니었음에도, 헝가리 출신 과학자들은 눈에 띌 만큼 탁월했고, 또 특이했다. 유럽의 맨 동쪽에서 어쩔 수 없이 몽골과 오스만 제국의 침략으로부터 유럽을 지키는 역할을 맡느라 크게 피해를 입었던 헝가리는, 근대 이후에는 오스트리아 합스부르크 가의 통치 아래서, 그리고 이후에는 가가 나치 독일과 구소련의 영향 아래서 순탄치 않은 역사를 겪어야 했다. 헝가리 인들이 특이하게 보였던 데는 아마도 이런 독특한 역사, 그들 고유의 언어, 그리고 사고 방식과 관습에도 일정한 원인이 있었을 것이다.

그들은 원자 폭탄의 아이디어를 맨 처음 진지하게 생각했고, 아인슈타인을 통해 미국 정부에 핵무기 연구를 촉구했던 레오 실라르드, 훗날 수소 폭탄의 핵심 메커니즘을 개발해서 수소 폭탄의 아버지라고 불리게 되는 에드워드 텔러, 그 누구보다도 탁월한 두뇌의 소유자 폰 노이만, 그리고 유진 위그너였다. 미국인들은 이들을 '화성인들'이라고 불렀다.

1902년 부다페스트에서 태어난 위그너는 1921년에 베를린 공과 대학에서 화공학을 공부하기 시작했다. 피혁 공장 일을 하던 아버지의 영향으로 화공학을 택했지만, 사실 위그너가 공부하고 싶은 것은 물리학이었다. 그래서 위그너는 물리학을 주로 공부하면서, 종종 가까이 위치한 베를린 대학교에 가서 다른 강의를 청강했다. 특히 수요일 오후에는 베를린 대학교에서 독일 물리학회가 주최하는 물리학 콜로키엄이 열렸다. 보통 60여 명이 참가하는 이 콜로키엄의 맨 앞자리에는 아인슈타인이 앉아 있었고, 그 옆자리에는 엑스선 회절 현상을 연구해서 1914년 노벨상을 받은 막스 폰 라우에, 프러시아 과학원 의장이며 1918년 노벨상을 받은 막스 플랑크, 그즈음 노벨 화학상을 받은 물리 화학자 발터 네른스트 등이 앉았다. 베르너 하이젠베르크, 볼프강 파울리 등도 베를린을 방문했을 때는 콜로키엄에 참가했다.

처음에는 거의 알아듣지 못하고 뒷자리에서 최고의 과학자들의 발표를 듣기만 했지만, 나중에는 위그너도 토론의 내용을 거의 이해하게 되었고, 몇 편의 논문을 쓰는 데 작게나마 참여하기도 했다. 한번은 논문을 검토해서 발표하는 역할을 맡기도 했는데, 먼 훗날 위그너가 스스로 돌이켜보니 자신이 알베르트 아인슈타인 앞에서 겁도 없이 물리학을 설명했다는 사실이 아찔하게 느껴졌다고 한다. 당시 젊은 위그너는 그 콜로키엄이 얼마나 대단한 자리였는지를 제대로 인식하지 못했던 것이다.

위그너가 본격적으로 학문을 시작하게 된 것은 카이저 빌헬름 연구소에서 미카엘 폴라니와 함께 일하면서부터다. 폴라니는 헝가리 출신의 물리 회학자이자 철학자로서 『거대한 전환』으로 유명한 카를 폴라니의 동생이다. 폴라니는 최고의 스승이었다. 폴라니는 다른 사람에게 진심으로 격려하고 칭찬을 아끼지 않았고, 나이나 지위에는 전혀 무관하게 사람을 대했으며, 그러면서도, 위그너의 표현을 빌리면 "자신이 깨달은 지식과 사랑을 남들과 나누지 못할까 봐 걱정하는" 사람이었다.[1] 폴라니 밑에서 위그너는 1925년 박사 학위 논문을 제출했다. 박사 학위를 받고 위그너는 부다페스트로 돌아와서, 아버지와 피혁 공장 일을 할 것인가를 두고 진지하게 고민을 했지만, 결국 1927년 카이저 빌헬름 연구소에서 조수 자리를 제안받은 것을 계기로, 물리학자의 길에 들어서게 된다.

과학자가 어떤 업적을 남기느냐를 결정하는 가장 중요한 것은 그가 속한 시대다. 1925년은 하이젠베르크가 유명한 논문을 발표한 해다. 이 논문에서 하이젠베르크는 양자 역학이라는 완전히 새로운 문을 최초로 열어 젖혔다. 곧이어 폴 디랙이 하이젠베르크로부터 받은 영감을 기반으로, 양자 역학에 대한 더 포괄적인 형식을 완성했다. 한편, 빈 출신의 슈뢰딩거도 하이젠베르크의 논문이 나온 불과 몇 달 뒤에, 전혀 다른 접근 방법으로, 양자 역학을 기술하는 방정식을 발표했다. 위그너가 물리학에 뛰어든 것은 바로 이런 시기였다. 그리고 위그너 역시 양자 역학이라는 이 새로운 분야에서 그의 가장 중요한 업적이 될 연구를 시작한다.

위그너가 당시 시작한 연구는 결정 구조를 이해하는 것이었고, 그러기 위해서 '군(group)'이라는 수학적 구조를 이용하려는 것이었다. 당시 물리학자 중에 군론을 아는 사람은 거의 없었다. 문제가 수학적으로 너무 복잡해지자, 위그너는 이 문제를 그의 가까운 친구 폰 노이만에게 가져갔다. 위그너보다 한 살 아래인 폰 노이만은 위그너와 같은 김나지움을 다녀서 서로 잘 아는 사이였다. 이미 학생 때부터 수학 천재로 소문이 났던 폰 노이만은 1927년 베를린 대학교의 최연소 강사로 막 부임한 참이었다. 폰 노이만은 위그너의 문제를 듣고 30분가량 생각하더니 위그너에게 군 표현론(Group representation theory)이라는 분야를 소개해 주었다. 위그너는 이 분야를 공부하면서 그 구조의 아름다움과 명료함에 매혹되었다. 마침 당시 폰 노이만은 양자 역학의 수학적 구조를 구축하고 있던 참이었다. 위그너와 폰 노이만은 이 주제로 몇 편의 논문을 함께 발표하기도 했다.

이렇게 시작한 위그너의 연구는 양자 역학에 군론을 도입하는 선구적인 것이었다. 기존의 물리학자들은 대부분, 슈뢰딩거나 막스 보른과 같은 양자 역학의 대가들도 처음에는 군론을 싫어했으나, 점점 더 군론의 인기는 더해 갔다. 당시 물리학자들이 군론을 배우는 길은 헤르만 바일이 지은 『군론과 양자 역학』이라는 책이 유일했는데, 이 책은

원자 폭탄 개발의 공로로 훈장을 받는 유진 위그너.

정교한 아름다움을 가지고 있지만, 명료하지 않은 부분이 많이 있어서 위그너의 표현을 빌리자면 "그 책으로 말미암아 상당히 많은 수의 물리학자들이 군론 공부를 포기했다."[1] 이런 상황에서 위그너는 실라르드의 권유를 받고, 1931년 양자 역학에 군론을 적용하는 법에 대한 책을 썼다. 아직도 이 책은 양자 역학을 배우는 학생들이 볼 가치가 있는 책이라서, 내 책장에도 꽂혀 있다. 오늘날에도 양자 역학 시간에 배우는 각운동량과 스핀을 다루는 방법이 바로 위그너가 세운 체계다.[2]

젊은 위그너가 세운 업적 가운데 또 하나 주목할 만한 것은 패리티(parity, 반전성)라는 개념을 양자 역학에 도입한 것이다. 패리티란 3차원 공간에서 공간의 부호를 모두 바꾸는 것이다. 1927년의 한 논문에서 위그너는 양자 역학에서 패리티를 다루는 방법을 소개하고, 고전 역학에는 이에 대응하는 것이 없다고 밝힌다. 단 그가 패리티라는 말을 처음 사용한 것은 아니다. 이 용어는 1935년경에 누군가에 의해 처음 사용되었다고 한다. 위그너의 초기 업적은 이와 같이 주로 양자 역학에서의 대칭성과 군론에 관한 것이다. 이는 나중에 위그너에게 노벨상을 가져다주었다.

1930년 위그너는 미국 프린스턴 대학교에서 한 학기 강의를 해 달라는 요청을 받는다. 강의를 요청받았다는 사실 자체야 특별할 게 없는데, 위그너를 놀라게 한 것은 봉급이었다. 프린스턴에서 제의한 돈은 당시 베를린에서 위그너가 받고 있던 월급의 약 여덟 배에 달했기 때문이다. 널리 알려진 업적이 있는 것도 아니고, 자신을 추천해 줄 사람도 없는 곳에서 그런 파격적인 제안을 받은 일은 위그너를 어리둥절하게 만들었다. (사실 추천해 준 사람은 있었다. 바로 파울 에렌페스트였다.) 그러나 얼마 후 위그너는, 적어도 자기 나름대로는 그 일을 이해하게 되었다. 프린스턴 대학교가 폰 노이만 역시 초빙했으며, 자신보다 훨씬 많은 봉급을 제시했음을 알았기 때문이다. 적어도 위그너가 이해하기로는, 자신의 봉급에는 물리학자 위그너의 봉급에 "폰 노이만의 친구"로서의 봉급이 더해져 있었던 것이다.

두 사람이 비슷한 입장에 있고, 어느 한쪽이 다른 한쪽보다 뛰어나면, 둘 사이가 좋게 유지되기는 쉽지 않은 법이다. 아무리 친한 친구라도 질투심이 날 수밖에 없고, 아무리 차이를 인정해도 스트레스를 받을 수밖에 없다. 그런데 그 상대가 폰 노이만쯤 되어도 그럴까? 「반신반인의 좌절」에서 이야기했듯이, 폰 노이만은 사람의 범주를 벗어난 듯한 두뇌의 소유자였다. 그런 천재와 열세 살 때부터 가까이 지내며 평생 같은 길을 걷는다는 것은 위그너에게 어떤 의미였을까?

어쨌든 프린스턴 행은 위그너에게도 나름대로 좋은 일이었다. 6개월의 계약 기간이 끝난 후 프린스턴은 5년간의 방문 교수직을 추가로 제안해 왔다. 원하는 대로 5년 중의 반은 유럽에서, 나머지 반은 프린스턴에서 지낸다는 좋은 조건이었다. 그러다가 1933년 나치 치하에서 많은 과학자들이 독일을, 혹은 유럽을 떠나게 되자 위그너도 독일로 돌아가는 것을 포기하고 미국에 주저앉게 되었다. 결국 위그너는 여생을 미국에서 보냈다.

그 후 미국에서 위그너가 남긴 업적을 보면, 우선 위스콘신 대학교의 그레고리 브라이트와 함께 연구한 핵물리학에 관한 논문들이 있다. 특히 1936년과 1938년 사이에 남긴, 중성자 산란과 분산에 관한 여러 편의 논문의 결과로 남은 브라이트-위그너 식은 지금도 물리학자들이 널리 사용하는 도구다. 나도 아마 1년에 몇 번은 이 식을 사용한다. 나온 지 70년이 넘은 식이 지금까지 이렇게 많이 쓰인다는 것은, 특히 현대 물리학에서는 극히 희귀한 일이다. 또한 위그너는 이 글 모두에서 말한 것처럼 맨해튼 프로젝트에 참가하며 화성인 소리를 들었다. 위그너가 프로젝트에서 공헌한 부분은 백금 원자로에 대한 것이다. 한편, 위그너는 프린스턴에서 훌륭한 제자들을 키워 내기도 했다. 그의 제자 중 가장 유명한 사람은 아마 트랜지스터를 발명하고 초전도 현상을 해명해서 노벨 물리학상을 두 번 수상한 존 바딘일 것이다. 그밖에도 위그너의 업적은 방대하다. 그의 논문집에 실린 논문은 500편이 넘으며 여덟 권 분량에 총 5,000쪽에 이른다. 그가 93세까지 장수했고, 마지막 논문을 87세에 썼다고 해도 이는 믿기 어려울 만큼 엄청난 양이다.

한편 위그너는 강한 반공주의자였고 안보 문제에 민감했다. 그는 1960년대에는 베트남 전쟁을 공공연히 지지했고 1980년대에는 전략 방위 구상(SDI)을 지지했다. 위그너의 회상록[1]을 번역한 인하 대학교 물리학과 이기영 교수의 옮긴이 서문에는 위그너와 개인적으로 만났을 때, 한번은 위그너가 "박정희 대통령은 정치를 잘하는 것 같은데 왜 많은 저항을 받지요?"라고 물었다는 기록이 있다. 이런 반공주의는 '화성인들'에게 공통된 것이어서 점잖은 위그너뿐 아니라, 철두철미하게 냉정한 두뇌인 폰 노이만이나, 음악을 사랑하고 시적인 감수성을 지닌 텔러조차 그러했다. 이는 아마도 그들이 1919년 헝가리에서 쿤 벨러의 공산 혁명 정부를 겪었기 때문일 것이다.

문간에서 위그너와 마주치면, 영원히 그 문을 통과 못 한다는 말이 있다. 위그너는 상대가 누구건 절대로 자기가 앞서 지나가지 않는 사람이고, 상대방은 노벨상까지 받은 노인을 앞서서 지나가는 짓을 감히 하지 못하기 때문이다. 이런 식으로 위그너를 개인적으로 만난 사람들은 모두 거의 전설이 되다시피 한 그의 겸손함과 정중함을 기억한다. 아마도 헝가리 인의 기질에서 나왔을 이런 예절 바름은 서구인들에게는 익숙해지기 어려운 것이었다. 그와 오래 같이 지낸 사람들도 위그너와 진정으로 이해한다고 말하는 사람은 거의 없다. 위그너 스스로도 말년에 저서에서 "미국에서 60년이나 살았지만, 나는 아직도 미국인이라기보다는 헝가리 인이라고 생각한다."라고 쓰고 있다. 결국 위그너는 미국에서 내내 화성인이었다.

버클리의 연금술사

글렌 시보그와 빅토르 니노프

13세기 도미니코 수도회의 수도사로서 토마스 아퀴나스의 스승이었으며 철학자였던 알베르투스 마그누스는 연금술로 물질을 변화시켜 금이 만들어지는 것을 직접 보았다고 기록하고 있다. 15세기에 이르면 유럽에서 연금술이 가장 화려하게 꽃피게 된다. 이 시기 유럽의 모든 궁정에는 연금술사가 고용되거나 후원을 받으며 연구를 하고 있었으며, 도서관마다 연금술 서적들을 수집하거나 필사하기 바빴다.

연금술이란 납을 금으로 바꾸어서 일확천금을 노리는 기술만이 아니다. 연금술에 이르는 지식의 근원은 물질과 정신 사이의 교류로부터 비롯하여, 우주와 인간과 물질을 하나의 원리로 보려는 엄청나게 보편적인 사상을 지향하고 있다. 연금술사들은 동물과 식물을 보듯이 광물을 보려고 했으므로, 광물도 고유의 생명을 부여받은 존재라고 생각했으며, 살아 있는 것이 그렇듯이 광물 역시 변할 수 있는 것이라고 생각했기 때문에 일반 금속을 가장 완전한 금속인 금으로 변성하려 했던 것이다. 그러나 17세기 이후 데카르트와 같은 계몽주의자들이 나타나고 근대 화학이 정립되면서 연금술의 영역은 차츰 위축되어 갔다. 위대한 뉴턴까지도 연금술에 심취해 있기는 했지만, 돌턴 이후 원자 개념이 화학에 자리 잡으면서 연금술은 완전히 어둠 속으로 묻히게 되었다.

원소를 다른 원소로 정말로 변하게 한다는 의미에서 최초의 연금술사는 영국의 물리학자 어니스트 러더퍼드다. 러더퍼드는 우선 방사성 토륨이 방사선을 방출하고 나면 다른 원소로 바뀌는 것을 발견했다. 이는 물질의 기본 단위라고 생각했던 원자가 스스로 변한다는 것을 의미했다. 그러니까 연금술은 자연 속에 이미 내재되어 있는 성질이었던 셈이다. 몇 년 후 러더퍼드는 알파 방사선을 질소 기체에 쏘아 질소가 수소를 내놓으면서 산소로 변하는 것을 발견했다. 마침내, 인간의 힘으로 원자를 다른 원자로 변환하는 연금술이 실현된 것이다.

미국 캘리포니아 주립 대학교 버클리 캠퍼스는 핵물리학의 고향과 같은 곳이다. 1931년 버클리의 어니스트 로런스가 사이클로트론을 발명하고 오늘날의 로런스 버클리 연구소를 설립한 이후, 1950년대까지 버클리는 세계 최대의 가속기를 보유하고 핵물리학의 발전을 선도하는 곳이었으며, 1940년에는 에드윈 맥밀런이 우라늄보다 원자 번호가 높은 원소인 원자 번호 93번 넵투늄을 최초로 만들어 냄으로써 인공 원소의 발견을 이끈 곳이기도 하다. 원소를 변화시키는 정도가 아니라, 존재하지 않는 원소를 '창조'하다니, 이것이야말로 연금술의 최고

경지가 아닐까?

맥밀런이 제2차 세계 대전의 전쟁 관련 연구 때문에 학교를 떠나자, 동료였던 글렌 시보그는 맥밀런의 일을 이어받아 94번 원소를 분리해 내는 데 성공했다. 우라늄은 천왕성에서, 넵투늄은 해왕성에서 딴 이름이었으므로 시보그는 자연스럽게 새 원소의 이름을 명왕성에서 가져와서 플루토늄이라 명명했다. 이는 또한 이 원소가 합성할 수 있는 마지막 원소일 것이라는 믿음도 담겨 있었다.

플루토늄은 아주 특별한 원소임이 곧 밝혀졌다. 플루토늄은 초우라늄 원소면서도 극히 안정되어 있어서 반감기가 무려 8000만 년에 달하고, 그래서 자연 상태에서도 발견된다. 또한 플루토늄은 우라늄처럼 핵분열의 원료가 될 수 있다. 1945년 나가사키에 떨어진 원자 폭탄이 바로 플루토늄 탄이다. 플루토늄의 발견은 소장 학자였던 시보그를 일약 스타로 만들었고, 시보그는 곧 핵무기 개발 연구에 소환되어 맨해튼 프로젝트에 참가했다.

전쟁이 끝난 후 다시 버클리로 돌아온 시보그는 새로운 원소를 합성하는 연구를 계속했고, 이 분야에서 역사상 그 누구보다도 엄청난 성공을 거두었다. 시보그와 버클리의 연구 팀은 95번 아메리슘, 96번 퀴륨, 97번 버클륨, 98번 캘리포늄, 99번 아인슈타이늄, 100번 페르뮴, 101번 멘델레븀, 102번 노벨륨을 속속 발견해 냈으며, 원소에 그들의 나라, 그들의 주, 그들의 도시 이름까지 붙이는 호사를 누렸다. 냉전 중에 러시아의 과학자인 멘델레예프의 이름을 101번 원소에 붙인 것은 당시 버클리의 연구진이 얼마나 여유와 자신감이 넘쳤는가를 보여 주는 좋은 예라고 할 것이다. 자신의 이름을 붙인 106번 시보귬을 포함해서 시보그가 발견에 관여한 원소는 무려 10개에 이르니, 시보그야말로 역사상 최고의 연금술사라고 할 만하다.

1961년 시보그는 미국 원자력 위원회 의장 일을 맡아서 버클리를 떠나 워싱턴으로 떠났다. 남은 버클리 팀은 그해 103번 로렌슘을 만들어 내는 데 성공한다. 그러나 버클리의 독주 시대는 거기까지였다. 1966년, 소련에서 놀라운 소식이 들어왔다. 두브나의 연합 핵물리학 연구소(JINR)에서 104번 원소를 만들어 냈다고 발표한 것이다. 버클리 연구진은 발칵 뒤집혔고, 소련 팀의 결과를 쉽사리 인정하지 않았다. 버클리 팀은 연구를 거듭한 끝에 1969년 독자적인 방법으로 104번 원소를 만드는 데 성공했다. 그런데 원소의 이름이 문제였다. JINR의 연구진은 104번 원소에 소련 원자 폭탄의 아버지라고 할 핵물리학자 이고리 바실리예비치 쿠르차토프의 이름을 붙여서 쿠차토븀이라고 불렀고 버클리에서는 러더퍼드의 이름을 따서 러더퍼듐이라고 명명했다. 이 논란은 쉽사리 끝나지 않았고 1997년에야 국제 화학 연맹(IUPAC)이 러더퍼듐을 공식 이름으로 선포했다.

한편 버클리에서 104번 원소를 만들기도 전인 1968년, 두브나 팀은 또다시 105번 원소를 만들었다고 발표했다. 이 원소에는 특히 많은 이름이 오고 갔는데, 그중에는 닐스보어륨, 졸리오륨, 하늄 등이 있었다. 결국 IUPAC은 105번 원소는 두브나의 이름을 붙인 두브늄으로 결정한다. 이번에는 소련 팀의 손을 들어 준 셈이다. 이후 1974년 두브나와 버클리에서 거의 동시에 106번 원소를 만들자, 버클리 팀은 여기에 시보그의 이름을 따서 시보귬이라는 이름을 붙일 것을 강력히 주장했고 결국 관철시켰다.

살아 있는 사람의 이름을 붙이는 데 대한 반발이 만만치 않았는데도 버클리가 시보귬을 고집한 것은 아마도 위기 의식의 발로였을 것이다. 1980년대에 들어오면서 버클리는 이제 더 이상 선두 주자가 아니었기 때문이다. 이 시기 새로이 전면에 등장한 것은 독일의 과학자들이었다. 독일 다름슈타트의 중이온 연구소에서는 108번 하슘, 109번 마이트너륨을 만들어 내는 데 성공했고, 이어서 110번 다름슈타튬, 111번 뢴트게늄, 112번 코페르니슘을 계속해서 만들어 냈다. 이제 버클리는 완전히 밀려난 것으로 보였다.

불가리아 출신의 빅토르 니노프는 독일 다름슈타트 대학교에서 공부해서 1992년 박사 학위를 받았다. 니노프는 독일의 GSI 헬름홀츠 중이온 연구소의 연구 팀에 합류해서, 데이터 분석 프로그램의 전문가로 110번, 111번, 112번 원소를 만들어 내는 데 참가해서 데이터 분석 시스템을 구축했고, 이 분야에서 세계적인 전문가로 유명해졌다. 그러자 버클리는 1996년 전격적으로 니노프를 스카우트해서 다시금 무거운 원소 만들기 경쟁에 뛰어들 것을 선언했다.

원자 번호 108번에서 114번까지의 원소들을 원자핵 과학자들은 '안정성의 섬'이라고 부른다. 이 원소들은 특별하게도 더 가벼운 원소들보다도 오히려 더 안정된 상태로 존재해서 반감기가 더 길기 때문이다. 니노프가 버클리에 합류해서 연구하기로 한 주제가 바로 이 '섬'이었다. 니노프와 버클리의 연구자들은 2년에 걸쳐 무거운 원소를 구별해 내는 장치를 새로 만들고 도전에 나섰다. 마침 1999년 초 폴란드 출신으로 버클리를 방문 중이던 로베르트 스몰란추크가 무거운 핵에 관한 새로운 이론적인 계산을 내놓았는데, 여기서 그는 적당한 조건에서 크립톤으로 납 표적을 때리면 113번에서 117번을 건너뛰어 118번 원소를 만들 수 있다는 제안을 내놓았다.[1] 버클리 팀은 스몰란추크의 이론을 시험해 보기로 결정하고, 4월과 5월에 걸쳐 실험을 수행했다.

실험에서 나온 많은 양의 데이터를 분석한 니노프는 놀라운 결과를 보고했다. 스몰란추크의 계산대로 118번 원소가 만들어졌으며, 이 원소는 곧 붕괴해서 116번 원소가 나왔다는 것이다. 한꺼번에 두 개의 새로운 원소를 만든 것이다! 이는 버클리의 그동안 부진을 일거에 만회하는 쾌거였다. 버클리 팀과 독일의 과학자들은 니노프의 결과를 신중하게 점검했고, 검토를 마친 버클리의 결과는 미국 물리학회지에 발표되었다.[2] 버클리는 과거의 영광을 되찾았고 니노프는 일약 스타가 되었다. 새로운 연금술사가 탄생했다! 적어도 당시는 그렇게 보였다.

그해 여름 호프만이 이끄는 다름슈타트의 GSI 팀은 버클리의 실험을 재현해 보았으나 실패했다. 일본과 프랑스에서도 같은 실험을 시도했으나 118번 원소는 나타나지 않았다. 이상한 기운이 감돌았다. 다음 해, 버클리 팀에서도 같은 실험을 재현해 보았다. 역시 118번 원소는 나타나지 않았다. 무슨 일이 일어난 것인가……? 버클리 팀에서는 상황을 조사하기 위한 내부 위원회가 소집되어 실험을 차근차근 분석하기 시작했다. 있을 수 있는 모든 가능성이 검토되고 분석되었다. 그러나 2001년까지 문제는 여전히 베일에 싸여 있었다.

2001년 4월, 검출기를 개량한 버클리 팀이 다시 실험을 재개했다. 얼마 후, 니노프가 마침내 다시 118번 원소가 만들어졌음을 보고했다. 그러면 그렇지. 많은 사람들이 가슴을 쓸어내렸다.

이때쯤에는 버클리 팀의 연구자인 W. 러브랜드도 니노프의 프로그램을 배워서 사용할 수 있게 되었다. 러브랜드는 새로운 데이터를 다시 분석해 보았다. 그런데 그는 118번 원소를 발견할 수 없었다. 그래서 다른 멤버들이 니노프와 함께 데이터를 분석해 보았다. 역시 118번 원소는 나타나지 않았다. 다시금 혼란이 시작되었다.

마침내 버클리 팀은 1999년의 데이터까지 전면적으로 재점검하기로 했다. 처음 니노프가 새로운 원소를 만들었다고 보고했을 때 다른 사람들이 점검한 것은 니노프의 결과였지 실험의 원 데이터가 아니었다. 그러니까 실험의 원 데이터를 분석한 사람은 그 시점까지는 니노프가 유일했던 것이다. 몇몇 사람들이 분석 프로그램을 다시 만들어서 실험에서 나온 원 데이터부터 분석을 시작했다. 그러자 놀라운 일이 발견되었다. 실험의 원 데이터에는 118번 원소에 대한 흔적이 하나도 없었던 것이다.

이쯤 되자 버클리의 내부 위원회는 컴퓨터 전문가를 동원해서 모든 데이터와 분석 과정을 남김없이 다시 점검했다. 그들이 내린 결론은, 실험의 원 데이터에는 116번과 118번 원소가 나타난 기록이 전혀 존재하지 않는다는 것이었다. 새로운 원소에 대한 기록은 니노프가 분석한 결과의 어딘가부터 홀연히 나타난 것이다. 이제 가장 있을 법한 일은 누군가가 가짜 데이터를 만들어 냈다는 것이다. 그리고 그렇게 할 가능성이 가장 높은 사람은 프로그램을 다루었던 유일한 사람, 바로 니노프였다.

2001년 여름, 버클리 팀은 118번 원소를 발견했다는 그들의 발표를 철회하고, 미국 물리학회지에도 논문을 철회한다는 공문을 보냈다. 그러나 니노프는 문제가 없다고 버티고 철회 공문에 사인하기를 거부했다. 그래서 철회 공문은 일단 반려되었다. 그해 가을, 연구소는 그동안의 위원회 보고를 종합해 11월 21일자로 니노프를 일단 면직시켰다.

그해 12월 다름슈타트의 GSI 팀도 니노프가 관여했던 110번부터 112번까지의 실험 및 분석 데이터를 재점검하기 시작했다. 놀랍게도 두 개의 데이터는 실험의 원 데이터에는 존재하지 않고 다만 분석 데이터에만 홀연히 나타난다는 것을 발견했다. 버클리의 경우와 똑같았다. 다만, 이들의 경우는 다행히도, 그 두 개의 데이터 말고도 원소가 나타났음을 보여 주는 원 데이터가 존재했으므로, 새로운 원소를 만들었다는 명예는 유지할 수 있었다.

2002년 로런스 버클리 연구소는 위원회의 최종 조사 결과를 보고받았다. 이 보고서는 데이터가 조작되었으며, 니노프 외의 사람이 조작을 저질렀다면 니노프 모르게 하는 것은 불가능하다고 지적했다. 마침내 그해 5월에 니노프는 해고되었고 논문은 정식으로 철회되었다.

모든 깃을 종합해 보건대, 사람들은 니노프가 1994년경부터 데이터를 조작하는 일을 하기 시작한 것으로 생각한다. 새로운 연금술사라고 생각되었던 그는 사실 가짜 연금술사였던 셈이다. 그러나 니노프는 아직도 자신의 혐의를 부정하고 있다. 118번 원소는 스몰란추크가 제안한 방법과는 다른 방법으로 두브나 팀과 미국 로런스 리버모어 팀의 공동 연구를 통해 2002년에 최초로 발견되었고 그 결과는 2006년에 발표되었다.

3부 입자 전쟁

이 전쟁도, 그 전의 전쟁도, 또 예전의 전쟁도 늘 같은 풍경이었다.
바다에서 사나운 바람이 불어왔고 뱃길은 만만치 않을 것 같았다.
배의 불빛이 잠시 흔들리다가 어둠 속에 파묻히는 동안 부두에
서 있던 소수의 사람들 사이에 동지 의식 같은 것이 잠시 퍼져
나갔다. 어디선가 여자가 울고 있었고, 어디선가 술 취한 자가
자신의 방면을 축하하고 있었다.

―존 르 카레, 『팅커, 테일러, 솔저, 스파이』

리사 랜들
1962~

하늘의 입자

우주선 연구의 과거, 현재, 그리고 미래

방사선은 오늘날 가장 보편적인 공포의 대상이다. 하지만 세균이나 독성 물질처럼, 작은 양의 방사선 역시 우리를 둘러싸고 있는 자연스러운 환경 중 하나이기도 하다. 바위나 흙 속에는 우라늄과 토륨과 같은 방사성 원소가 미량이나마 섞여 있으며, 이 원소들이 붕괴하거나 붕괴한 후 만들어진 원소들이 다시 붕괴할 때는 항상 방사선이 나온다. 인간은 광물질을 이용한 자재로 지은 건축물 속에 살기 때문에 다른 동물보다 좀 더 집중적으로 방사선을 받는다. 특히 우라늄이나 토륨이 붕괴하면서 나오는 라돈은 기체 상태로 존재하는데 반감기가 길고 화학 반응을 거의 일으키지 않는 불활성 기체이므로 오랜 시간 공기 중에 머물게 되어 사람이 받는 방사선의 원인 중 가장 큰 비율을 차지한다.

방사선은 1896년 프랑스의 앙리 베크렐에 의해 처음 발견되었다. 대대로 과학자였던 베크렐 집안은 특히 우라늄 화합물을 많이 연구했는데, 3대였던 앙리가 우라늄에서 나오는 형광 현상을 연구하던 중에, 우연히 흐린 날 종이로 싸놓은 우라늄 옆에 놓인 사진 건판이 변색된 것을 보았다. 앙리 베크렐은 이로부터 우라늄에서 종이를 투과해서 무언가가 나오고 있음을 확인함으로써, 물질에서 저절로 나오는 에너지, 곧 방사선을 발견했다. 앙리 베크렐의 친구였던 퀴리 부부는 우라늄광의 찌꺼기로부터 방사선을 방출하는 또 다른 물질인 폴로늄과 라듐을 발견했다. 이후 방사선의 연구는 현대 물리학을 탄생시키는 데 중요한 역할을 하게 된다. 베크렐과 퀴리 부부는 방사선에 관한 업적으로 1903년에 세 번째의 노벨 물리학상 수상자가 되었다.

방사선이 인간에게 미치는 영향을 측정하기 위해서는 방사선의 생물학적 영향을 연구했던 스웨덴의 의사 롤프 시버트의 이름을 딴 시버트(sievert, Sv)라는 단위를 주로 사용한다. 1시버트는 1킬로그램에 1줄(Joule, J)의 에너지가 흡수되는 것을 나타낸다. 보통 방사선의 안전 기준은 1년에 1밀리시버트, 즉 1,000분의 1시버트다. 그러니까 60킬로그램인 사람이라면 방사선을 통해 1년에 1,000분의 60줄 이하의 에너지를 흡수하면 안전하다는 의미다. 물론 이 기준은 극히 보수적인 기준이다. 사실 자연 속의 여러 가지 원천으로부터 우리는 이미 안전 기준보다 훨씬 높은 연간 약 2.5밀리시버트의 방사선을 언제나 받고 있다. 자연 방사선의 양은 지역마다 여러 이유로 크게 다른데, 예를 들면 화강암이 많은 우리나라에서는 일본보다 평균적으로 두 배 더 많은 방사선을 쬐게 된다.

우리가 쬐는 방사선 중 15퍼센트 정도는 하늘에서 오고 있다. 이 사실은 오스트리아의 물리학자 빅토르 헤스에 의해 밝혀졌다. 만약 방사선의 원인이 전적으로 우라늄과 같은 지각의 광물 속에 포함된 원소라면 방사선은 지상에 가까울수록 강해지고 높은 곳으로 올라갈수록 약해져야 할 것이다. 그러나 여러 실험을 통해 보면 과연 그런가 하는 점에는 의문의 여지가 있었다. 이를 규명하기 위해 오스트리아 빈 과학 아카데미의 조교였던 스물아홉 살의 젊은 물리학자 빅토르 헤스는 전문 조종사의 도움을 받아서 열기구에 검전기를 싣고 올라가 높이에 따라 공기가 방사능으로 인해 이온화되는 정도를 정밀하게 측정했다. 정밀하고 체계적인 측정값을 얻기 위해서 낮뿐 아니라 밤에도 기구를 띄웠고, 무려 5.3킬로미터 상공까지 올라가는 위험하고도 힘든 실험을 수행했다. 헤스의 실험은 1912년 헤스와 두 사람의 조종사를 태운 열기구가 독일 베를린에서 약 50킬로미터 떨어진 작은 마을인 바트사로우-피에스코에 착륙하면서 끝났다.

헤스는 실험 결과로부터 지표에서 약 1킬로미터까지는 이온화 정도가 줄어들다가 더 올라가면 오히려 증가한다는 것을 발견했다. 헤스가 올라갔던 가장 높은 곳인 약 5킬로미터 높이에서는 방사선으로 인한 이온화 정도가 지표에서 측정한 값의 두 배에 달했다. 이로써 헤스는 높이 올라갈수록 방사선이 더 많으며, 따라서 우주에서 지구로 들어오는 방사선이 있다는 결론을 내렸다. 이 업적으로 헤스는 1936년에 노벨 물리학상을 받았다.

1920년대에 미국의 로버트 밀리컨은 다양한 상태에서 방사선으로 인한 이온화 정도를 더 정확하게 측정하면서, 우주에서 날아오는 방사선은 주로 성간 핵융합 반응에서 생겨나는 감마선일 것이라고 생각했다. 그런 생각에서 밀리컨은 이를 우주선(Cosmic Ray)이라고 이름 붙였다. 그러나 1927년 클레이는 위도에 따라 우주선이 달라지는 정도를 연구한 결과 우주선은 지구 자기장에 영향을 받으며, 따라서 감마선이 아니라 전기를 띤 입자라고 주장했다. 또한 이탈리아의 젊은 물리학자 브루노 로시는 우주선의 세기가 동쪽을 향하는 경우와 서쪽을 향하는 경우가 다르다는 것을 지적했다. 이는 우주선이 띤 전하는 대부분 양전하임을 의미하는 것이었다. 1931년 가을에 로마에서 페르미가 주최한 핵물리학 학회에서 로시는 우주선에 대한 기초 강연을 했는데 당시 청중들 중에는 바로 밀리컨이 앉아 있었다. 훗날 미국에 건너가게 된 로시는 "그때 밀리컨은 자신의 소중한 감마선 이론을 웬 젊은 녀석이 찢어발기는 데 몹시 분개하는 것이 역력했다."라고 회상하면서, "밀리컨은 그때부터 나라는 존재를 인정하기를 거부했다. 좀 더 약삭빠르게 굴어야 했던 모양이다."라고 말하기도 했다.

오늘날 확인된 바에 따르면 우주에서 날아와서 지구에 충돌하는 물질의 약 90퍼센트는 양성자이며, 헬륨의 원자핵, 즉 알파 입자가 약 8퍼센트, 더 무거운 원자핵과 전자는 각각 1퍼센트쯤 된다. 그러니까 이름과는 달리, 대부분의 우주선은 선(ray)이 아니라 입자다. 아주 적은 양이기는 하지만 양전자와 반양성자와 같은 반입자도 날아온다. 실제로 PAMELA와 같은 최근의 위성 실험에서 이런 반입자가 관측되고 있다. 그러나 아직까지 반(反)알파 입자, 즉 반헬륨의 원자핵은 발견된 적이 없다.

지구로 날아온 우주선은 대부분 대기권의 공기 분자와 충돌해서 다른 입자로 바뀐다. 이들을 2차 우주선이라고 부른다. 2차 우주선을 연구하면 우주선과 공기 분자가 어떤 상호 작용을 했는지 알 수 있다. 우주선은 만들어진 과정에 따라 아주 높은 에너지를 가지는 경우도 있기 때문에, 우주선과 공기 분자가 충돌하는 하늘은 가속기가 개발되기 전에는 입자의 연구에 있어서 중요한 실험실이었다. 양전자, 뮤온, 파이온, 케이온 등은 모두 우주선을 관측한 결과로 발견된 하늘의 입자들이었다.

　우주선의 에너지는 아주 다양하게 분포하지만, 대부분은 수십 메가전자볼트와 수십 기가전자볼트 사이의 에너지를 가진다. 그러나 UHECR라는 아주 높은 에너지의 우주선(UHECR는 Ultra-High-Energy Cosmic Ray의 약자다.)도 있어서, 무려 100억 기가전자볼트에 달하기도 한다. 현재 지구상에서 가장 높은 에너지를 내는 가속기인 LHC에서 양성자 빔의 예정된 최고 에너지가 7,000기가전자볼트이니, UHECR의 에너지가 얼마나 높은지는 상상하기 어렵다. 우주 공간이 텅 비어 있다고는 하지만 어디에든 우주 배경 복사는 존재하기 때문에 전기를 띤 입자는 우주 공간을 날아가면서 우주 배경 복사와 상호 작용하면서 미세하게 에너지를 잃게 된다. 그래서 UHECR의 에너지는 우주선 입자가 1억 광년 정도의 아주 먼 거리를 이동하고 나서도 가질 수 있는 최대 에너지에 가깝다.

　이렇게 엄청난 에너지를 가진 입자는 어디서 나온 것일까? 1960년대에 1억 기가전자볼트가 넘는 우주선이 처음 발견된 이래, 이 문제는 천체 물리학의 주요 수수께끼 중 하나였다. 우리가 알고 있는 별이나 초신성 등의 폭발에서는 이렇게 높은 에너지의 입자가 나올 수 없기 때문이다. UHECR를 관측하기 위해 아르헨티나의 평원에 무려 3,000제곱킬로미터에 걸쳐 펼쳐진 피에르 오저 천문대(Pierre Auger Observatory)의 검출기가 관측해서 2007년에 발표된 관측 결과에 따르면 UHECR이 날아오는 방향은 가까운 외부 은하 핵의 엄청나게 무거운 블랙홀과 관련이 있다. 그러나 여전히 각도에 대한 오차 및 여러 다른 증거가 부족하므로 확실한 결론을 내리기에는 아직 이르다. 이 현상을 설명하기 위해 여전히 다른 수많은 가능성이 논의되고 있는데, 그중에는 초초신성(hypernova)의 폭발, 전파 은하 등과 함께, 암흑 물질의 붕괴와 같은 미지의 현상도 연구되고 있다.

우주선은 가장 작은 세계인 기본 입자부터 광대한 우주와 천체 현상까지 이 세상에 대한 많은 수수께끼를 알려주는 창문이었고 지금도 여전히 그렇다. 아직도 우주선을 연구하는 데는 실험적으로나 이론적으로나 수많은 가능성이 열려 있고 연구해야 할 데이터들이 여러 실험실에 쌓이고 있다. 우주선은 미래에 우리가 연구해야 할 가장 중요한 대상이라고 해도 과언이 아니다.

헤스가 방사선으로 인한 대기의 이온화 정도 측정을 마치고 기구에서 내린 날은 1912년 8월 7일이었다. 그로부터 꼭 100년 후인 2012년 8월 7일, 화성에 도착한 큐리오시티는 최초로 지구가 아닌 다른 행성에서 방사선을 관측하기 시작했다.

입자 전쟁 I

사이클로트론에서 SPS까지

1974년 가을, 미국 동부 롱아일랜드의 브룩헤이븐 국립 연구소(BNL)에서 실험하던 MIT의 물리학자들 사이에 갑작스레 긴장감이 돌기 시작했다. 연구소의 거대한 가속기에서 만들어진 고속의 양성자 빔이 금속 베릴륨 표적에 충돌할 때 나온 전자-양전자 쌍의 에너지 분포를 분석하자, 3.1기가전자볼트의 에너지에서 분포가 날카로운 피크를 이루었기 때문이다. 이는 그 에너지에 해당하는 질량을 가진 입자가 만들어졌음을 가리키는 신호였다. 이 질량은 양성자의 3배가 넘어서 그때까지 알려진 어떤 입자의 질량보다도 컸다. 이것은 이 입자가 지금까지 인간이 알지 못했던 새로운 입자임을 의미했다. 이 실험을 이끌던 중국계 미국인 물리학자 새뮤얼 팅은 여러 날 동안 신중하게 확인한 끝에 새로운 입자를 발견했음을 확신하고 자랑스럽게 이 입자에 'J'라는 이름을 붙였다. 이 이름은 그의 한자 성인 고무래 정(丁, Ting) 자와 닮은 알파벳을 택한 것이라는 소문이 있다.

같은 시기에 미국의 반대쪽인 스탠퍼드 선형 가속기 연구소(SLAC)에서는 버턴 릭터가 이끄는 팀이 전자와 양전자를 충돌시키는 실험을 하고 있었다. 11월 10일 일요일의 이른 아침, 릭터의 그룹에서도 갑자기 놀라움의 탄성이 솟았다. 충돌 에너지가 3.1기가전자볼트에 이르자 급격히 충돌이 증가했기 때문이다. 이 역시 명백히 3.1기가전자볼트의 질량을 가진 새로운 입자가 나타났음을 알리는 신호였다. 릭터는 그날 오후 새로운 입자를 발견했음을 알리는 논문을 쓰면서 이 입자를 ψ(프사이)라고 불렀다. 이 이름은 입자가 붕괴하는 모습과 닮은 글자를 택한 것이다.

우연히도 다음날 아침, SLAC의 소장 볼프강 파노프스키의 집무실에서 열린 회의에 릭터와 팅, 두 사람이 참가하도록 되어 있었다. 똑같이 흥분해 있던 두 사람은 서로 누가 먼저랄 것도 없이 말을 꺼냈다.

"재미있는 걸 발견했어!"

이야기를 나누자 팅의 입자와 릭터의 입자는 같은 입자이며, 전혀 다른 실험으로 같은 입자를 거의 동시에 발견했다는 것이 명백해졌다. 두 팀의 논문은 미국 물리학회지인 《피지컬 리뷰 레터스(*Physical Review Letters*)》에 나란히 발표되었으며,[1, 2] 릭터와 팅은 1976년의 노벨 물리학상을 함께 수상했다. 이 입자의 발견으로 인해 그때까지는 이론적인 가능성이었던 전자기 및 약한 상호 작용에 대한 와인버그 모형과, 원자핵을 이루는 강한 상호 작용에 대한 게이지 장 이론, 그리고 머리 겔만이 제안했던 쿼크 모형이 퍼즐 조각을 끼운 듯 잘 맞아 들어갔다.

사람들은 놀랍게도 자연의 상호 작용에 관한 이론이 완성되어 자신의 손에 들려 있음을 깨닫게 되었다. 이론적으로 제시되었던 입자 물리학의 표준 모형이 마침내 그 모습을 드러내는 순간이었다. 그들의 발견이 가져온 여파가 워낙 큰데다, 11월에 입자가 발견되었기 때문에 이 사건을 '입자 물리학의 11월 혁명(November revolution)'이라고 부른다. 한편 입자의 이름을 정하는 데는 어느 한쪽의 손을 들 수가 없었고, 결국 이 입자는 J/ψ라는 두 가지 이름을 가지게 되었다. 이런 입자는 그 외에는 없다.

과학적 발견의 영광은 첫 번째 사람에게 돌아간다. 그래서 생물학자들은 새로운 동물의 종을 발견하기를 꿈꾸고, 화학자들은 새로운 원소를 만들고 싶어 하며, 의학자들은 새로운 치료법을, 혹은 새로운 질병이라도 찾으려 애쓴다. 하물며 우주를 이루는 근본적인 물질을 발견하는 일이라면 그 매력은 말할 나위가 없다.

1932년 미국 캘리포니아 공과 대학의 칼 앤더슨은 우주에서 날아온 입자인 우주선을 연구하던 중에 이전에는 존재하리라고는 그 누구도 상상도 하지 못했던 입자를 발견했다. 그것은 전자의 질량에 양성자의 전하를 가진 입자였다. 앤더슨은 이 입자에 '양의 전자'라는 뜻으로 양전자라는 이름을 붙였다. 이것이 원자 속에 없는 입자를 인간이 처음으로 발견한 일이다. 앤더슨은 1936년에 또다시 우주선에서 전자와 양성자의 중간 질량을 가진 입자도 발견했다. 이 입자는 훗날 뮤온(muon)이라고 불리게 된다. 이로써 이 세상에는 인간이 알지 못하는 새로운 입자가 존재한다는 것이 분명해졌다.

원자핵과 작은 세계에 대한 탐구는 제2차 세계 대전 시기에 잠시 중단되었다가 전쟁이 끝나면서 다시 본격적으로 발전하기 시작했다. 전후 많은 과학자들은 입자의 연구를 통해 세계와 물질의 근본 법칙에 관한 커다란 발전이 있을 것이라는 예감을 가졌다. 1947년 영국 브리스틀 그룹이 새로운 입자인 파이온을 우주선 속에서 발견한다. (자세한 이야기는 「거장 베포」 II 참조) 같은 해 맨체스터에서는 파이온보다 무거운 케이온(kaon)을 발견했다. 물리학자들은 너도 나도 우주선을 들여다보며 새로운 입자를 사냥하기 시작했다.

새로운 입자를 찾기에 우주선보다 더 중요한 도구도 같은 시기에 발전하고 있었다. 입자 가속기가 바로 그것이다. 인공적으로 가속된 입자를 가지고 핵반응을 최초로 일으킨 것은 1932년 영국 캐번디시 연구소의 존 콕크로프트와 어니스트 월턴이었다. 연구소의 소장이었던 러더퍼드는 실험 장비가 거창해지는 것을 못마땅하게 바라봤지만, 시대의 흐름을 바꿀 수는 없었다.

미국 캘리포니아 주립 대학교 버클리 캠퍼스의 어니스트 로런스는 1931년 자기장 속에서 입자를 회전시키면서 교류를 이용해 반복해서 가속시키는 사이클로트론(cyclotron)을 발명해서 핵물리학에 혁명적인 발전을 가져왔다. 물리학자보다 발명가이자 경영자에 가까웠던 로런스는 사이클로트론을 가지고 물리학을 연구하는 것보다 기계를 발전시키는 데 더 관심이 많았고, 버클리 캠퍼스는 독립적인 연구소를 세워서 로런스의 연구를 독려했다. 이 연구소가 오늘의 로런스 버클리 연구소다. 버클리의 사이클로트론을 이용해서 파이온이 인공적으로 만들어졌고, 전기적으로 중성인 파이온이 최초로 발견되었다.

가속기의 출력이 높아지면서 사이클로트론은 여러 가지 한계를 보여 주었기 때문에 전기장과 자기장을 조정해서 더 높은 출력을 얻을 수 있는 가속기인 싱크로트론(synchrotron)이 1945년 로런스 버클리 연구소의 에드윈 맥밀런에 의해 개발되었다. 이후 오늘날까지 건설되는 거대 가속기는 모두 싱크로트론이다.

1950년대에 미국에서는 본격적으로 거대 가속기가 건설되기 시작했다. 선두 주자는 역시 로런스 버클리 연구소였다. 최초로 기가전자볼트로 양성자를 가속시킬 것을 목표로 로런스 버클리 연구소에 건설된 가속기의 이름은, 그 목표에 걸맞은 베바트론(Bevatron, Billions of EV synchroTRON)이었다. 베바트론의 구체적인 목적 중 하나는 양성자의 반입자를 찾는 것이었고, 가속 에너지는 그에 맞춰서 양성자-반양성자 쌍을 만들 수 있도록 6.3기가전자볼트로 설계되었다. 페르미의 로마 시절 제자였던 에밀리오 세그레는 페르미의 시카고 대학교 제자인 오언 체임벌린과 함께 1955년 베바트론에서 반양성자를 발견하는 데 성공했다. 그러나 기가전자볼트에 먼저 도달한 가속기는 브룩헤이븐 연구소가 건설한 코스모트론(Cosmotron)이었다. 3.3기가전자볼트 출력의 코스모트론은 베바트론보다 1년 먼저인 1953년 완공되어 인공적으로 케이온을 만드는 데 성공했다.

입자 가속기에서 새로운 입자를 만들어 내자, 우주선 연구에서 얻을 수 있는 것보다 질과 양에서 월등한 데이터가 쏟아져 나왔다. 이제 새로운 입자를 발견하는 일은 우주선 속에서 입자를 채집하는 것이

아니라 실험실에서 입자를 만들어 내는 일로 바뀌었다. 아인슈타인이 밝혀낸 바에 따르면 질량은 에너지와 동등한 것이다. 그러므로 게임의 규칙은 명확했다. 가속기의 출력을 높여라! 그러면 새로운 입자를 보리라.

당시 가속기의 경쟁자는 모두 미국의 연구소였고, 유럽은 경쟁이 되지 않았다. 전쟁이 막 끝난 유럽에는 시설도, 사람도, 돈도, 아무것도 없었다. 유럽이 비로소 대형 가속기를 만들 수 있게 된 것은 유럽 공동의 연구소인 CERN이 건립된 이후의 일이다. 제2차 세계 대전이 끝나고 세상이 안정을 찾아 가면서 유럽에 남았던, 혹은 피신했다가 돌아온 물리학자들은 새로운 물리학 연구를 위해서는 여러 나라가 힘을 모아서 공동의 연구 시설을 갖추는 것이 필요하다는 것을 절감했다. 1949년 프랑스의 루이 드 브로이가 처음으로 그런 생각을 제안하자 각국의 호응이 뒤따랐고, 마침내 1954년, 스위스 제네바 근교에 기초 물리학 연구를 위한 유럽 공동의 연구소가 세워지기에 이르렀다. 이 연구소가 CERN이다.

CERN의 첫 번째 가속기는 1957년에 건설된 싱크로사이클로트론 (SynchroCyclotron, SC)이다. 이름에서 알 수 있듯이, SC는 싱크로트론과 사이클로트론의 중간 단계 가속기로, 빔 에너지는 600메가전자볼트에 그쳤다. 그래도 SC는 여러 CERN의 초기 실험에 이용되었고, 여러 거대 가속기가 지어진 뒤에도 핵물리학 실험에 계속 사용되었다. SC가 가동을 멈춘 것은 무려 34년이 지난 1990년이었다.

CERN이 본격적으로 건설한 거대 가속기는 두 번째 가속기인

◀◀ 버클리의 가속기 연구소 건설 현장.
가운데 있는 뒷모습의 남자가 로런스.

PS(Proton Synchrotron)다. 그리고 이때부터 거대 가속기를 향한 유럽과 미국의 '경쟁' 구도가 이루어진다. PS는 1959년 11월 24일 완성되었다. 둘레가 628미터에 이르는 PS의 출력은 28기가전자볼트에 달했다. 이것은 당시 가속기가 도달한 최고 에너지였다. CERN이 설립된 지 불과 5년 만에 유럽은 미국을 따라잡은 것이다. 그러나 영광은 잠시였고, 다음해 7월 미국 브룩헤이븐 연구소의 AGS(Alternate Gradient Synchrotron)가 완성되어 양성자를 32기가전자볼트까지 가속시키면서 다시 미국이 가속기 전쟁에서 앞서 나가기 시작했다.

양성자 빔의 세기도 AGS가 앞섰으며 가속기에서 나온 연구 성과도 AGS의 판정승이었다. AGS를 이용해서 무려 세 차례 노벨상을 받은 것이다. 앞에서 나온 팅의 J/ψ 입자의 발견 외에, 1962년 컬럼비아 대학교 연구 팀이 두 번째 중성미자를 발견한 것, 그리고 1964년 밸 피치와 제임스 크로닌이 케이온이 붕괴할 때 CP 대칭성이 깨지는 현상을 발견한 것이 그것이다. 실로 AGS는 1960년대 미국 입자 물리학의 영광을 상징하는 가속기라고 할 것이다. 물론 PS도 입자 물리학의 발전에 커다란 공헌을 했다. PS는 1973년 가가멜(Gargamelle) 검출기를 통해 전기적으로 중성인 약한 상호 작용이 존재함을 처음으로 보였으며, 최초의 양성자-양성자 충돌 실험에 이용되었고, 이후 건설된 CERN의 가속기들의 예비 가속기로도 활약했으며, 지금도 여전히 가동 중이다.

두 가속기가 계획 중이던 1952년, 미국 브룩헤이븐 연구소의 어니스트 쿠란트, 밀턴 리빙스턴, 하틀랜드 스나이더는 CERN의 가속기 설계 팀과의 회의를 준비하던 중에 가속기의 에너지가 높아질 때 빔의 안정성을 획기적으로 높일 수 있는 '강한 집중(strong focusing)'이라는 기술을 개발한다.[3] CERN의 PS 팀은 이 기술을 배워 갈 수 있었고, 그 결과 PS와 AGS는 이 기술을 적용한 첫 가속기들이 된다. 강한 집중은 다른 말로 '교차 경사(Alternate Gradient)'라고 한다. AGS의 이름은 바로 여기서 온 것이다. 이 기술은 이후 모든 거대 가속기에 적용되고 있다.

다음 세대의 경쟁은 CERN과 미국 페르미 연구소 사이에 벌어졌다. 1964년부터 논의되기 시작해서 1976년에 완성된 CERN의 슈퍼 양성자 싱크로트론(Super Proton Synchroton, SPS)은 둘레가 무려 7킬로미터에 달하고, 400기가전자볼트까지 양성자를 가속시키는, 이전에 비하면 괴물 같은 가속기였다. 그러나 이번에도 최고 출력 영광은 미국 차지였다. 세계 최대의 가속기를 만들기 위해 시카고 근교에 설립된 페르미 연구소에서는, 소장인 로버트 윌슨의 강력한 추진력으로 SPS와 비슷한 크기의 주 가속기에서 이미 500기가전자볼트의 출력을 내는 데 성공했던 것이다. 이때 새로운 변수가 등장했다.

입자 전쟁 II

LEP, 테바트론, 그리고 LHC

1977년 페르미 연구소에서 새로운 쿼크를 발견했다. 보텀(bottom)이라 이름 붙여진 새로운 쿼크는 그때까지 알려진 가장 무거운 입자로 질량은 에너지로 환산해서 약 5기가전자볼트였다. 여전히 미국이 앞서고 있었다.

입자 가속기는 전하를 가진 입자를 전기적인 힘으로 가속해서 운동 에너지를 높인다. 입자 빔이 원하는 에너지에 도달하면 가속기에서 뽑아내어 표적에 쏘아 충돌시킨다. 당시까지 입자 실험이란 이런 식이었다. 전설적인 러더퍼드의 실험도, 베바트론에서 반양성자를 발견한 것도 모두 그랬다. 그런데 이렇게 정지해 있는 표적을 때리는 실험에서는 가속된 입자가 가지고 온 에너지가 대부분 멈춰 있던 표적 입자를 튕겨내는 데 쓰여서, 정작 새로운 입자를 만드는 충돌 에너지는 얼마 되지 않는다는 문제가 있었다. 예를 들면, CERN의 SPS에서 가속된

400기가전자볼트의 양성자를 멈춰 있는 양성자에 부딪히면 충돌 에너지는 약 28기가전자볼트에 불과하다.

이것은 너무 비효율적이라서 물리학자들은 새로운 방법을 강구했다. 만약 입자와 입자를 정면으로 충돌시킨다면 두 입자의 에너지는 완전히 충돌 에너지로 쓰인다. 즉 400기가전자볼트의 양성자 두 개가 정면 충돌할 경우 충돌 에너지는 400+400=800기가전자볼트에 이른다.

물론 가속된 입자를 충돌시킨다는 것은 쉬운 일이 아니다. 400기가전자볼트의 에너지를 가진 양성자라면 속도는 빛의 속도의 99.999퍼센트에 달하는데, 이런 입자를 정확히 충돌시키려면, 극히 정교한 기술이 필요하다.

전자와 양전자를 충돌시키는 실험은 1960년대 초 이탈리아의 프라스카티 연구소에 건설된 AdA와 소련의 소비에트 원자핵 연구소의 VEP-1에서 1960년대 초에 처음 수행되었다.

양성자 충돌 실험은 CERN에서 최초로 시작되었다. CERN은 앞에 나온 PS의 빔을 이용해서 두 빔을 반대 방향으로 회전시키다가 교차시키는 교차 저장 링(Intersecting Storage Ring, ISR)을 건설했다. 1971년부터 가동하기 시작한 ISR은 30기가전자볼트 에너지의 양성자 빔을 정면 충돌시켜 60기가전자볼트의 충돌 에너지를 얻었다. ISR에서 새로운 입자를 발견한 것은 아니지만, 이후의 가속기 세대가 양성자 충돌의 물리학과 관련된 기술을 배운 곳이 바로 ISR이다. 이렇게, 가속된 입자 빔을 충돌시키는 형태의 가속기를 충돌기(collider)라 한다. 높은 에너지를 내는 오늘날의 거대 가속기들은 모두 충돌기다.

CERN의 SPS와 페르미 연구소의 주 가속기가 완성된 1970년대 후반, 쿼크와 렙톤을 물질의 근본적인 구성 요소로 생각하고, 게이지 이론으로 이들의 상호 작용을 설명하는 표준 모형은 이제 정설로 받아들여지고 있었다. 바야흐로 모든 것을 설명하는 하나의 방정식이 완성된 것이다. 표준 모형의 핵심적인 부분은 약한 상호 작용의 대칭성과, 대칭성이 드러나는 방식이다. 특히 약한 상호 작용을 매개하는 게이지 입자는 무거운 질량을 가지기 때문에 아주 짧은 거리에서만 작용하며, 상호 작용은 전자기 상호 작용과 특정한 관계를 가진다. 이를 실험적으로 검증하기 위해서는 약한 상호 작용의 게이지 입자인 W와 Z 보손을 직접 확인하는 것이 무엇보다 중요했다.

W와 Z 입자의 질량은 무려 수십 기가전자볼트일 것으로 예상되어서, 당시의 실험실에서 만들어 내기에는 너무 큰 질량이었다. 그래서 CERN과 미국은 W와 Z 입자를 겨냥한 프로젝트를 각각 시작하고 있었다. CERN은 확실하게 Z 보손을 만들어 내기 위해 전자와 양전자를 Z 보손의 질량에 해당하는 약 90기가전자볼트 에너지에서 충돌시키는 거대한 전자-양전자 충돌기(Large Electron Positron collider, LEP)를 계획하고 있었고, 미국의 브룩헤이븐 연구소에서는 초전도 기술을 적용해서 각각 200기가전자볼트로 가속한 양성자 빔 한 쌍을 정면 충돌시키는 양성자-양성자 충돌기 ISABELLE(the Intersecting Storage Accelerator + 'belle')이 추진되고 있었다.

이때 이탈리아 출신의 카를로 루비아가 등장한다. 당시 42세의 젊고 열정적인 실험가인 루비아는 1976년 피터 매퀸타이어, 데이비드 클라인과 함께 발표한 논문에서 양성자 가속기인 SPS를 양성자-반양성자 충돌기로 개조하면 지금의 가속기로도 W와 Z 보손을 만들 수 있다고 제안했다.[1] 이것은 모험이자 커다란 유혹이었다. CERN에는 LEP 프로젝트가 이미 시작되어 있었지만, LEP가 완성되려면 10년은 더 기다려야 했다. 게다가 당시에는 ISABELLE이 LEP보다 먼저 완성될 예정이었으므로, 브룩헤이븐이 W와 Z 보손을 먼저 발견할 가능성도 있었다. CERN이 쉽게 결론을 내리지 못하는 중에, 배짱 두둑한 루비아는 미국의 페르미 연구소에도 같은 제안을 했다.

마침내 루비아의 뚝심이 이겼다. CERN 평의회의 승인이 떨어지고 SPS는 양성자-반양성자 충돌기로 개조되기 시작했다. 이 계획의 중요한 점은 양성자-반양성자 충돌이라는 것이었다. 양성자-양성자 충돌에서는 W와 Z 보손이 주로 한 쌍으로 만들어지는 반면, 양성자-반양성자 충돌에서는 하나씩 만들어질 수 있으므로, 훨씬 적은 에너지로도 만들 수 있다. 반면 반양성자를 얼마나 만들 수 있느냐 하는 것이 문제였다. 당시에는 반양성자란 쉽게 얻을 수 있는 물질이 아니었기 때문이다. 이 문제는 네덜란드 출신의 가속기 물리학자 시몬 반 데르메르가 통계적 냉각(stochastic cooling)이라는 방법을 개발함으로써 극복되었다. 마침내 가속기가 완성되고, 충분한 수의 반양성자가 만들어졌다. 루비아가 설계한 UA1과 제2의 검출기인 UA2가 승인되고 제작되었다. 모든 준비가 완료되었다.

SPS를 개조한 양성자-반양성자 충돌기가 가동되기 시작한 지 1년

남짓 지난 1983년 1월, UA1과 UA2 각각의 검출기에서 루비아가 바라던 신호가 발견되었다. 예상했던 질량의 새로운 입자였다. 후일 입자의 여러 성질은 표준 모형의 대칭성에서 예측한 것과 정확하게 일치한다는 것이 확인되었다. 아무도 알지 못했던 입자가, 추상적이고 복잡한 대칭성으로부터 이렇게 정확하게 예측된다는 것은 진정 놀라운 일이다. 이날은 현대 입자 물리학의 거대한 승리의 날이었다. 다음해인 1984년 루비아와 반 데르메르는 이 업적으로 노벨 물리학상을 받았다. 드디어 유럽이 미국을 추월한 것이다!

페르미 연구소는 초전도 기술을 적용해서 기존의 500기가전자볼트 가속기의 출력을 두 배로 높이고 2테라전자볼트 에너지의 충돌기로 개조되어 최고 에너지의 기록을 세웠다. 최초로 테라전자볼트(TeV, 1TeV = 1,000GeV) 에너지의 가속기라는 의미에서, 가속기의 이름이 테바트론(TeVatron)이 되었다. 한편 채 완공되지도 않은 ISABELLE은 기술적인 문제에 시달리며 진행은 부진했고, 이미 W와 Z 보손이 발견되어 목표는 사라져 버렸다. 그런 중에 테바트론 다음 세대의 가속기를 준비해야 한다는 의견까지 나오기 시작했다. 논란 끝에 마침내 미국 에너지부는 1983년 ISABELLE 계획을 전면 취소할 것을 결정했다. 거대 가속기의 첫 번째 비극이었다. 브룩헤이븐에는 거대한 빈 터널만 남았다. 이 터널은 나중에 상대론적 중이온 충돌기(Relativistic Heavy Ion Collider, RHIC)로 재활용된다.

ISABELLE이 사망한 자리에서 다음 세대의 초거대 가속기가 태어났다. ISABELLE 계획을 취소하게 된 원인 중 하나였던 이 가속기의 이름은 초전도 초대형 충돌기(Superconducting SuperCollider), 약어로 SSC다. 이름에 '초(Super-)'라는 말이 두 번이나 들어갈 정도로, 이 가속기야말로 진정한 괴물이었다. 가속기의 둘레는 무려 83킬로미터, 양성자 빔은 테바트론의 20배인 20테라전자볼트로 가속되어, 40테라전자볼트의 충돌 에너지를 내게 될 것이다. 여기에 비한다면 지금의 LHC조차도 아기처럼 보인다. 1988년 SSC 계획이 공식적으로 시작되자 가속기를 유치하기 위해 여러 주 43개 지역에서 제출한 신청서만 그 무게가 3톤에 달했다. 1년여 간의 선정 작업 끝에 텍사스 주, 오스틴과 댈러스 사이의 한적한 엘리스 카운티가 가속기의 부지로 결정되었다. 1989년 SSC의 소장으로 하버드 대학교의 로이 슈비터스가 선출되고, 1990년 건설이 시작되었다.

CERN에서는 LEP가 1989년 완성되어 충돌 실험이 시작되었다. LEP는 놀랍도록 잘 작동해서 입자 물리학의 표준 모형이 구석구석까지 정교하게 검증되었다. 너무 잘 맞아서 물리학자들이 당혹할 지경이었다. 그러나 아쉬움도 있었다. 새로운 입자가 전혀 발견되지 않았던 것이다. 사실 표준 모형이 확립되면서 거대 가속기에서 발견해야 할 표준 모형 입자는 여섯 번째 쿼크인 톱 쿼크와, 약한 상호 작용의 대칭성이 깨지면서 생기는 힉스 보손뿐이었다. 톱 쿼크는 LEP에서 간접적인 효과를 확인한 결과 질량이 $150\text{GeV}/c^2$가 넘을 것으로 예견되어 LEP에서는 만들어질 수 없을 것으로 예상되었다. 그러므로 표준 모형에 따르면, LEP에서는 힉스 보손을 제외하면 사실 새로 발견할 입자가 없었다. 톱 쿼크는 1995년 테바트론에서 발견되었다.

다음 세대의 가속기로 CERN에서 준비하는 것은, LEP의 터널을 그대로 이용하는 양성자 충돌기, 대형 하드론 충돌기, 곧 LHC였다. LHC의 둘레는 LEP와 같은 26.7킬로미터, 양성자의 충돌 에너지는 10~20테라전자볼트 정도가 될 것이었다. SSC보다는 작지만 테바트론의 몇 배나 되는 LHC의 에너지는 힉스 입자를 찾기에 충분할 것으로 예상되었다.

이제 LHC와 SSC의 경쟁이 되었다. 미국에서는 SSC의 건설이 한참 진행되고 있었지만, LEP가 가동되고 있었기 때문에 LHC는 아직 세상에 등장할 수조차 없었다. 그러나 CERN은 터널을 파는 시간이 필요 없는 만큼, 적절한 시기에 LEP를 마치고 LHC를 SSC보다 일찍 설치해서 힉스 입자를 먼저 발견할 계획이었다.

미국의 사정은 사실 쉽지 않았다. SSC 프로젝트가 시작되면서 미국의 입자 물리학자들은 전에 없었던 경험을 하게 되었다. 매년 예산 심의 때마다 워싱턴에 가서 로비와 의회 증언을 해야 했으며, 이전에는 겪지 못했던 다양한 반대에 시달려야 했다. 특히 반대 진영에는 지금까지 늘 동료였던 물리학자들도 다수 포함되어 있어서 더욱 충격이었다. 1993년 6월 미국 하원이 SSC 지원 예산을 삭감하기로 하면서 여름 내내 많은 물리학자들이 SSC를 위한 로비를 위해 워싱턴에서 뛰어다녔다. 그러나 마침내 그해 10월 19일 하원의 표결에서 SSC 계획의 중단이 최종적으로 결정되었다. 거대 가속기의 또 다른, 그리고 더욱 큰 비극이었다.

이제 LHC만이 남았다. 승리라고 할 순 없었다. 중요한 과학 프로젝트가 취소된다는 것은 입자 물리학 분야 전체에 타격이었다. 다행히 LHC는 살아남았고, 완공되어 2008년 9월 10일 마침내 스위치를 올렸다. 이후 LHC는 고장과 수리 과정을 거쳐 2010년 3월 30일부터 양성자를 충돌시켜서 데이터를 만들어 내기 시작해서 2011년까지는 설계된 에너지의 절반인 7테라전자볼트에서 양성자-양성자 충돌 실험을 했고, 다음해인 2012년에는 에너지를 올려서 8테라전자볼트에서 충돌을 일으켰다. 3년간 가동된 LHC에서 나온 데이터로부터 마침내 표준 모형에서 유일하게 발견되지 않고 남아 있던 입자인 힉스 보손이 발견되었다. 성공적인 1차 가동을 마치고 2013년 2월부터 LHC는 출력을 높이기 위해 약 2년간 휴지기를 가졌다.

지상 최대 기계의 재가동은 2015년 4월 5일 이루어졌다. 스위스 제네바 근교 지하 100미터의 거대한 터널 속. 터널을 따라 설치된 기계 한가운데의 지름 5.6센티미터의 튜브 속에 양성자 빔이 들어와서 기계를 따라 회전했다. 튜브 속은 달 표면보다 희박한 진공이고, 튜브를 둘러싼 전자석은 우주 공간보다 차가운 섭씨 -271.4도다. 충돌 에너지는 13테라전자볼트에 달했다. 또다시 기록을 갱신한 것이다. 1년간의 가동을 무사히 마치고 짧은 휴식을 가진 LHC는, 이제 2016년에는 드디어 설계된 최대 에너지인 14테라전자볼트에서 충돌 실험을 시작할 것이다.

LHC는 현재 인간이 테라전자볼트의 에너지 상태를 탐구할 수 있는 거의 유일한 창이다. LHC를 통해서 우리는 입자 물리학의 표준 모형을 완성했고, 앞으로 그 근본이 되는 더욱 심오한 물리 법칙을 탐구하게 될 것이다. 원자와 원자핵을 연구하는 것을 시작으로, 지금까지 인간은 물질의 더욱 심오한 구조를 밝히고 그 기본이 되는 입자들을 발견해 왔다. LHC는 지금까지 단 한 번도 흔적을 남기지 않은 입자를 찾기 위해 또다시 막막한 미지의 세계로 발을 내딛고 있다.

어느 가속기의 초상

KEK의 트리스탄

고등학교 2학년 여름방학 때 전파과학사에서 나온 『현대 물리학 입문』이라는 문고본을 읽었다. 일본의 입자 물리학자인 이노키 마사후미가 쓴 이 책은 딱딱해 보이는 제목과는 달리 상대성 이론, 양자론, 입자 물리학 등에 대해 재미있게 소개한 책이다. 내가 상대성 이론의 시간 지연, 불확정성 원리, 별 내부의 핵융합과 우주선 등에 대해 제대로 들어본 것은 이 책이 처음이었다. 결국 나는 이 책에 매료되어 물리학을 내 전공으로 택했다.

이 책은 원래 일본에서 1973년에 발간되었는데, 내용이 비교적 정확하면서도 글쓴이의 입담도 풍성해서 지금도 유쾌하게 읽을 수 있다. 이 책에 이런 구절이 있다.[1]

제2차 세계 대전 전에는 일본의 양성자 가속기는 세계적 수준에 있었다. 그러나 전후는 선진국의 거대한 양성자 가속기 개발 경쟁을 방관할 뿐이었다. 그리고 현재도 그렇다. 그 까닭은 거액의 비용이 들기 때문이다. …… 대전 후 많은 일본의 실험 물리학자는 양성자 가속기가 있는 미국 등지의 대학이나 연구소에 초빙되어 연구하고 있다. 이런 실정은 국가적 손실이 아닐까? 나라가 존재하는 이상 다른 나라의 시설만을 이용해서 연구할 수는 없다. …… 일본에서도 가까스로 근년에 와서야 거대한 양성자 가속기 건설 계획이 진행되고 있다. 그러나 그 완성은 10년 후가 될 것이다.

입자 물리학자인 이노키조차 1970년대 초반에는 일본이 세계 수준의 가속기를 보유하고 입자 물리학 실험을 한다는 것이 현실로 생각되지 않았던 모양이니, 지금 읽으면 격세지감을 느낀다. 사실 이 책이 나온 뒤 불과 13년 후에 일본은 짧은 기간이나마 당대 최고의 가속기를 보유하게 된다.

제2차 세계 대전이 끝났을 때, 많은 물리학자들은 입자 물리학이야말로 새로운 근본 문제로 가득한 미지의 세계라는 느낌을 가졌다. 세계 유일의 핵무기 피폭국이라는 독특한 입장을 가진 일본에게 핵물리학 및 입자 물리학은 서양을 따라잡고 동등해지기 위해 반드시 연구해야 하는 분야였다. 이론 분야에서는 전쟁 직후인 1949년에 노벨 물리학상을 받은 유카와 히데키를 비롯해 1965년 노벨상 수상자 도모나가 신이치로, 그리고 사카타 쇼이치와 같은 사람들의 활약과 인적 자원을 바탕으로 괄목할 발전이 이루어졌다. 하지만 시설도 돈도 없는 전쟁 후의 폐허에서 급격히 거대해져 가는 입자 물리학 연구를 따라가기는 불가능했고, 이노키가 책에서 말한 대로 1960년대까지 일본에서 입자 물리학 실험이란 지금 우리가 그렇듯 외국에 가서 외국의 연구 팀에 참여해야만 하는 일이었다.

오늘날 입자 물리학의 실험적 연구는 가속기 없이는 생각하기 어렵다. 대부분의 입자는 시간이 지나면 보다 안정된 상태로 붕괴해 버린다. 우리가 주변에서 보는 물질은 모두 양성자와 중성자로 이루어진 원자핵과 전자가 안정된 상태로 결합한 원자로 만들어져 있다. 다른 입자를 보고 싶으면 특별히 높은 에너지 상태를 만들어야 한다. 지구에서 그런 높은 에너지 상태는 초신성 폭발 등을 통해서 만들어진 입자인 우주선이 우주를 날아오다 지구에 부딪힐 때만 생긴다. 그래서 1940년대까지 입자 물리학 실험은 하늘 높이 띄운 기구에 설치된 검출기를 통해 이루어졌다. 그러나 1933년 미국의 어니스트 로런스가 원형 입자 가속기 사이클로트론을 발명하면서, 가속기로 입자를 직접 만들어서 연구할 수 있게 되었고, 입자 물리학 연구는 급속도로 발전했다.

1960년대 말이 되면서 일본의 물리학계는 발전한 경제력과 상대적으로 풍부한 인적 자원을 기반으로 핵물리학 및 입자 물리학을 위한 연구 시설을 준비하기 시작했다. 그런 노력이 현실화된 것이 바로 일본의 국립 가속기 연구소 KEK다. 도쿄에서 북동쪽으로 약 50킬로미터 떨어진 과학 도시 쓰쿠바 시에 세워진 KEK는 사실 1971년에 설립되어 이노키의 책이 나왔을 때는 이미 존재하고 있었다.

앞에서 말한 양성자 가속 장치 건설 계획이란 아마도 KEK 연구소의 첫 주력 연구 시설로 건설된 KEK-PS(Proton Synchrotron)일 것이다. KEK-PS는 애초에 40기가전자볼트의 출력을 내도록 계획되었으나, 300억 엔에 달하는 예산이 4분의 1로 감축되면서 가속기도 축소되었다. KEK-PS는 1976년 3월에 완성되어 양성자 빔을 8기가전자볼트까지 가속하는 데 성공했고, 같은 해 12월 가속기의 출력은 12기가전자볼트까지 증가했다. 이로써 일본에서도 고에너지 가속기의 시대가 열렸다.

1976년이면 유럽 CERN의 SPS가 완성되어 400기가전자볼트의 양성자 빔을 만들어 내기 시작했고, 미국에서는 페르미 연구소의 주 가속기가 이미 약 500기가전자볼트 출력에 도달했을 때다. 그 전에는 약 30기가전자볼트의 출력을 가진 미국 브룩헤이븐 국립 연구소의 AGS와 유럽 CERN의 PS가 1960년부터 가동되면서 많은 업적을 남겼다. 그러니까 KEK의 12기가전자볼트 가속기는 아직 세계 수준과는 거리가 있었다. 그래서 일본의 입자 물리학자들은 KEK-PS에 만족하지 못했고, 새로운 가속기에 대해서 고민하기 시작했다.

시사 문제로 KEK가 무엇의 약자인지 나온다면, 답을 미리 알지 않고는 맞힐 수 있는 사람이 거의 없을 것이다. 왜냐하면 KEK는 영어가 아니기 때문이다. 현재의 KEK는 '고에너지 가속기 연구 기구'라는 뜻의 高エネルギー加速器研究機構라는 일본어를 영어로 표기한 Ko Enerugy Kasokuki Kenkyu Kiko의 머리글자다. 외국어를 받아들이는 데 능숙한 일본은 이런 식으로 일본어-로마자 표기의 약어로 이름을 짓는 일이 드물지 않다. 예를 들면 일본 국영 방송인 NHK는 일

본 방송 협회(日本放送協会), 즉 Nippon Hōsō Kyōkai의 약어다. 처음 KEK가 세워졌을 때의 이름은 사실 Ko Enerugy Kenkyuzo, 즉 고에너지 연구소였다. 1997년 원래의 KEK 연구소와 도쿄 대학교의 핵 연구소, 메손 연구소 등이 합쳐져서 지금의 KEK로 다시 탄생했다.

KEK, 아니 일본의 회심의 가속기하고 할 만한 트리스탄(TRISTAN, The Transposable Ring Intersecting Storage Accelerator in Nippon)을 처음 제안한 것은 1973년 KEK 가속기 부장이던 니시카와 데쓰지였다. 처음 제안된 계획은, 세 개의 링으로 구성되어 있어서 전자와 양전자와 양성자를 모두 가속시킬 수 있고, 그래서 전자-양전자, 전자-양성자, 양성자-양성자 충돌 실험을 모두 수행할 수 있는 다목적 가속기로 트리스탄을 만들자는 것이었다.[2] 제한된 자원을 가지고 서구를 빨리 따라잡으려는 생각의 발로였을까? 결국 실제로 채택된 것은 전자와 양전자를 약 30기가전자볼트로 가속시켜 정면 충돌시키는 전자-양전자 충돌 장치였다.

트리스탄은 1981년부터 건설되기 시작했다. 주 가속기의 둘레는 3,018킬로미터에 달했고, 예비 가속기로 전자를 2.5기가전자볼트까지 가속시키는 선형 가속기와 전자를 모아서 8기가전자볼트까지 가속시키는 집적 링이 부설되었다. 1986년에 트리스탄은 완성되었다. 스위치를 올리자 전자와 양전자가 각각 25.5기가전자볼트로 가속되어 충돌했고, 51기가전자볼트의 충돌 에너지가 나왔다. 1988년에는 초전도 가속기를 추가해서 전자와 양전자는 최고 32기가전자볼트로 가속되었고, 충돌 에너지는 64기가전자볼트에 이르렀다. 이는 전자-양전자 충돌기로는 당대 최고의 것이었다.

트리스탄이 설계되던 1970년대 말에 실험적으로 중요한 주제 중 하나는 쿼크 중에서 가장 무거운 입자인 톱 쿼크를 발견하는 일이었다. 입자 물리학의 표준 모형에는 업, 다운, 참, 스트레인지, 톱, 보텀의 여섯 종류의 쿼크가 있다. 이중 업 쿼크와 다운 쿼크는 원자핵을 이루는 양성자와 중성자 속에 들어 있으니 새삼 발견할 필요는 없다. 스트레인지 쿼크로 이루어진 케이온은 1940년대 말 우주선 실험에서 발견되었다. 1974년에는 참 쿼크가, 1977년에는 보텀 쿼크가 각각 발견되었다. 이제 표준 모형의 구조를 완전히 확인하기 위해서는 톱 쿼크를 찾아야 했다. 톱 쿼크의 질량은 기존의 이론으로는 정할 수 없었으며 측정해서 정할 수밖에 없었다. 그런데 1970년대 말 몇몇 이론가들은 나름의 이론적인 근거에서 톱 쿼크의 질량이 $20 \sim 30 \text{GeV}/c^2$일 것이라는 예측을 내놓고 있었다. 트리스탄의 충돌 에너지는 바로 톱 쿼크를 찾는 데 초점이 맞춰진 것이었다.

막 완성된 트리스탄의 성능은 전자-양전자 충돌기로는 사상 최고의 것이었다. 이전에 전자를 가장 높은 에너지로 가속시킨 것은 미국 스탠퍼드 선형 가속기 연구소의 길이 3킬로미터에 달하는 선형 가속기였는데 전자의 에너지는 20기가전자볼트였다. 그러나 스탠퍼드의 선형 가속기는 충돌기가 아니기 때문에 실제로 얻는 에너지는 그에 훨씬 못 미친다. 사실 원형 가속기로 전자를 30기가전자볼트까지 가속시키는 데 필요한 크기는 지름 약 3킬로미터였다. 하지만 KEK 부지의 사정상 실제로 지을 수 있는 크기는 지름 약 1킬로미터에 불과했다. 그래서 트리스탄은 방사광으로 인한 에너지 손실을 감수해야 했으며 가속기의 능률을 최대한 높여서 이를 보충했다.

그러나 트리스탄의 영광은 짧았다. 1989년 CERN에 진짜 괴물 같은 가속기가 완성되었기 때문이다. 전자기약 작용을 완전히 해명하고자 건설된 전자-양전자 충돌기인 LEP는 둘레의 길이가 트리스탄의 9배에 가까운 26,658883킬로미터, 초기 충돌 에너지는 트리스탄의 1.5배인 90기가전자볼트에 달했고, 나중에는 200기가전자볼트까지 향상된다. 이 충돌 에너지는 Z 게이지 보손을 대량으로 만들어 내기 위한 것이었다.

막강한 경쟁자의 등장보다 더 뼈아픈 일은, 다른 실험을 통해 톱 쿼크의 질량이 예상보다 훨씬 크다는 것이 밝혀진 것이다. 1980년대에 양성자-반양성자 충돌기인 CERN의 SPS와 페르미 연구소의 테바트론도 경쟁적으로 톱 쿼크를 찾고 있었는데, 결국 1980년대 말까지 톱 쿼크를 찾지는 못했지만, 그 질량이 $77\text{GeV}/c^2$보다 크다는 것을 확인했다. 이것은 트리스탄에서 톱 쿼크를 볼 수 없다는 뜻이었다.

트리스탄에서 톱 쿼크를 볼 희망이 사라지자, KEK에서는 트리스탄의 운용과 병행해서 재빨리 다음 단계의 가속기를 구상하기 시작했다. 유럽이나 미국보다 더 큰 가속기를 만드는 것은 무리한 일이었으므로, 새로운 가속기는 톱 쿼크의 짝인 보텀 쿼크를 대량으로 만들어 내서 CP 대칭성이 깨지는 현상을 관찰하는 것으로 방향이 잡혔다. CP 대칭성이란 전자나 양성자와 같은 물질과 반물질 사이의 대칭성이므로, CP 대칭성이 깨지는 현상은 우주에서 물질과 반물질 사이의 대칭성이 깨져서 우리가 보는 것처럼 우주에 물질만 남아 있는 사실을 해명하는 데 중요하다. 특히 지금까지 관측된 CP 대칭성을 설명하는 가장 자연스러운 방법이, 일본의 고바야시 마코토와 마스카와 도시히데가 제안한 세 가족의 쿼크가 섞이는 이론이었기 때문에, 일본에서는 세 번째 가족의 쿼크에 관심이 많았다. 톱 쿼크와 보텀 쿼크가 바로 세 번째 가족의 쿼크들이다. 보텀 쿼크 자체는 이미 발견되었지만 아직 이들의 성질이 자세히 규명된 것은 아니었으므로, 보텀 쿼크를 대량 생산하는 가속기는 새로운 현상을 탐구하면서도 보텀 쿼크의 성질을 규명한다는 성과가 보장된, 어느 정도 안전한 선택이라고 할 수 있었다.

1993년 KEK의 보텀 쿼크를 대량 생산하는 가속기인 KEKB가 정부의 승인을 받았다. KEKB는 전자와 양전자를 8기가전자볼트와 3.5기가전자볼트로 가속시켜 충돌시켜서 보텀 쿼크-반쿼크 쌍을 대량으로 만든다. 이 가속기의 목적은 입자를 대량으로 만드는 것이므로 에너지를 높이는 기술보다 빔의 광도를 높이고, 많은 양의 데이터를 처리하는 기술이 중요했다. KEKB의 광도는 트리스탄보다 무려 300배나 높도록 설계되었다. 이제 트리스탄에서는 할 수 있는 일을 다 했다고 여겨졌다. 1995년 트리스탄 프로그램은 종결되었고, 트리스탄이 사라진 터널에 KEKB가 설치되기 시작했다.

KEKB는 1998년 완성되었다. 같은 시기 미국 스탠퍼드에도 보텀 쿼크를 대량 생산하는 장치가 건설되어 가동을 시작했다. 몇 년 후, 이들은 고바야시와 마스카와의 이론에서 예측된 CP 대칭성이 깨지는 현상이 보텀 쿼크에서도 정확히 일어난다는 것을 확인했다. 2008년 고바야시와 마스카와는 "대칭성이 깨지는 근원으로서 쿼크에 최소한 세 가족이 있음을 발견"한 공로로 노벨 물리학상을 수상했다. KEKB는 1단계의 가동을 멈추고 최근 정부의 승인을 받아 빔의 광도를 더욱 높인 '슈퍼 보텀 쿼크 대량 생산 장치'로 다시 태어날 예정이다.

이로써 일본 KEK 연구소의 트리스탄 가속기를 짧게 돌아보았다. 트리스탄은 잠시나마 세계 최고의 가속기였지만, 그 자체로는 성공한 가속기가 아니며, 지금은 잊혀진 가속기다. 트리스탄에서 새로 발견한 입자도 없고, 더 높은 에너지를 내는 LEP가 곧 가동되는 바람에 많은 업적을 남기지도 못했다. 그러면 트리스탄은 그저 실패한 프로젝트일까? 질문을 바꿔 보자. 트리스탄 없이 KEKB가 가능했을까? 더 정확히 말하자면 트리스탄이 없었어도 일본의 입자 물리학이 지금과 같은 모습일까?

세상의 파괴자

1945년 8월 6일 히로시마

1996년 여름 아시아태평양 이론물리센터(APCTP) 주최로 대만의 중국 아카데미(Academia Sinica)에서 입자 물리학 여름 학교가 열렸다. 참가자 대부분은 나와 같은 동아시아의 젊은 과학자들이나 대학원생이었고, 여름 학교의 주제는 양자 색역학(QCD)이었다. 그런데 8월 6일 러시아에서 온 이고리 드레민 교수의 강의에서 인상적인 일이 있었다. 드레민 교수가 강의를 시작하기 전에 모두가 잠시 일어나서 묵념할 것을 제안한 것이다.

"51년 전 오늘, 히로시마에서 원자 폭탄이 폭발해서 많은 사람들이 죽었습니다. 저는 우리가 물리학자로서 최소한의 책임감을 느껴야 한다고 생각하면서, 함께 망자들을 추모할 것을 제안합니다."

물리학을 공부한 지 10년이 넘었었지만, 나는 그 전에는 한 번도 8월 6일을 특별하게 생각하지 않았다.

20세기 초에 러더퍼드를 비롯한 많은 과학자들이 원자의 내부를 탐구하는 도구는 알파선이었다. 그들은 알파선을 원자에 쏘아 양성자를 발견하고, 인공적으로 방사성 동위 원소를 만들었으며, 원자를 다른 원자로 바꾸는 현대판 연금술을 이루어 냈다. 1932년 케임브리지의 제임스 채드윅은 양성자와 질량은 거의 같지만 전기적으로 중성이며, 원자핵을 이루는 또 다른 요소인 중성자를 발견했다. 중성자가 발견됨으로써 양성자와 중성자로 모든 원자핵을 설명하는 것이 가능해졌고, 비로소 인간이 원자핵을 진정으로 이해하기 시작했다. 한스 베테는 이에 대해 "1932년 이전은 핵물리학의 선사 시대고, 중성자가 발견된 이후부터 핵물리학의 역사가 시작된다."라고 표현했다.

로마 대학교의 엔리코 페르미는 새로운 동위 원소를 만들 때 알파선보다 중성자를 이용하는 것이 더 효율적이라는 것에 착안했다. 알파선은 양의 전하를 가지고 있어 다른 원자핵과의 사이에 전기적인 반발력이 있지만, 중성자는 전하가 없으므로 그런 반발력 없이 원자핵에 더 쉽게 접근할 수 있기 때문이다. 또한 실험을 하는 도중에 페르미는 중성자의 속도가 느리면 핵반응이 훨씬 잘 일어난다는 것을 발견했다. 알파선은 전기적인 반발력을 이겨야 하므로 빠른 속도로 충돌할수록 핵반응이 잘 일어나지만, 반발력이 없는 중성자는 느릴수록 원자핵과 만날 확률이 높아지기 때문이다. 중성자의 속도를 늦추는 방법은 수소 원자에 충돌시키면 된다. 수소 원자핵은 중성자와 질량이 비슷하기 때문이다. 이것은 당구공이 벽에 충돌하면 튀어나와도 속도를 그대로 유지하지만, 질량이 같은 다른 공과 충돌하면 속도가 확줄어드는 것과 같다.

페르미의 연구 팀은 속도를 늦춘 중성자를 가벼운 원자부터 체계적으로 충돌시키면서 방사능 현상을 관찰했다. 특히 중성자가 우라늄에 충돌하자, 이제까지 본 적 없는 반감기를 가진 방사능 현상이 만들어졌다. 페르미는 이를 우라늄보다 원자 번호가 더 큰 초우라늄 원자가 만들어졌다고 생각했다. "새로운 방사성 원소의 존재를 증명하고 느린 중성자에 의한 관련 핵반응을 발견한" 업적으로 페르미는 1938년에 노벨 물리학상을 받았다.

2005년 여름에 히로시마 대학교를 방문했다. 평일에는 학교에서 연구하다가 주말에 히로시마 시내를 구경했다. 히로시마 시에서 가장 유명한 장소는 원폭 돔과 평화 공원이다. 시 가운데를 흐르는 오타 강이 히로시마 현청 옆에서 두 갈래로 갈라지는 사이에 있는 섬에 원폭 투하를 기억하고 세계 평화를 기원하기 위한 평화 공원이 조성되어 있고, 공원의 동쪽 강 건너편에, 원자 폭탄이 폭발했을 때 파괴된 채로 남겨둔 원폭 돔이 있다.

페르미의 실험 이후 중성자를 원자핵에 충돌시켜 핵의 변화를 연구하는 것이 핵물리학의 중요한 주제가 되었다. 이 분야에서 앞서 나간 것은 독일 카이저 빌헬름 연구소의 오토 한, 리제 마이트너, 프리츠 슈트라스만 팀과 파리의 졸리오퀴리 팀이었다. 그들은 우라늄에 중성자를 충돌시켜서 페르미가 얻은 결과보다 훨씬 많은 종류의 방사성 원소들을 찾아냈다. 다음 단계는 얻어 낸 동위 원소들을 화학적으로 추출하는 것이었는데, 한과 슈트라스만은 바로 그런 작업에 익숙한 화학자였다. 그러던 중 1938년 오스트리아가 독일에 합병되자, 오스트리아 국적의 유태인인 마이트너는 독일을 탈출해야 했다. 마이트너를 보내고 우라늄에서 방사성 동위 원소들을 분리하는 작업을 계속하던 한과 슈트라스만은 페르미가 노벨상을 받은 일주일 후인 12월 17일에 역사적인 결과를 얻었다. 그들은 우라늄으로부터 원자 번호가 56번인 바륨을 분리해 낸 것이다. 우라늄의 원자 번호가 92번이니까, 이는 원자가 거의 절반으로 쪼개졌음을 의미한다.

그때까지의 핵반응은 알파선이나 양성자에 의해서 한 원자핵이 원자 번호가 비슷한 다른 원자핵으로 변하는 것이었으므로 이런 현상은 놀라운 것이었다. 한은 이 결과를 마이트너에게 급히 편지로 알렸다. 이론 물리학자인 그녀는 보어 연구소에 있던 조카 오토 프리슈와 함께 숙고한 결과 우라늄은 너무 커서 사실상 불안정한 원자핵이기 때문에 중성자에 의해 쪼개질 수 있음을 알아냈다. 주목할 것은 그 과정에서 나오는 에너지가 200메가전자볼트에 달한다는 것이었다. 화학 반응에서 나오는 에너지는 원자 하나당 기껏해야 5전자볼트 정도이므로 200메가전자볼트는 엄청난 에너지다. 마이트너는 이 에너지가 원자들의 질량 차이에서 오며, 아인슈타인이 예측한 그대로, 바로 $E=mc^2$이라는 것도 확인했다.

사실 페르미의 실험에서도 실제로 일어난 일은 우라늄이 중성자로 인해 쪼개져서 바륨과 크립톤으로 분열된 것이었다. 그러나 에너지가 크지 않았으므로 바륨과 크립톤의 원자핵은 서로 묶인 상태로 존재했고, 이것을 페르미는 새로운 초우라늄 원자라고 잘못 생각했던 것이다. 그러니까 이것은 페르미가 틀렸던 드문 경우 중 하나였다.

원폭 돔은 원래 1914년에 건설된 히로시마 물산 기념관이었다. 1945년 8월 6일 오전 8시 14분, B-29 폭격기 에놀라 게이에서 투하한 '꼬마'라는 이름이 붙은 우라늄형 원자 폭탄이 물산 기념관 근처의 상공 600미터에서 폭발했다. 당시 35만 명 정도였던 히로시마 시민 중 약 7만 명이 폭발 때 즉사했고 그해가 가기 전에 16만 명에 이르는 사람들이 사망했다. 암과 백혈병 등으로 사망한 사람을 1950년까지 추산하면 사망자는 20만 명이 넘는다고도 한다. 폭발에서 살아남은 몇 안 되는 건물 중 하나인 물산 기념관은 핵무기를 반대하고 평화를 호소하는 뜻으로 폭발 당시의 모습 그대로 보존되었고 '원폭 돔'이라고 불리게 되었다. 원폭 돔은 1996년 유네스코가 지정한 세계 문화 유산으로 등록되었다.

원자의 목록을 들여다보자. 원자를 결정하는 것은 원자 번호와 원자량이라고 하는 두 개의 숫자다. 원자 번호는 원자핵 안에 들어 있는 양성자의 개수로서 원자의 화학적 성질을 결정한다. 원자량은 원자의 상대적인 질량으로서, 원자핵 안에 들어 있는 양성자와 중성자의 개수를 합친 수에 가깝다.

원자 번호 순으로 원자 번호와 원자량을 써 보자. 1번인 수소는 원자 번호가 원자량과 같다. 즉 수소의 원자핵이 곧 양성자이고 중성자를 가지고 있지 않다. 원자 번호가 작은 원소들은 원자량이 원자 번호의 약 2배다. 즉 양성자와 중성자의 수가 거의 같다. 원자 번호가 커질수록 이 차이는 조금씩 벌어진다. 자연에 존재하는 가장 무거운 원소인 우라늄의 경우에는 원자 번호가 92이고, 원자량이 238과 235인 두 가지 동위 원소로 존재하므로, 92개의 양성자에 146개 혹은 143개의 중성자가 있는 것이다.

우라늄 원자가 분열해서 바륨과 크립톤이 되었다면, 바륨과 크립톤에 있는 중성자는 각각 81개와 48개이므로, 17개 혹은 14개의 중성자가 남는다. 그러면 남는 중성자는 원자 밖으로 방출된다. 중성자가 옆에 있는 다른 우라늄 원자들에 부딪히면 다시 더 많은 원자핵이 분열을 일으키고, 그러면 다시 더 많은 중성자가 방출된다. 이와 같이 핵분열 반응이 계속해서 일어나는 것을 연쇄 반응이라고 한다. 원자핵 분열의 연쇄 반응이 일어나면 인간의 역사에서 경험해 보지 못한 엄청난 규모의 에너지가 방출될 수 있다.

평화 공원에는 평화 기념 자료관을 중심으로 숲 속 곳곳에 사망자를 위한 위령비, 평화의 종, 노벨 물리학상 수상자 유카와 히데키가 기증한 종이 달린 원폭의 어린이 상 등 여러 기념물이 있다. 그중 나의 눈을 끈 것은 커다란 거북 등에 놓인 비석이었다. 비석의 비문에는 이렇게 씌어져 있었다. "한국인 원폭 희생자 위령비(韓國人原爆犧牲者慰靈碑)."

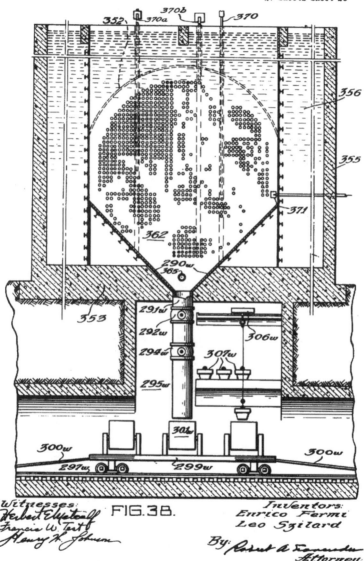

FIG.38.

Witnesses:

Inventors:
Enrico Fermi
Leo Szilard

By: _Robert A. ____
Attorney

엔리코 페르미와 레오 실라르드의 원자로 특허 출원 자료.

놀랍게도, 지금까지의 이야기, 즉 중성자로 원자핵을 부수고, 여분의 중성자가 나와서, 연쇄 핵반응이 일어나면 엄청난 에너지를 얻을 수 있고 심지어 원자 폭탄을 만들 수도 있다는 생각을, 페르미가 실험을 하기도 전에 먼저 상상했던 사람이 있다. 그 사람은 유태계 헝가리 물리학자 레오 실라르드다. 1898년 부다페스트에서 태어나고 베를린에서 공부한 실라르드는 물리학자면서 발명가이자 몽상가였고 매우 독창적이면서 특별히 예민한 감각을 가진 사람이었다. 언제나 '세상을 구하는 일'에 관심이 많던 실라르드는 부다페스트에서는 쿤 벨러의 사회주의 정권에 몰두했었고, 베를린 대학교의 강사 시절에는 아인슈타인과 함께 발명 특허를 내기도 했다.

특유의 민감함으로 유태인 탄압의 조짐을 감지한 실라르드는 일찌 감치 독일을 탈출해서 영국으로 망명했다. 그가 중성자를 이용한 원자핵 분열의 연쇄 반응을 에너지원으로 이용하는 아이디어를 떠올린 것은 1933년 9월 12일 망명지인 런던의 거리를 걷던 도중이었다고 한다. 그러나 실라르드는 자신의 생각을 실험할 방법이 없었으므로, 대신 그 아이디어의 특허를 출원한다. 실라르드의 특허 출원서는 페르미가 막 실험을 시작할 무렵인 3월 12일에 접수되었다.

미국에 건너간 실라르드는 페르미와 함께 우라늄이 분열할 때 연쇄 반응을 일으킬 수 있을 만큼 여분의 중성자가 나온다는 것을 실험으로 확인했다. 실라르드는 이어서 루스벨트 미국 대통령에게 원자 폭탄의 가능성을 알리는 편지를 쓰도록 아인슈타인을 설득했다. 그러므로 원자 폭탄을 개발한 맨해튼 프로젝트의 첫 방아쇠를 당긴 사람이 바로 그라고 해도 좋을 것이다. 1939년 새로운 폭탄 이야기는 루스벨트의 귀에 들어갔고, 여러 가지 우여곡절과 과학적, 기술적, 정치적, 군사적 고려가 거듭된 끝에 1942년 9월 이 계획의 총책임자로 육군 공병대령 레슬리 그로브스가 선임되면서 본격적으로 굴러가기 시작했다. 곧바로 준장으로 승진한 그로브스는 이 프로젝트의 책임자로 버클리의 이론 물리학자 로버트 오펜하이머를 택했다. 오펜하이머는 그가 좋아하는 뉴멕시코의 로스 앨러모스를 연구소 부지로 추천했다. 맨해튼 프로젝트가 시작되었다.

1945년 히로시마 현에는 약 10만 명의 조선인이 징용 노동자로, 혹은 군인이나 군속, 일반 시민으로 살고 있었다. 그래서 원자 폭탄으로 인해 죽은 사람의 열 중 하나는 조선인이었다. 무려 2만 명 가까운 조선인이 한꺼번에 목숨을 잃었지만 그들을 수습해 줄 사람이 있을 리 없었다. 조선은 해방을 맞고, 남쪽과 북쪽에 각각 정부가 수립되고, 심지어 남쪽 정부는 일본과 국교까지 다시 맺었지만, 조선인 원폭 희생자에 대해서는 수십 년간 일본 정부는 물론 해방된 나라의 남쪽도 북쪽도 관심조차 갖지 않았다. 민단 히로시마 본부에서 이 위령비를 세운 것은 1970년에 이르러서다.

폭탄의 완성이 다가오면서 플루토늄형 폭탄의 시험이 계획되었다. 오펜하이머는 이 계획을 트리니티(Trinity, 삼위일체)라고 이름 붙였다. 1945년 7월 16일, 로스 앨러모스에서 남쪽으로 330킬로미터 떨어진

지점에서 폭탄이 폭발했다. 테스트 현장에서 폭발의 섬광을 목격한 모든 사람들은 일생 잊을 수 없는 경험을 갖게 되었다. 오펜하이머는 힌두교 경전인 『바가바드기타』의 다음 구절을 떠올렸다고 한다. "이제 나는 죽음, 세상의 파괴자가 되었다." 이는 인간의 힘이 스스로를 멸망시킬 만큼 커졌음을 상징하는 말처럼 들린다. 이날 이후 인간은 원자핵에서 나오는 '힘'을 어떻게 인간의 삶과 조화시킬 것인가를 두고 고민해 왔고, 스리마일과 체르노빌과 후쿠시마를 거쳐 아직도 그 고민은 끝나지 않고 있다.

매년 8월 5일 히로시마 평화 공원의 위령비 앞에서 한국인 희생자를 위한 위령제가 열리고 있다고 한다. 그러고 보니 핵에 의해서 일본인 다음으로 많이 희생된 사람은 한국인이다.

히로시마 평화 공원의 한국인 원폭 희생자 위령비. ▶

시카고 파일-1

최초의 원자로에 불을 당긴 사람들

1942년 12월 2일, 미국 시카고 대학교 풋볼 경기장인 스태그 필드의 서쪽 스탠드 밑에 있는 스쿼시 코트에서, 아인슈타인의 표현을 빌리자면, 지구 역사상 처음으로 "태양에서 오지 않은 에너지"가 인간의 손에 의해 발생했다. 어떤 의미에서 이날부터 완전히 새로운 문명이 시작되었다고 할 수 있다.

인류 문명은 약 50만 년 전 불을 사용하면서 시작되었다고 한다. 불이란 물질의 화학 결합으로부터 나오는 에너지다. 화학 결합을 일으키는 것은 전자기력이므로, 지금까지 인류 문명은 전자기력의 에너지를 이용한 것이었다. 시카고 대학교의 스쿼시 코트에서 발생한 에너지는 화학 결합이 아니라 원자핵의 결합으로부터 나오는 에너지였으며, 따라서 전자기력이 아니라 강한 핵력의 에너지다. 그러니까 불을 처음 사용한 이래, 약 50만 년 만에 인류는 완전히 새로운 에너지를 이용하는 문명을 시작한 것이다.

중성자가 발견되고, 독일의 오토 한과 프리츠 슈트라스만이 중성자로 우라늄 원자핵을 분열시키는 데부터 원자 폭탄이 만들어지기까지의 내용은 「세상의 파괴자」에서 이미 이야기했으니, 여기서는 1939년 1월 보어와 함께 우라늄 원자핵이 부서졌다는 소식이 미국에 도착한 뉴욕의 부두로부터 1942년 12월의 시카고까지의 약 4년의 시간과 1,200킬로미터의 거리 사이에서 무슨 일이 있었는지 들여다보기로 하자.

보어는 미국에 오기 직전에 우라늄 핵분열을 설명하는 리제 마이트너와 오토 프리슈의 연구 결과를 자신의 연구원이던 프리슈에게서 들었고, 미국으로 출발하는 날 아침에 프리슈로부터 논문의 초안까지 받은 상태였다. 보어는 그들의 논문이 인쇄에 들어간 뒤에 이 이야기를 미국의 물리학자들에게 하겠다고 프리슈에게 약속했다. 그런데 보어는 동행한 벨기에의 이론 물리학자 레온 로젠펠트와 함께 일등 선실에 칠판을 갖다 놓고 그 논문에 대해 토론하면서, 로젠펠트에게 그 약속을 이야기하는 것을 깜빡 잊고 말았다. 그래서 보어는 그를 마중 나온 존 휠러와 페르미에게 핵분열에 대해 아무 이야기도 하지 않았지만, 로젠펠트는 별 생각 없이 보어에게서 들은 이야기를 휠러에게 하고 말았다. 그날 저녁 휠러는 프린스턴 대학교의 저널 클럽 모임에서 그 소식을 전했고, 로젠펠트의 표현에 따르면 "핵분열보다 더 굉장한 반응이 일어났다."였다.

이 소식이 특히 중요했던 사람은, 한 달 전에 노벨상을 받고 보어보다 며칠 먼저 미국에 도착해서 컬럼비아 대학교에 머물던 엔리코 페르미였다. 페르미는 바로 며칠 전에 새로운 원소를 발견한 업적으로 노벨상을 받은 참이었는데, 한과 슈트라스만의 실험은 페르미가 본 것이 새로운 원소가 아니라 분열되어 나온 두 원자가 붙어 있는 상태였음을 말해 주는 것이었기 때문이다. 여러 사람이 페르미에게 달려와서 이 소식을 전해 주었고, 페르미는 곧 사태를 확실히 이해했다. (그런데 정작 보어는 페르미에게 이 이야기를 직접 해 주지는 못했다.) 물론 새로운 원소를 발견한 것은 아니더라도 느린 중성자를 이용하는 실험을 창안하고 여러 방사선 실험을 한 공로는 여전히 남기 때문에 페르미의 노벨상에 이의를 제기하는 사람은 아무도 없다.

보어가 도착한 열흘 뒤인 1월 26일에 워싱턴의 조지 워싱턴 대학교에서, 조지 가모브가 주최하는 이론 물리학 학술 회의가 열렸고, 보어와 페르미는 둘 다 이 회의에 참가했다. 회의에 참가하러 가기 전에 페르미는 중성자를 연구하는 존 더닝과 함께 사이클로트론을 이용해서 얻은 중성자로 한과 슈트라스만의 실험을 재현할 준비를 했다. 페르미가 회의를 하러 떠난 날 저녁에, 대학원생인 허버트 앤더슨이 실험 장치를 켜고 커다란 에너지가 나오는 것을 확인했다. 이것이 미국 땅에서 이루어진 최초의 인공적인 우라늄 핵분열이다.

회의에서 보어와 페르미가 한-슈트라스만의 실험 결과와 마이트너의 해석을 설명했다. 회의에 참가했던 카네기 연구소 지구 자기 연구부의 리처드 로버츠와 로런스 하프스태드는 페르미의 발표를 듣고 연구소로 돌아왔다. 그들은 상사인 메를레 튜브와 함께 카네기 연구소에서 실험을 시작했고, 그 주의 토요일인 28일, 중성자에 노출된 우라늄에서 커다란 에너지가 나오는 것을 확인했다. 한편 조지 워싱턴 대학교의 학술 회의를 취재한 한 기자의 기사가 AP 통신을 통해 보도되었고, 이는 다시《샌프란시스코 크로니클》에 게재되었다. 로런스의 제자이며 훗날 거품 상자를 개발한 업적으로 노벨상을 받게 되는 루이스 앨버레즈는 버클리에서 머리를 깎다가 이 기사를 읽고는 이발소를 뛰어나와 실험실로 달려갔다. 그날이 가기 전에 앨버레즈와 그의 학생 에이블슨은 우라늄이 붕괴해서 텔루륨과 지르코늄이 나오는 붕괴 과정을 확인할 수 있었다. 이것은 한과 슈트라스만이 한 것과는 다른 핵분열 방법이었다.

이렇게 불과 며칠 만에 여러 연구소에서 우라늄 핵분열이 재현되었다. 한편, 몇몇 사람들은 그 이면에 숨어 있는 의미를 곧 느끼고 있었다. 남는 중성자가 연쇄 반응을 일으킬 가능성, 그때 나오는 엄청난 에너지, 그리고 그 에너지가 의미하는 신형 폭탄의 가능성……. 당시 페르미와 같은 사무실을 쓰던 울렌벡은 페르미가 창밖으로 맨해튼의 번화한 거리를 내려다보며 손으로 작은 공 모양을 만들면서 "이만한 작은 폭탄이면 모든 것이 사라져 버릴 거야."라고 중얼거리던 것을 기억한다.

이 문제를 다른 물리학자들과는 조금 다르게 보고 있던 사람이 있었는데, 그는 헝가리 출신의 레오 실라르드였다. 누구보다도 먼저 원자핵 연쇄 반응과 원자 무기의 가능성을 생각했던 실라르드는 원자핵 분열의 소식을 듣고 과학보다는 정치를 먼저 생각했다. 그래서 그는 우선 이 분야에서 가장 앞서 나갈 가능성이 높은 페르미와 파리의 졸리오퀴리 부부에게 중성자와 연쇄 반응에 관한 연구를 발표하지 말라고 요청했다. 그러나 졸리오퀴리 부부는 연구 결과를 검열한다는 생각에 반대했고 3월경에 논문을 《네이처》에 발표했다. 그러자 실라르드는 최소한 히틀러보다는 미국이 먼저 원자 무기를 갖도록 해야 한다는 생각에서, 같은 헝가리 출신 물리학자인 유진 위그너와 함께 아인슈타인을 설득했다. 상황을 이해한 아인슈타인은 실라르드의 편지에 서명을 했다. 편지는 1939년 10월 11일에 월가의 금융가이면서 루스벨트 대통령과 가까운 사이였던 알렉산더 잭스를 통해 대통령에게 전달되었다. 루스벨트는 우라늄 위원회를 조직하고 자금을 댈 것을 약속했다.

중성자가 충돌해서 원자핵이 분열될 때, 중성자의 속도가 충분히 느려야 충돌할 확률이 높아져서 효과적으로 원자핵이 분열될 수 있다. 그러나 우라늄 원자핵이 분열할 때 나오는 중성자는 에너지가 높아서 너무 빠르다. 따라서 적절한 물질을 통과시켜서 중성자의 속도를 늦춰 주어야 한다. 또한 중성자가 다른 물질에 의해 흡수되어 버리면 중성자의 개수가 모자라서 연쇄 반응을 일으키지 못하므로 중성자를 너무 많이 흡수하면 안 된다.

로마에서 페르미가 최초로 느린 중성자를 만들 때 감속재로 사용했던 물질은 물이었다. 그러나 그때는 연쇄 반응을 위한 실험은 아니었다. 페르미와 컬럼비아 팀이 수 개월간 연구해 보니 물이나 보통의 수소 화합물에서는 수소가 중성자를 너무 많이 흡수해서 연쇄 반응을 일으키지 못한다는 결론이 나왔다. 고심 끝에 그들이 발견한 것은 탄소였다. 탄소는 중성자의 속도를 충분히 늦추었고, 흡수하는 양은 물보다 훨씬 적었다. 다만 탄소에 불순물이 들어가면 흡수율이 급격하게 높아졌으므로 순도가 높은 탄소를 이용해야 한다.

이제 연쇄 반응을 일으키는 장치 — 훗날 원자로(nuclear reactor)라고 불리게 될 장치 — 의 개념적인 설계가 완성되었다. 우라늄과 순도 높은 흑연을 적절하게 섞어 놓는 것이 그 구조의 핵심이었다. 아마도 실제로는 우라늄을 섞은 흑연 층과 그냥 흑연 층을 번갈아 쌓아서 연쇄 반응이 일어날 만큼의 양을 모아놓는 것이 될 터였다. 그래서 그것은 '파일(pile)'이라고 불렸다. 파일을 만드는 데 필요한 재료는 구하기 쉬운 것이 아니었다. 우라늄은 물론 흑연조차도, 그들이 원하는 순도는 다른 용도에서는 상상도 못할 만큼 높은 것이었기 때문이다.

우라늄 위원회가 조직되었지만, 그동안 미국 정부의 지원은 미미했고, 연구는 통상적으로 진행되었다. 1941년 10월, 그동안의 연구 결과를 근거로 슈퍼 폭탄이 가능하다는 국립 과학 아카데미의 보고서가 제출되었다. 그리고 얼마 지나지 않은 1941년 12월 7일, 일본이 진주만을 공습했다. 이제 미국도 더 이상 전쟁의 국외자가 아니게 되었고 사태는 급박하게 돌아갔다. 노벨상 수상자인 아서 콤프턴은 우라늄 연쇄 반응을 실제로 일으키고 나아가서 폭탄을 설계하는 일의 책임자가 되어 시카고 대학교에서 연구를 시작했다. 콤프턴의 연구소는 암호명으로 '금속 공학 연구소(Metallurgical Laboratory)'라고 불렸다. 아직 맨해튼 프로젝트가 정식으로 시작된 것은 아니었지만, 금속 공학 연구

소가 발족하면서 원자 폭탄을 향한 초침이 돌아가기 시작했다고 할 수 있다. 진주만 공습 6주 후인 1942년 1월 19일, 루스벨트 대통령은 국립 과학 아카데미의 보고서에 "V. B. OK"라는 메모를 덧붙여서 우라늄 위원회의 감독인 배너바 부시에게 맡겼다. 이것이야말로 원자 폭탄 제조를 허락하는 것이었다.

첫 번째 파일이 건설되기 시작했다. 그들은 이것을 시카고 파일-1, 줄여서 CP-1이라고 불렀다. CP-1을 설치하기 위해 물리학자들에게 주어진 공간은 폭 10미터, 길이 20미터, 높이 8미터 남짓한 스쿼시 코트였다. 작업은 1942년 봄에 시작되었지만 진척은 느렸다. 재료를 주문하고 확인하고 기다려야 했다. 흑연 벽돌이 들어오기 시작하자 스쿼시 코트는 온통 시커멓게 변했다. 벽도 검어졌고, 흑연 가루로 덮인 까만 바닥 위를 작업복과 보호 안경을 쓴 시커먼 사람들이 오가며 작업을 했다. 흑연 벽돌을 쌓는 작업은 6주간 계속되었고, 마침내 파일이 완성되었다. 12월 2일이었다.

원자로를 실제로 가동하는 것은 파일에 꽂힌 카드뮴 제어봉이었다. 제어봉이 꽂혀 있는 동안에는 카드뮴이 중성자를 대량으로 흡수해서 연쇄 반응이 일어나지 않는다. 제어봉을 조금씩 꺼내면 중성자의 수가 늘어나면서 차츰 분열하는 우라늄 원자의 수가 늘어나고, 어떤 임계량이 되면 마침내 연쇄 반응이 일어난다. 그리고 제어봉을 도로 꽂으면 연쇄 반응은 멈춰야 한다. 어쨌든 이론적으로는 그렇다. 그러나 그들 앞에 있는 것은 미지의 존재였다. 만일 그들이 알지 못하는 어떤 이유 때문에 반응이 멈추지 않으면? 최후의 안전 장치가 하나 더 있었

◀◀ 시카고 파일-1의 시운전 장면을 그린 그림.

다. '자살 부대'라고 불리던 세 젊은 과학자들이 카드뮴 용액이 든 양동이를 들고 원자로 위에 대기하고 있었던 것이다. 원자로가 통제를 벗어나면 카드뮴을 그 위에 들이부어서 파일을 '끄도록' 되어 있었다. 물론 그런 사태까지는 가지 않아야 했다. 그러나 만일 그런 일이 일어나면 그 정도의 안전 장치로 충분한 것일까?

그 자리에 참가한 것은 금속 공학 연구소의 과학자 40여 명과 듀폰 사의 중역 크로포드 그린월트였다. 듀폰 사는 훗날 자체 제작한 원자로를 이용해서 맨해튼 프로젝트에 공급할 플루토늄을 생산하게 된다. 참가자들은 코트의 북쪽 발코니에 자리를 잡고, 코트에는 제어봉을 조종할 젊은 물리학자 조지 웨일과 자살 부대 세 사람만 남았다. 페르미의 지휘로 가동이 시작되었다. 웨일이 제어봉을 정해진 대로 꺼낼 때마다 검출기의 펜은 조금씩 올라가서 페르미가 예상한 지점에서 멈췄다.

진행은 느렸다. 가능한 한 모든 단계를 다 정확히 예상대로 수행해야 했다. 파일은 통제 아래에 있어야 했다. 한번도 인간이 꺼낸 적이 없는 에너지가, 미지의 존재가 세상에 나오고 있었다. 그것이 손을 댈 수 없는 괴물이 되어서는 안 되었다. 오후 3시 20분, 페르미는 웨일에게 마지막 신호를 보내고, 이제 연쇄 반응이 일어날 것이라고 선언했다. 검출기는 더 이상 내려가지 않았다. 예상한 대로 커브를 그리며 서서히 치솟고 있었다. 모두들 묵묵히 검출기만을 쳐다보았다. 아무 소리도 번쩍이는 불빛도 없었다. 28분 후 페르미가 신호를 보내고 웨일이 제어봉을 다시 꽂자 파일은 가동을 멈추고 검출기는 다시 내려갔다.

유진 위그너는 준비했던 이탈리아 와인 키안티 한 병을 내밀었다. 모든 참가자가 축배도 없이 종이컵으로 한 잔씩 와인을 나눠 마시고, 키안티 병의 라벨에 사인을 했다. 이 라벨이 이날 참가자들의 유일한 흔적이었다.

오늘날 핵에너지는 더 이상 미지의 존재라고는 할 수 없지만, 여전히 그것이 괴물이 되지 않도록 하는 일은 인류에게 가장 중요한 과제 중 하나다. CP-1은 1943년 2월 가동을 멈추고 해체되었다. 파일은 훗날 아르곤 국립 연구소가 되는 레드 게이트 우즈로 옮겨져서 재조립되어 3월부터 가동되었다. 재조립된 두 번째 원자로는 CP-2로 불린다. 시카고 대학교의 스타디움은 1957년 사라졌으나 스쿼시 코트는 1965년 국가 사적으로 지정되었다. 지금 그 자리에는 파일-1 가동 25주년을 기념해서 설치된 조각가 헨리 무어의 청동 조각물 「핵에너지(Nuclear Energy)」가 서 있고, 이렇게 씌어진 기념 명판이 있다.

1942년 12월 2일, 인간이 이 자리에서 저절로 유지되는 연쇄 반응을 처음으로 일으켰고, 이로써 핵에너지를 통제할 수 있게 되었다.

창백한 말을 탄 기수

방사선에 대한 공포의 양면

하버드에서 공부한 적이 있는 윌러드 헌팅턴 라이트는 1910년대부터 편집자 및 다양한 예술 평론가로 활동했는데, 그다지 성공을 거두지는 못했고 병까지 얻어서 한동안 요양 생활을 했다. 요양을 할 때 라이트는 범죄 소설 및 탐정 소설을 탐독했다. 그러면서 라이트는 나름대로 탐정 소설에 대한 자신만의 이론을 갖게 되었고, 나아가서 스스로 탐정 소설을 써 보겠다고 결심을 한다. 1926년에 그의 첫 탐정 소설이 필명으로 발표되었는데, 본인도 뜻밖일 정도로 엄청난 성공을 거두었다. 자신의 이론에 기반을 두고 전략적으로 쓴 그의 소설들은 후속 작품들까지 모두 크게 성공해서, 그를 돈방석에 앉게 해 주었고, 엘러리 퀸, 렉스 스타우트 등의 작가로 이어지는 미국 탐정 소설의 황금기를 열어젖힌다. 파일로 번스라는 고급 백수 탐정을 창조한 그의 필명은 S. S. 반 다인이다.

반 다인의 작품 중에서는 초기의 여섯 작품이 높은 평가를 받고 있고, 특히 세 번째 작품인 「그린 살인 사건」을 최고의 걸작으로 꼽는 사람이 많다. (나도 그렇다.) 역시 걸작으로 꼽히는 네 번째 작품인 「비숍 살인 사건」에는 지식인이 쓴 소설답게 당대의 최신 지식인 일반 상대성 이론을 비롯해 양자론과 리만 크리스토펠 텐서 등등 수학과 물리학이 난무하고, 등장 인물들은 대부분 수학자와 물리학자다. 심지어 수학과 물리학 연구에 몰두한 나머지 평정을 잃은 정신 상태가 범죄로 연결되었다고 묘사하기도 한다. 이 소설의 마지막은 살아남은 물리학자가 노르웨이로 돌아가 3년 뒤에 노벨 물리학상을 탔다고 알리는 것으로 끝난다. 이 소설이 1929년에 발표되었으니 3년 뒤라면 1932년일까? (그런데 1932년 수상자는 하이젠베르크다!)

반 다인의 후기 소설은 대체로 평이 그만 못한데, 그중 가장 좋은 평을 듣는 작품은 1935년에 발표된 「가든 살인 사건」이다. 이 소설은 번스가 의문의 전화를 받는 것으로 시작한다. 전화의 메시지 중 하나는 "방사성 나트륨에 대해 공부할 것"이었다. 누군가가 가든 부인에게 방사성 나트륨을 조금씩 먹어서 위해를 끼치려고 하고 있던 것이다. 그러니까 방사선이 위험하다는 것은 이 당시에도 이미 잘 알려져 있었다.

방사성 물질의 위험성이 널리 알려진 계기 중 하나는 1917년경 설립된 미국 뉴저지 주 오렌지 카운티의 미국 라듐 회사(The U. S. Radium Corporation)의 공장에서 일하던 여성들이 대규모로 라듐에 중독되는 사건이었다. 이 공장에서는 밤에도 빛을 내게 하기 위해서 라듐이 들어 있는 페인트를 만들어서 시계판 등에 칠했는데, 이때 노동자들은 흔히 페인트를 칠하는 낙타털 붓을 입술이나 혀끝으로 다듬으면서 일을 했다. 얼마 후 여러 명의(주로 여성인) 노동자들이 심각한 방사능 중독 증세를 호소했고, 그중 몇 명은 결국 사망했다. 대부분 턱뼈와 잇몸 등에 질환이 생겼고, 심한 경우에는 전신의 뼈에 암이 퍼져 있었다. 공장의 경영자 측과 라듐을 제조하는 과학자들은 납판 등을 이용해서 방사선에 노출이 되지 않도록 조심했지만, 노동자들에게는 어떤 주의 사항도 전달되지 않았다. 사건이 커지면서 유가족들은 회사를 상대로 소송을 제기했고, 승리해서 보상금을 받을 수 있었다. 이 '라듐 소녀(Radium Girls)' 사건은 미국에서 직무에 관련된 원인에 의해 노동자가 해를 입었을 때 개인이 직접 소를 제시할 권리가 있음을 확립한 사례로도 꼽힌다.

사실 베크렐과 퀴리처럼 방사선을 처음 다루기 시작한 사람들도 이 신비한 현상이 인체에 심각한 변화를 일으킬 수 있다는 것은 이미 알고 있었다. 피에르 퀴리는 1903년 영국 왕립 학회 강연에서 소매를 걷어 화상의 흉터를 보여 주며 "라듐이 중추 신경에 작용하면 마비나 죽음을 초래할지도 모릅니다. 라듐은 성장 과정에 있는 식물의 조직에 특정한 강도로 영향을 미치는 것으로 보입니다."라고 소개했다. 직접 라듐을 만지면 화상을 입은 것처럼 피부가 상처를 입었다. 평생 라듐을 직접 만지고 살아온 마리 퀴리의 손은 그런 식으로 망가져 있었다. 퀴리 연구실에서 일하던 연구원 중에도 젊은 나이에 암으로 사망한 사람이 여럿 있었다.

그러나 당시에는 방사선의 위험에 대해 그다지 심각하게 생각지 않왔다. 여러 가지 화학적인 독소처럼, 위험하지만 적절한 안전 조치를 취하면 된다고 보았다. 거기다 마리 퀴리와 같은 사람들은 자신의 안전에는 무관심했다. 간혹 잠이 안 오는 밤이면 마리 퀴리는 실험실로 나오곤 했는데, 여기저기 널려 있는 병에 든 라듐이 푸르스름하게 빛을 발하고 있어서 책을 읽을 수 있을 정도였다.

또 라듐은 기적의 치료제로도 각광을 받았다. 실제로 암을 비롯해서 종기나 그 밖의 여러 가지 질환이 있는 사람들이 라듐을 가까이 해서 증상을 완화시키거나 치유하기도 했다. 일종의 방사선 치료를 한 것이다. 그래서 마치 요즘에도 온갖 정체불명의 물질이나 생물들이 건강 식품 내지는 심한 경우 만병통치약으로 선전되듯, 방사선도 여러 가지 효능이 있다고 선전되고 팔렸다. 버젓이 약국에서 정력제나 정신병 약으로 팔리기도 했고, 방사성이 든 물이 강장제로 팔리기도 했다. '라듐 소녀' 중에는 라듐 페인트를 손톱이나, 심한 경우 이빨에 발라서 밤에 빛나는 모습을 즐겼던 사람도 있었다.

그러면 과연 강한 방사선은 인체에 어떤 피해를 줄까? 이에 대해서 페르미의 부인 라우라 페르미 여사가 쓴『원자 가족』에 흥미로운 예가 있다. 1945년 8월 21일 저녁 로스 앨러모스에서 젊은 두 연구자가 실험용 원자로를 가지고 연구하던 중, 갑자기 원자로가 임곗값을 넘는 바람에 두 연구자는 막대한 양의 방사선을 뒤집어썼다. 바로 두 사람은 병원으로 이송되어 진찰을 받았다. 상대적으로 멀리 있었던 한 사람은 얼마 후 괜찮아졌지만 가까이 있던 25세의 해리는 계속 고통을 받았고, 특히 기준치의(즉 방사성 물질을 다루는 사람이 하루에 정상적으로 쐬는

The Power of Radium at Your Disposal

Twenty-three years ago radium was unknown. Today, thanks to constant laboratory work, the power of this most unusual of elements is at your disposal. Through the medium of Undark, radium serves you safely and surely.

Does Undark really contain radium? Most assuredly. It is radium, combined in exactly the proper manner with zinc sulphide, which gives Undark its ability to shine *continuously* in the dark.

Manufacturers have been quick to recognize the value of Undark. They apply it to the dials of watches and clocks, to electric push buttons, to the buckles of bed room slippers, to house numbers, flashlights, compasses, gasoline gauges, autometers and many other articles which you frequently wish to see in the dark.

The next time you fumble for a lighting switch, bark your shins on furniture, wonder vainly what time it is *because of the dark*—remember Undark. *It shines in the dark.* Dealers can supply you with Undarked articles.

For interesting little folder telling of the production of radium and the uses of Undark address

RADIUM LUMINOUS MATERIAL CORPORATION
58 PINE STREET - - - - NEW YORK CITY
Factories: Orange, N. J.   Mines: Colorado and Utah

UNDARK
Radium Luminous Material

Shines in the Dark

To Manufacturers

The number of manufactured articles to which Undark will add increased usefulness is manifold. From a sales standpoint, it has many obvious advantages. We gladly answer inquiries from manufacturers and, when it seems advisable, will carry on experimental work for them. Undark may be applied either at your plant, or at our own.

The application of Undark is simple. It is furnished as a powder, which is mixed with an adhesive. The paste thus formed is painted on with a brush. It adheres firmly to any surface.

방사선 라듐 광고.

평균값의) 20만 배 이상의 방사선에 피폭된 그의 오른손은 심하게 부어올랐다. 라우라 여사가 직접 본 사진에 따르면, 손의 상태는 급격히 나빠져서 손가락부터 시작해서 전체 조직이 괴사하고 있었다. 그는 24일 만에 죽었다.

이 사건은 미국 내에서 심한 방사선에 피폭된 최초의 사례로서, 당시는 비밀로 취급되어 알려지지 않았고, 담당 의사들의 보고서가 1952년에야 《내과학 연보(Annals of Internal Medicine)》에 발표되었다. 이 사례가 특별한 것은 오직 방사능에 의해서만 야기된 피해를 보여 주는 드문 사례였기 때문이다. 당시 히로시마의 원폭 사상자들에 대한 연구가 진행되고 있었지만, 그들은 대부분 폭풍과 열로 인한 피해도 함께 입었기 때문에 순전히 방사능으로만 입은 피해가 얼마나 되는지 알기는 어려웠다.

오늘날 우리가 방사선에 대해서 걱정하는 것은 이보다는 주로 적은 양의 방사선이 일으키는 암과 유전적인 위험이다. 이에 대해서 체계적으로 밝힌 사람은 미국의 유전학자인 허먼 조지프 멀러였다. 멀러는 광범위한 일련의 실험을 통해 엑스선이 돌연변이를 유발한다는 것을 확실히 보여서 센세이션을 일으켰다. 이 연구로 그는 1946년 노벨상을 받았으며, 평생 방사선의 위험을 알리는 데 힘썼다. 특히 핵전쟁이나 핵무기 실험도 장기적으로 위험을 가져올 수 있다고 주장해 이 분야에서 대중에게 적은 양의 방사능이 가진 위험을 선구적으로 환기시킨 인물이 되었다.

방사선의 피해는 광범위하고, 눈에 보이지도 않으며, 원자 수준에서 일어나는 일이므로 개인이 대처하기는 불가능하다. 그러나 또한 지금까지 경험한 피해의 정도가 인간이 겪은 다른 재해에 비해서 특별히 큰 것은 아니다. 예를 들어 히로시마에 떨어진 원자 폭탄으로 인한 사망자 중 방사선 피해를 입은 사람은 대체로 1퍼센트 미만으로 추산되고 있다.

오늘날 방사성 물질에 대해서는 비교적 잘 알게 되었지만, 적은 양의 방사선이 인체에 미치는 영향은 느끼기 어렵고, 장기간의 관찰이 필요하며, 사례가 워낙 적기 때문에 사실 여전히 잘 이해되었다고 말하기 어렵다. 일본 후쿠시마 원전 사고 이후로 방사능은 이제 "창백한 말을 탄 기수"의 대명사가 되었고, 방사능에 대한 공포는 거의 일상적인 일이 되고 말았다. 혹자는 괴담이라 하고, 혹자는 위기라고 한다. 방사능에 대해 과도하게 공포를 가질 필요는 없지만, 원전의 안전에는 아무리 주의를 기울여도 과하지 않다. ("창백한 말을 탄 기수"는 「요한묵시록」의 네 기사 중 하나로 역병과 죽음을 상징한다.)

뭐가 어쨌든, 방사성 물질에 관한 문제에서 담당자가 거짓말을 하기 시작하면 위험을 논하는 것이 의미가 없다. 총리가 올림픽 유치를 결정하는 자리에서 "오염수가 통제되고 있다."라고 말하자마자 담당 회사의 간부가 "통제되고 있지 않다."라고 말하는 상황이면 누가 무슨 소리를 한들 괴담이라고 치부할 수 있을까? 그리고 이것은 남의 일만이 아니다.

+ 2013년 9월 7일 아르헨티나 부에노스아이레스에서 열린 IOC 총

회에서 일본의 아베 신조 총리는 "후쿠시마 원전의 오염수가 통제되고 있다."라며 자신만만하게 안전을 주장했고, 그 여세를 몰아 2020년 올림픽을 도쿄로 유치하는 데 성공했다. 그러나 아베의 발언은 국내외에서 많은 비판에 부딪쳤고, 급기야 일주일 뒤 민주당이 원전의 책임을 맡고 있는 도쿄 전력의 임원 야마시타 가즈히코를 출석시켜 질문하자 야마시타는 "유감스럽지만 통제되고 있지 않다."라고 답해서 파문이 커졌다. 아직도 후쿠시마에 대해서 많은 사람들은 의혹을 거두지 못하고 있다.

추운 나라에서 돌아온 물질들

절대 영도의 신사 카멜링 오네스의 극저온 세계

지금으로부터 100여 년 전인 1911년 12월 14일, 노르웨이 사람 아문센이 인간으로서는 최초로 남극점 위에 섰다. 이 소식을 전하면서 《뉴욕 타임스》는 "전 세계의 발견이 완료되었다!"라고 표현했다. 아문센과 경쟁하던 영국 해군 대령 스콧은 그로부터 35일 늦은 1912년 1월 17일, 남극점에서 씁쓸하게 노르웨이 국기를 보면서, 아문센이 남긴 편지를 읽어야 했다. 게다가 스콧의 영국 탐사대는 여러 차례의 판단 잘못과 악천후가 겹쳐, 결국 귀환 중에 다섯 명의 대원이 모두 사망하는 비극을 남겼다.

스콧의 기록을 보면 남극점에 도착했을 때 그 기온이 섭씨 −22도였다고 한다. 매우 추운 온도이기는 하지만 우리나라에서도 겨울에 몇몇 지방에서는 그보다 더 낮은 온도까지 내려가기도 하니까 사실 놀랄 만큼 낮은 온도는 아니다. 하물며 남극이라면 말할 나위도 없다. 현대의 관측으로는 남극의 여름에 해당하는 1월에 남극점의 평균 기온은 섭씨 −25도에 이르며, 남극의 겨울인 7월에는 섭씨 −58도까지 내려간다. 1982년 6월에는 남극점의 기온이 섭씨 −82.8도를 기록하기도 했다. 지금까지 측정된 가장 낮은 온도는 극점에서가 아니라 남위 78도 27분에 위치한 보스토크 기지에서 1983년 7월에 측정한 섭씨 −89.2도다. 이 정도면 사람은 물론 살 수 없으며, 심지어 이산화탄소도 얼어붙어서 드라이아이스가 된다.

추운 곳은 단지 추운 곳일 뿐일까? 최초로 저온 상태에 진지한 관심을 가진 사람은 영국의 프랜시스 베이컨이다. 베이컨은 1627년 어느 글에서 "차가움을 만드는 것은 실용적으로나 이론적으로나 탐구할 가치가 있는 일이다."라고 썼다. 낮은 온도에 대한 연구는 18세기에 화학과 열역학이 발전하면서 진전하기 시작했다.

1784년 가스파르 몽주는 최초로 이산화황 기체를 식혀서 액체로 만드는 데 성공했다. 이로부터 경험적으로 알고 있던, 물이 끓으면 수증기가 되고 식히면 다시 물이 되는 현상이 모든 물질에 일어나는 보편적인 현상임을 알게 되었다. 온도란 어떤 계가 가지고 있는 에너지의 열역학적인 표현이다. 그러니까 온도를 높이기 위해서는 에너지를 공급해 주면 되고, 온도를 낮추기 위해서는 에너지를 빼앗아야 한다. (「온도 이야기」 참조) 열에너지는 온도가 높은 곳에서 낮은 곳으로 전해지므로, 상온에서 온도를 낮추는 것은 온도를 높이기보다 대체로 더 어렵다. 그래서 기체를 액화하는 것은 더 낮은 온도에 도달했음을 보여 주는 중요한 실험이었다.

빈민가에서 태어난 위대한 실험가 마이클 패러데이는 험프리 데이비 경의 조수로 과학 일을 시작했다. 그는 전자기학 분야에 대한 업적으로 유명하지만, 데이비 경의 조수 시절에 했던 연구는 주로 화학 실험에 대한 것이었다. 패러데이는 1823년 암모니아부터 시작해서 1845년까지 당시에 알려진 기체 중 여섯 가지를 제외하고는 모두 액체로 만드는 데 성공했다. 당시 온도를 낮추는 방법은 주로 에테르와 드라이아이스의 혼합물을 증발시켜서 주위에서 기화열을 빼앗는 것이었는데, 이 방법으로 도달했던 온도는 섭씨 -110도 정도였다. 아무리 해도 액체가 되지 않았던 여섯 가지 기체는 수소, 산소, 질소, 메탄, 일산화탄소, 일산화질소로, 이들을 당시에는 영구 기체라고 불렀다. 이 기체들은 계속 기체 상태로만 남아 있는 것일까? 계속 온도를 낮추면 언젠가는 액체가 될까?

프랑스의 루이 폴 카이유테와 스위스의 라울피에르 픽테가 새로운 돌파구를 열었다. 이들은 1877년 각각 보통의 공기를 작은 액체 방울로 만드는 데 성공해서, 공기의 주성분인 산소와 질소도 액체가 될 것이라는 것을 알렸다. 이들의 방법을 발전시켜서 1883년 4월 5일, 세계에서 가장 오래된 대학 중 하나인 폴란드 크라카우의 자길로니안 대학교에서 지그문트 플로렌티 브로블레프스키와 카롤 올세프스키가 마침내 상당한 양의 액체 산소를 만들었다. 산소가 액화되는 온도는 섭씨 -183도다. 이들은 곧 온도를 섭씨 -196도까지 낮추어서 질소도 액화시키는 데 성공했다. 공기의 대부분을 이루는 질소와 산소가 액체가 되어 버리는 섭씨 -196도 이하의 세계는 더 이상 우리가 알고 있는 모습이 아닐 것이다.

이들은 더 낮은 온도를 얻기 위해 기체에 대한 줄-톰슨 효과를 이용했다. 줄-톰슨 효과란 기체나 액체가 주변과 열을 주고받지 못할 때, 압력이나 부피를 조절하면 온도가 변화하는 현상을 말한다. 당시 기체의 상태는 온도와 압력과 부피로부터 정확하게 정해질 수 있다는 기체 이론이 이미 확립되어 있었다. 상온에서 대부분의 기체는 분무기나 소화기를 뿜을 때 느낄 수 있듯이 팽창하면서 온도가 내려간다. 예를 들면, 0도의 압축 공기는 1기압 내려갈 때마다 약 4분의 1도씩 온도가 내려간다. 이 방법으로 온도를 낮추는 과정은 이렇다. 먼저 50기압 이상의 높은 압력으로 기체를 압축하고, 이를 우선 여러 방법으로 가능한 한 차갑게 한다. 이때는 주로 예전처럼 기화열을 이용한다. 그리고 정밀한 밸브를 사용해서 냉각된 압축 기체를 천천히 팽창시켜 압력을 낮추면 기체의 온도를 더욱 낮출 수 있다.

이제 남은 기체는 수소와 헬륨이었다. 쉬운 일은 아니었지만 케임브리지 대학교의 제임스 듀어가 처음으로 수소를 액화시키는 데 성공했다. 듀어는 1892년 카이유테와 픽테의 기체 냉각 실험을 영국에 처음으로 소개했고, 직접 실험 장비를 만들어서 낮은 온도를 탐구했다. 그는 곧 영국에서 이 분야의 선도적인 연구자가 되었고, 수소 액화에 도전했다. 영국 왕립 연구소에 대규모 냉각 장치를 건설한 듀어는 1898년 마침내 수소를 액화하는 데 성공했고, 다음해 고체 수소도 만들어 냈다. 수소의 액화점은 섭씨 -252.87도, 어는점은 섭씨 -259.14도다.

헬륨은 패러데이의 시대에는 아직 발견되지 않았기 때문에 여섯 가지 영구 기체에 들어가지 않았다. 헬륨은 수소에 이어 우주에서 두 번째로 많은 원소지만, 지구에서는 구하기 어렵다. 헬륨은 다른 원소와 거의 결합하지 않고 기체로 존재하고 매우 가벼우므로 곧장 대기권의 맨 위로 올라가, 사실상 우주 공간으로 날아가 버리기 때문이다. 그래서 헬륨이 처음 발견된 것도 지구에서가 아니라 태양에서였으며, 헬륨이라는 이름도 태양을 뜻하는 그리스 어 헬리오스(*helios*)에서 왔다. 그래서 헬륨은 구하기도 어렵고, 다루기도 어려운 물질이었다. 듀어도 끊임없이 헬륨을 액화하려고 노력했지만 결국 성공하지 못한다.

1853년 네덜란드 흐로닝언에서 건설업을 하는 아버지에게서 태어난 하이케 카멜링 오네스는 흐로닝언 대학교와 하이델베르크 대학교에서 물리학을 공부해서 박사 학위를 받고 1882년 네덜란드에서 가장 오래된 대학인 레이던 대학교 물리학과의 교수가 되었다.

오네스는 물리학에서 지향하는 바가 "측정을 통한 지식(Door meten tot weten)"일 정도로 오직 실험만을 위해서 태어난 것 같은 사람이었다. 오네스가 평생 추구한 것은 더 낮은 온도였고, 그래서 당대에 "절대 영도의 신사"라고 불렸다. 그 역시 수소와 헬륨을 액화시키기 위해서 노력을 기울였는데, 듀어가 먼저 수소를 액화시키는 데 성공해 버려서 이제 목표는 오직 헬륨이 되었다. 헬륨은 수소보다 훨씬 어려운 상대였다. 이미 섭씨 -250도보다 낮은 온도를 더 이상 내리는 것도 극도로 어려운 일이었다. 그러나 오네스는 꾸준하고 섬세한 노력을 기울여 1908년 7월, 마침내 헬륨을 액화시키는 데 성공했다. 헬륨이 액화되는 온도는 섭씨 -268.93도다.

헬륨도 다루기 어렵지만 액체 헬륨은 더욱 다루기 까다로운 물질이다. 오네스는 이후 액체 헬륨을 만들고 저장하고 이용하는 방법을 개발하는 데 노력했다. 액체 헬륨을 이용하면 저온을 쉽게 얻을 수 있어서 오네스의 저온 연구는 크게 진전했다. 액체 헬륨을 활용해서 오네스는 곧 섭씨 -272도 아래까지 도달하는 데 성공했다. 이는 당시까지 인간이 도달한 가장 낮은 온도였고 절대 영도까지 1도도 남지 않은 극한의 온도다. 이제 지구 위에서 가장 추운 곳은 레이던 대학교였다.

모든 기체를 액체로 만드는 데 성공한 오네스가 1911년부터 연구하기 시작한 것은 극저온에서 물질의 여러 가지 성질이 어떻게 변하는가였다. 4월부터 오네스는 금속의 전기 저항을 측정하기 시작했다. 전기 저항이란 물질에 전기를 흘렸을 때 전류가 얼마나 흐르는가를 나타낸다. 같은 전압에서 전류가 적게 흐르면 저항이 큰 것이고, 전류가 많이 흐르면 저항이 작은 것이다. 일반적으로는 물질의 온도가 낮아질수록 전기 저항도 작아지는 것으로 알려져 있었다. 그러나 절대 영도에서도 전기 저항이 계속 작아질까? 만약 작아진다면 어디까지 작아질까? 전기 저항도 0에 가까워질 것이라는 사람도 있었고, 금속마다 다른 어떤 최솟값이 있을 것이라는 사람도 있었다. 켈빈 경을 비롯한 몇몇 사람들은 절대 영도에서는 전자의 움직임도 얼어붙어서 전기가 흐르지 않는다고, 즉 저항이 무한히 커질 것으로 추측하기도 했다.

1911년 4월에 오네스는 극저온에서 수은의 전기적 성질을 조사하기 시작했다. 그때까지 오네스는 금을 가지고 주로 실험해 왔었지만, 이런 극한적인 상황의 실험에서는 아주 작은 불순물도 결과를 망칠 수 있기 때문에, 순수한 상태를 얻기 쉬운 수은으로 시료를 바꾼 것이다. 결과적으로 이것은 오네스에게 행운을 가져왔다. 회로에 연결한 수은의 온도를 내림에 따라서 수은의 전기 저항은 서서히 작아졌다. 그런데 절대 온도 4.19켈빈이 되자 갑자기 전기 저항이 사라져 버렸다.

오네스는 자기 눈으로 본 결과를 믿을 수 없었다. 우선 떠오른 생각은 회로 어딘가에 합선이 생겼거나 고장이 났다는 것이었다. 수십 차례나 같은 실험을 반복하고서야 오네스는 전기 저항이 정말로 사라졌다는 것을 겨우 인정했다. 이것은 그때까지 그 누구도 언급하거나, 심지어 상상하지도 못했던 일이었다. 4월 말 이 불가사의한 결과를 보고하는 오네스의 첫 번째 논문이 발표되었다. 곧이어 오네스는 주석과 납도 온도가 낮아져서 어떤 온도에 도달하면 마찬가지로 전기 저항이 갑자기 0이 된다는 것을 발견했다.

1913년 오네스는 이 현상에 **초전도**(superconductivity)라는 이름을 붙였다. 그는 곧 이 현상이 풍부한 응용 가능성을 가지고 있다는 것을 깨달았다. 전기 저항이 없는 초전도 전선은 전류를 엄청나게 많이, 값싸게 공급할 수 있을 것이다. 오네스는 납 전선을 초전도 상태로 만들어서 전류를 흘려놓고 오래 지나면 어떻게 되는가를 실험해 보았다. 1년이 지나도 전류는 거의 변화 없이 흐르고 있었다.

1913년 오네스는 노벨 물리학상을 받았다. 그런데 수상 이유는 초전도의 발견 때문이 아니라 "낮은 온도에서 물질의 성질에 관한 연구에 대해서, 특히 액체 헬륨을 만들어 낸" 업적 때문이었다. 초전도는 1913년에는 미처 널리 알려지기도 전이었던 것이다.

온도 이야기

온도란 무엇인가?

다락방에서 공동 생활을 하는 가난하고 자유로운 예술가들의 모습과 사랑을 그린 푸치니의 네 번째 오페라 「라 보엠」의 1막에 시인 로돌포와 옆방의 수놓는 처녀 미미가 만나는 유명한 장면이 있다. 초에 불을 붙이러 로돌포의 방에 온 미미는 폐가 좋지 않아서 심한 기침을 하는데 그러다가 열쇠를 떨어뜨린다. 때마침 창밖에서 불어온 바람에 미미의 촛불마저 꺼지자, 로돌포도 자신의 촛불을 살며시 불어 끄고 함께 어둠 속에서 열쇠를 찾는다. 열쇠를 찾던 두 사람의 손이 맞닿을 때, 로돌포가 부르는 아리아가 유명한 「그대의 찬 손」이다.

그대의 조그만 손이 왜 이리도 차가운가요.
내가 따뜻하게 녹여 줄게요.

차가운 미미의 손에 따뜻한 로돌포의 손이 닿으면 차츰 로돌포의 손은 차가와지고 미미의 손이 따뜻해지게 된다는 것을 우리는 잘 알고 있다. 이런 현상을 흔히 "열이 로돌포의 손에서 미미의 손으로 이동했다."라고 한다. ("냉기가 미미의 손에서 로돌포의 손으로 이동했다."라고 하는 사람들도 있다.)

사실 미미와 마찬가지로 다락방에 사는 가난한 시인 로돌포의 손이 따뜻하면 얼마나 따뜻하겠는가. 그러나 차가움과 뜨거움이란 상대적인 것이라서, 로돌포의 손이 따뜻하지 않더라도 미미의 손이 그보다 더 차갑기만 하다면 열은 로돌포의 손에서 미미의 손으로 전해지고 미미는 따뜻함을 느낄 수 있다. 그러다가 더 이상 열이 이동하지 않게 되는 순간이 오는데, 이런 상태를 '열적 평형'이라고 부르고, 두 손은 '같은 온도'라고 정의한다. 그러니까 이것은 논리학의 첫 번째 법칙인 'A=A'라고 하는 것에 해당하는 열역학의 기본 원리다. 이를 좀 더 근사하게 '열역학 0법칙'이라고 부르기도 한다.

온도란 차갑고 뜨거움의 정도를 나타내는 숫자다. 방금 얘기했듯이, 중요한 것은 두 숫자 중에 어느 쪽이 더 큰가 하는 것이며, 숫자 값 자체는 기준을 잡는 것에 따라 얼마든지 바뀌어도 상관없다. 오늘날 대부분의 나라에서 사용하는 온도 체계는 18세기 스웨덴의 천문학자였던 안데르스 셀시우스의 이름을 딴 섭씨 온도(℃) 체계다. (섭씨는 한자로 攝氏라고 쓰는데 셀시우스의 음차 표기다.) 1948년까지 섭씨는 "백분도(centigrade)"라고 불렸는데, 이는 이 온도 체계가 물이 어는 온도를 0도, 물이 끓는 온도를 100도로 정하고 이 사이를 100등분해서 만들어졌기 때문이다. 사실 1742년에 셀시우스가 처음 쓴 논문에서는 물이 끓는 온도를 0도, 물이 어는 온도를 100도라고 불렀다고 한다. 그러니까 우리가 당연하게 생각하는 높은 온도가 뜨거움을 나타낸다는 개념도 처음부터 있던 것은 아니다.

1724년 제안된 화씨라는 온도 체계는 독일의 물리학자 다니엘 가브리엘 파렌하이트의 이름을 딴 것인데, 이는 물이 어는 온도를 32도, 끓는 온도를 212도로 놓는다. (화씨는 한자로 華氏라고 쓰는데 이 역시 파렌하이트의 음차 표기다.) 한때는 화씨도 널리 쓰였지만, 20세기 중반 이후 거의 모든 나라가 섭씨를 사용하게 되었고 화씨를 고수하는 나라는 몇 남지 않았다. 아직 화씨를 쓰는 나라는 케이만 제도, 벨리즈 그리고 미국이다.

숫자 그 자체가 중요하지는 않다고 해도, 온도에 대해 반드시 알아두어야 할 것은, 온도에는 더 이상 내려갈 수 없는 하한선이 존재한다는 사실이다. 이 절대적인 한계는 일찍이 보일부터 시작해서 기욤 아몬통, 요한 람베르트, 앙투안 라부아지에 등 많은 사람들에 의해 이론적으로 그리고 실험적으로 논의되었다. 아몬통이나 람베르트는 온도계의 구조로부터 추론하여, 낮은 온도에는 하한선이 있다는 결론을 내렸는데, 예를 들어 수은 기둥의 높이로 온도를 나타내는 수은 온도계는 온도가 점점 내려가면 결국 높이가 0이 되므로 어느 온도 아래로는 더 이상 내려갈 수 없다는 설명이었다. 이로부터 그들이 추산한 한곗값은 섭씨 −240도 혹은 섭씨 −270도로 오늘날 우리가 알고 있는 값과 놀랄 만큼 비슷하다. 그러나 그 밖의 다른 의견도 얼마든지 있어서, 라부아지에나 돌턴은 섭씨 −3,000도라는 값을 제시하기도 했다.

한계 온도를 '절대 영도'라고 부른다. 현대에는 열역학적으로 절대 영도를 계의 엔트로피가 최소인 상태로 정의한다. 고전적인 의미에서 절대 영도에서 물질의 열에너지는 완전히 사라진다. 따라서 이는 이론적인 온도고, 실제로 도달할 수는 없다. 양자 역학적으로 말하면 절대 영도란 가능한 양자 역학적 상태가 오직 하나뿐인 상태다. 엔트로피는 가능한 상태의 수의 로그 값으로 나타낸 것이다. 따라서 절대 영도의 엔트로피는 0, 바로 최솟값이 된다. 이를 열역학 3법칙이라고 부르기도 한다. 양자 역학적으로는 절대 영도에서도 에너지가 완전히 0이 되지는 않으며, 불확정성 원리에 따라 양자 요동에 의한 에너지가 존재한다.

절대 영도는 온도에 대한 절대적인 기준이므로 이를 0으로 잡는 온도 체계가 가장 자연스러워 보인다. 1848년에, 당대의 가장 뛰어난 물리학자였던 켈빈 경이 열역학적인 방법으로 그러한 절대 온도 체계를 정의했으므로, 절대 온도의 단위는 켈빈 경의 이름을 따서 켈빈이라 부르고 K로 쓴다. 오늘날 절대 온도 체계는 절대 영도를 0, 순수한 물의 삼중점의 온도를 273.16으로 해서 정의한다. 절대 온도 1켈빈은 섭씨 1도와 같아서 섭씨와 켈빈은 서로 쉽게 바꿀 수 있다. 0켈빈은 섭씨 -273.15도, 273.16켈빈은 섭씨 0.01도다. 화씨로는 0켈빈이 화씨 -459.68도다.

지금까지 절대 영도를 이야기했으니, 이제 온도를 좀 올려 보자. 온도를 올리는 제일 쉬운 방법은 처음에 로돌포와 미미가 그랬듯이 온도가 더 높은 물체를 갖다 대는 것이다. 그러면 '열이 이동해서' 온도가 올라간다. 그런데 열이 '이동'한다는 게 뭘 의미하는 걸까? 그리고 '온도'라는 것은 과연 무엇을 나타내는 것일까?

열이라는 현상에 관해서 이해가 깊어지고 열역학이라는 분야가 본격적으로 발전한 것은 19세기의 일이다. 열역학은 주로 온도, 압력, 부피라는 세 가지 거시적인 양으로 물질의 상태를 나타낸다. 그런데 기체 상태의 경우에는 기체가 작은 입자로 이루어져 있고 각 입자는 뉴턴 법칙에 따라 자유롭게 운동하며, 입자와 입자가 서로 충돌하는 것이 입자들 사이의 유일한 상호 작용이라고 생각하면 기체의 여러 성질을 잘 설명할 수 있었다. 이를 기체 운동론이라고 한다. 기체 운동론을 통해서 기체의 온도는 곧 입자들의 평균 운동 에너지라는 것을 보일 수 있다. 그러니까 기체의 온도란 기체 입자가 평균적으로 얼마나 빠른 속도로 돌아다니고 있느냐를 보여 주는 값이다.

이제 온도가 다른 두 기체를 같이 놓았다고 생각해 보자. 그러면 온도가 높은, 즉 속도가 빠른 입자들이 온도가 낮은, 즉 속도가 느린 입자와 충돌하게 된다. 속도가 빠른 입자에 충돌한 느린 입자는 속도가 빨라질 것이다. 그래서 온도가 낮은 기체는 차츰 온도가 올라간다. 속도가 빨랐던 입자가 느린 입자에 부딪히면 속도가 느려지므로, 온도가 높은 기체는 온도가 내려간다. 결국 기체에서 열이 이동한다는 것은 기체 분자들의 충돌을 통해서 운동 에너지가 전달되는 과정이다.

우리가 느끼고 생각하는 온도란 이 개념을 확장한 것이다. 즉 온도란 계의 에너지를 나타내는 양이고, 이때 이 에너지는 물질을 이루는 입자, 곧 원자의 에너지다. 단, 액체와 고체에서는 물질을 이루는 입자인 원자들 사이의 상호 작용이 강해져서 운동 에너지만으로 온도가 결정되지는 않는다. 고체의 경우에는 많은 경우, 원자들이 서로 강하게 결합해서 제자리에서 진동하고 있는 것으로 생각할 수 있는데, 이때 온도란 진동하는 원자의 에너지라고 생각할 수 있다. 사실 기체의 경우는 모든 기체가 어느 정도 비슷하게 행동하는 것과는 달리, 액체와 고체에서는 물질의 종류에 따라 여러 가지 성질이 크게 달라진다. 따라서 기체는 하나의 방정식으로 거의 모든 기체를 기술할 수 있는 반면, 고체의 물성은 일일이 따로 연구해야 한다. (이것이 '고체 물리학'이라는 분야는 있어도 '기체 물리학'은 없는 이유다.) 그래서 온도가 어떤 형태의 에너지로 존재하는지도 물질에 따라 다르다.

절대 영도 근처에서는 모든 물질이 고체 상태다. 이제 서서히 온도를 올린다고 생각해 보자. 원자들은 더 높은 에너지를 가지게 되어 진동하고 주변의 원자들과 상호 작용을 더 많이 주고받는다. 어떤 온도가 되면, 마침내 원자들은 주변 원자들과 더 이상 묶여 있지 않고 돌아다니기 시작한다. 액체가 되기 시작하는 것이다. 이 온도를 녹는점이라고 부른다. 액체의 온도를 올려서 다시 어떤 온도가 되면 원자들은 더 이상 묶여 있지 않고 자유로이 돌아다니게 된다. 이 온도가 끓는점이다. 끓는점보다 높은 온도에서 물질은 기체가 되고, 대부분의 에너지는 입자들의 운동 에너지가 된다. 이렇게 온도가 올라감에 따라 고체가 녹아서 액체가, 액체가 끓어서 기체가 되는 것이 우리가 주변에서 흔히 보는 현상이다.

이제 더 높은 온도를 생각해 보자. 온도가 점점 더 올라가서 1만 도쯤 되면 절대 온도나 섭씨 온도를 구별할 필요가 별로 없다. 그러니 그냥 1만 도라고 부르겠다. 이쯤 되면 원자 속의 전자와 원자핵이 서로를 묶고 있는 힘을 이길 만큼의 에너지를 가지게 되어서, 원자가 해리되어 이온 상태가 된다. 이런 상태를 플라스마 상태라고 부른다. 우리가 보통 말하는 물질은 원자로 이루어진 상태만을 말하므로, 플라스마 상태란 고체도, 액체도, 기체도 아닌 물질의 새로운 상태다. 그래서 이를 제4의 상태라고 부르기도 한다. 태양처럼 타고 있는 별은 대부분 플라스마 상태라고 할 수 있다. 그래서 사실상 우주에는 고체나 액체나 기체 상태의 물질보다 플라스마 상태의 물질이 훨씬 더 많다.

이제 마지막으로 우주의 온도에 대해서 생각해 보자. 1960년대 중반 벨 연구소의 젊은 연구원이었던 아노 펜지어스와 로버트 윌슨은 위성을 추적하기 위해 안테나를 연구하다가, 어떤 방법으로도 없앨 수 없고, 모든 방향에서 일정한 잡음이 남아 있다는 것을 알게 된다. 연구 결과 이 잡음은 우주 공간에서 나오는 약 3켈빈 온도의 흑체 복사임을 알게 되었고, 이는 대폭발 우주론의 가장 중요한 증거가 되었다. 펜지어스와 윌슨은 그 공로로 1978년 노벨 물리학상을 받았다.

우주 공간이 3켈빈, 섭씨 -270도라는 것은 무슨 뜻일까? 우주 공간은 1세제곱센티미터의 부피에 수소 원자 몇 개 정도가 있을 정도로, 사실상 텅 빈 곳이다. 입자의 개수가 그 정도면 이로부터 열역학적인 온도를 정할 수는 없다. 그럼 우주 공간의 온도는 무엇을 의미할까? 사실 우주 공간도 텅 비기만 한 것이 아니라 무언가로 가득 차 있다. 우주를 가득 채우고 있는 것은 물질이 아니라 빛이다. 이를 우리는 우주 배경 복사라고 부른다. 온도란 계의 에너지를 나타낸다는 것을 기억하자. 따라서 우주 공간의 온도란 바로 우주에 가득 찬 빛이 가지고 있는 에너지다.

만약 우리가 우주에 나가서 바깥에 손을 내놓으면, 섭씨 −270도나 되는 극저온이니까 금방 얼어붙을까? 그런데 또 그렇지는 않다. 우주 공간에는 물질이 없으므로 우리 손의 에너지가 거의 전달되지 않는다. 그러니까 영하 270도라고 해도 우리는 그것을 거의 느끼지 못할 것이다. 즉 우주 공간은 '차갑지만 춥지는 않다.'

빛보다 빠른 유령?

초광속 중성미자 스캔들

우리가 살고 있는 이 시대는

속도와 4차원 같은 새로운 발명으로

걱정거리를 만들죠.

미스터 아인슈타인의 이론에는

이제 조금 지쳤어요.

그래서 가끔은 땅에 내려와서

긴장을 풀고 쉬어야 해요.

무슨 진보가 있건

무엇이 더 증명되든

인생의 단순한 사실은

사라질 수 없다는 것.

험프리 보거트와 잉그리드 버그먼이 주연한 1942년 영화 「카사블랑카」의 주제곡 「시간이 흐르면서(As time goes by)」는 원래 1931년에 허먼 후펠드가 브로드웨이 뮤지컬을 위해 만든 곡이다. 영화에 나오면서 이 곡은 대히트를 거둬, 1931년에 취입한 루디 발레의 곡이 10년도 더 지나서 뒤늦게 차트 1위를 차지하기도 했다. 영화에는 나오지 않지만 이 곡의 앞부분 가사는 사실 앞에 보인 내용이다. 이 가사를 보면 아인슈타인의 상대성 이론이 당대에 얼마나 광범위하게 충격을 미쳤는지를 느낄 수 있다.

아인슈타인의 첫 논문이 나온 지 어언 100년이 훌쩍 지난 지금, 특수 상대성 이론은 더 이상 신비한 무엇이 아니라 시간과 공간을 보는 당연한 방식이 되었다. 특수 상대성 이론은 논리적으로 올바르고 수많은 실험적 증거로 뒷받침되고 있으며, 사실 수학적으로 그리 어렵지도 않아서 착실하게 물리학을 배우면 고등학생이라도 충분히 이해할 수 있다.

특수 상대성 이론의 전제는 유한한 빛의 속도가 시간과 공간의 기준이며, 물리적인 속도의 한계라는 것이다. 그런데 2011년 바로 지금 상대성 이론의 근본을 뒤흔드는 실험 결과가 보고되어 물리학자들뿐 아니라 많은 사람들의 커다란 관심을 끌고 있다. 2011년 9월 23일자로 온라인에 공개된 논문에 따르면 스위스 제네바 근처의 유럽 입자 물리학 연구소 CERN에서 만들어져서 약 730킬로미터 떨어진 이탈리아 그란 사소 지하 연구소의 오페라(OPERA) 검출기에 도착한 중성미자 빔의 속력이 빛보다 약 0.002퍼센트가량 빠른 것으로 나타난 것이다.[1]

빛보다 빠른 물질이 존재한다는 것은 아인슈타인의 상대성 이론에 정면으로 위배되는 결과다.

오페라 실험은 스위스 CERN의 SPS 가속기를 이용하는 CNGS 실험에서 만들어진 뮤온 중성미자가 이탈리아 중부에 위치한 오페라 검출기까지의 먼 거리를 오는 동안 타우 중성미자로 변하는 정도를 측정하는 실험이다. 이런 실험을 중성미자의 원거리 실험(long-baseline experiment)이라고 한다. 원거리 실험에서는 중성미자 빔이 출발하는 곳에 검출기를 설치해서 먼저 보내지는 중성미자의 수를 확인하고, 다시 먼 거리에 있는 검출기에서 도착한 중성미자를 확인하고 처음 검출된 것과 비교해서 얼마나 변했는지를 확인한다. 오페라 검출기는 특히 타우 렙톤을 실제로 검출해서 타우 중성미자가 존재함을 직접 확인할 수 있다.

오페라 그룹은 본래의 중성미자 변환 실험을 수행하면서 부수적으로 중성미자의 속도도 측정했다. 중성미자는 전자의 수십만분의 1에서 100만분의 1 이하로 극히 가벼워서 거의 빛의 속도에 가깝게 움직이기 때문에, 속도를 구하기 위해서는 중성미자가 날아온 시간과 CERN에서 오페라 검출기까지의 거리를 정밀하게 측정해야 한다. 이들은 GPS 위성을 이용해서 CNGS와 오페라 검출기의 시계를 정확히 동기화시켜서 소요 시간을 오차 10억분의 2초(=2나노초) 이하로 정확히 측정했고, 약 730킬로미터에 이르는 CERN과 오페라 검출기 사이의 거리도 오차 20센티미터 이하로 정확히 결정했다.

CNGS에서 나오는 중성미자의 에너지는 평균 약 17기가전자볼트인데, 특수 상대성 이론에 따르면 이 에너지의 중성미자와 빛의 상대적인 속도 차이는 10억분의 1의 다시 1억분의 1퍼센트에 불과하다. 지금까지 중성미자의 속도를 측정하는 실험에서 이것과 상충되는 결과는 아직 없었고, 오페라 실험에서도 이것을 확인하려고 했다. 그런데 오페라 그룹에서 3년간 측정한 16,111개의 데이터를 토대로 측정한 결과는 오히려 중성미자가 빛보다 평균 약 1억분의 6초 일찍 도착했다는 것이었다. 극히 작은 값이지만 빛보다 빠른 입자가 존재한다는 것 자체가 너무 충격적이라서, 이 결과는 물리학자들 사이에서는 물론 일반 미디어에도 널리 알려졌다.

빛보다 빠른 물질이 존재한다고 해서 당장 아인슈타인의 상대성 이론을 부정할 물리학자는 거의 없다. 상대성 이론은 지난 100여 년 동안의 무수한 실험을 통해서 뒷받침되었고, 현대의 고에너지 실험에서는 빛의 속도의 99.9999…퍼센트로 달리는 입자를 상대성 이론으로 정확히 다루고 있으므로, 상대성 이론이 기본적으로 옳다는 것에 이의를 가지는 물리학자는 없다. 그래서 대부분의 사람들은 실험을 좀 더 지켜보자는 신중한 입장을 취하고 있다. 그러나 '혹시?'라는 생각이 전혀 없는 것은 아니어서, 실험 결과가 발표된 지 불과 일주일 만에 오페라의 실험 결과를 이론적으로 설명하는 논문이 수십 편도 넘게 발표되었다. 이렇게 사람들이 '혹시?'라는 생각을 버리지 못하는 이유는 문제의 입자가 바로 중성미자이기 때문이다.

중성미자는 우리가 알고 있는 입자 중에서 가장 특별한 입자다. 중성미자는 원자핵의 베타 붕괴 과정에서 에너지 보존 법칙을 지키기 위해서 볼프강 파울리가 1930년에 가설로 도입한 '보이지 않는 입자'다. 인간이 전자와 양성자밖에 알지 못하던 시절이다. 보이지 않는 입자란 무엇일까? 물리학에 그런 것이 있어도 괜찮은 걸까? 파울리 스스로도 자신의 가설에 괴로워하며 이렇게 말했다고 한다. "난 빌어먹을 짓을 했어. 검출될 수 없는 입자를 가정해 버렸어." 쉽사리 검출할 수 없는 입자였기 때문에 이 입자를 실험적으로 확인하기까지는 무려 26년이라는 시간이 필요했다.

중성미자가 보이지 않는 입자이며 발견하기 힘들었다는 말이, 중성미자가 드물게 존재한다는 뜻은 아니다. 아니 오히려 중성미자는 우리 주변에 바글바글할 정도로 엄청나게 많은 입자다. 지금 이 순간, 우리 몸에는 태양에서 온 중성미자가 1초에 400조 개 이상 쏟아지고 있다. 지구의 자연 방사능에서는 1초에 500억 개가량이, 전 세계에 있는 원자력 발전소에서는 100억에서 1000억 개가량의 중성미자가 나와 우리 몸에 부딪히고 있다. 그 밖에도 우주선이 지구 대기권의 원자를 때릴 때 파이온과 뮤온이 생겨나거나 붕괴하면서 중성미자들이 나오는데 이것들도 지구 표면으로 쏟아져 내리고 있다.

이렇게 흔한 입자가 보이지 않는 이유는 중성미자가 다른 물질과 아주 약하게 상호 작용하기 때문이다. 양자 역학적으로 말해서 상호 작용이 약하다는 말은 아주 드물게 상호 작용을 한다는 말이다. 그래서 우리 몸에 쏟아지는 저 많은 중성미자들은 거의 모두가 우리 몸을 이루는 원자와 상호 작용을 하지 않고 그냥 통과해 버린다. 우리 몸뿐 아니라 어떤 물질과도 거의 상호 작용을 하지 않기 때문에, 만약 우리가 지구 반대편으로 중성미자를 보내고 싶으면 중성미자 빔을 그냥 지구를 향해 쏘면 된다. 그러면 중성미자는 거의 모두가 지구를 통과해서 반대편으로 나온다. 오페라 실험에서도 CNGS에서 오페라까지 중성미자가 지나가는 730킬로미터의 통로가 따로 있는 것이 아니라, 중성미자 빔을 오페라 검출기를 향해 그냥 땅 속으로 쏘는 것이다. 그러면 중성미자는 중간에 있는 지각을 통과해서 오페라 검출기에 도달한다. 중성미자를 검출한다는 것은 분명 검출기와 중성미자가 상호 작용을 한다는 것이지만, 검출기와도 아주 약하게 상호 작용을 하기 때문에, 검출기에 도달한 중성미자 중에 검출되는 것은 극히 일부다.

중성미자를 발견하는 이야기는 로스 앨러모스에서 시작한다. 제2차 세계 대전이 끝나고 난 뒤에도 로스 앨러모스는 핵무기 연구의 중심이었다. 많은 과학자들이 자신들의 연구소로 돌아가기는 했지만, 여러 시설과 노하우는 남아 있었고 핵무기의 개발과 테스트가 계속되었다. 그러나 한편으로는 전쟁과는 무관한 기초 연구도 시작되었다. 그 중 하나가 뉴욕 대학에서 학위를 받고 1944년 로스 앨러모스에 왔던 프레더릭 레인스가 클라이드 코완과 함께 구상한 과제였다. 바로 중성미자를 관측하려는 것이었다.

1951년에 처음 레인스가 생각한 것은 핵무기 실험에서 나오는 많은 양의 중성미자를 검출하는 것이었는데, 얼마 후 원자로에서 나오는 중성미자를 검출하는 쪽으로 방향을 바꿨다. 원자로에서 나오는 중성미자는 시간당 나오는 수는 적지만 오랜 시간 계속 나오기 때문에 측정할 가능성이 더 높았다. 레인스와 코완은 페르미와 베테 같은 대가들에게 자문을 구하면서, 검출기는 어떻게 만드는 것이 좋은지, 그리고 얼마나 커야 하는지 등을 연구했다.

이들이 처음 중성미자 검출 실험을 시작한 곳은 워싱턴 주 핸퍼드의 핵시설이었다. 이들은 300리터 크기의 검출기를 가지고 1953년 봄부터 몇 달에 걸쳐 중성미자를 검출하기 위해서 노력했으나, 중성미자의 존재를 확증하는 데 실패했다. 이들은 다시 사우스캐롤라이나의 사반나 강 원자력 발전소의 원자로에서 나오는 중성미자를 이용해서 실험을 시작했다. 새로운 검출기는 염화카드뮴 수용액 4,200리터와 110개의 광전관으로 이루어진 거대한 것이었다. 그들은 1955년 가을부터 수 개월간 데이터를 모았고, 마침내 중성미자가 검출되었음을 확인했다. 이 결과는 1956년 7월 20일자 《사이언스》에 발표되었다.[2] 레인스와 코완은 그들의 실험을 '유령 작전(Poltergeist Project)'이라고 불렀다. 그들은 보이지 않는 유령을 잡은 것이다.

이제 다시 중성미자가 세상을 떠들썩하게 하고 있다. 오페라의 실험 결과를 설명하려는 이론들 대부분은 중성미자만이 상대성 이론에서 벗어나는 행동을 한다고 가정한다. 상대성 이론은 분명 옳지만 중성미자는 특별할 수 있다고 생각하는 것이다. 중성미자는 과연 특별한 입자, 빛보다 빠른 유령일까? 아인슈타인의 상대성 이론이 수정되어야 하는 걸까? 아니면 그저 실험이 잘못된 것일까?

+ 오페라 연구진은 후속 연구에서 그들의 실험에서 두 가지 문제점을 발견했다고 보고했다. 광케이블 연결에 문제가 있었고, 시계가 너

무 빨리 갔다는 것이다.[3] 이 문제를 처리하고 나자 중성미자의 속도는 빛보다 빠르지 않은 것으로 확인되었다. 이후 오페라를 비롯해서 이카루스(ICARUS), 보렉시노(BOREXINO), LVD 등 그란 사소 연구소의 중성미자 실험 팀 모두가 각각 중성미자 속도를 측정해서 결과를 발표했고, 모든 결과는 빛의 속도보다 빠르지 않다는 것이었다. CERN의 연구부장 세르지오 베르톨루치가 네 개의 그란 사소 중성미자 실험 팀을 대표해서 이 결과를 발표했다. 중성미자가 빛보다 빠르다고 했던 원래의 오페라 실험 결과는 실험 장비의 문제에서 비롯된 잘못된 결과로 공식적으로 결론지어졌다.[4]

수수께끼의 힉스

힉스 입자는 정말로 발견되었는가?

2011년 12월 13일 CERN에서는 ATLAS와 CMS 그룹이 공개 세미나를 열어 2011년에 LHC에서 얻어진 데이터를 가지고 힉스 입자를 탐색한 결과를 발표했다.[1] 지구상에서 가장 큰 기계의 첫 번째 임무가 예정대로 완수될 것이냐에 대한 전 세계적인 관심이 집중된 가운데 발표된 결과는, 표준 모형의 힉스 입자가 존재한다면, 그 질량은 ATLAS 그룹에 따르면 116~130GeV/c^2 범위에, 그리고 CMS 그룹의 결과에 따르면 115~127GeV/c^2 범위에 존재할 것이 거의 확실하다는 것이다. 이보다 더 귀가 솔깃해지는 이야기는, 두 그룹 모두 질량이 125GeV/c^2 근방에서 힉스 입자일 가능성이 있는 신호를 보았다는 것이다. 힉스 입자는 이 영역에서 발견될 것인가? 이 범위 안에서도 힉스 입자가 발견되지 않으면 어떻게 되는가? 아니, 이 질문에 답하기 전에 대체 힉스 입자란 무엇인지부터 간단히 돌아보자.

물리학자들이 세상을 보는 눈은 대칭성에 맞추어져 있다. 상대성 이론은 시공간의 대칭성 위에서 성립되고, 자연의 근본적인 상호 작용은 게이지 대칭성이라는 추상적인 대칭성으로 설명된다. 현대 물리학에서 우주의 근본적인 존재 및 작동 원리는 대칭성이고, 자연 현상은 대칭성의 표현일 뿐이며, 자연에서 발견해 낸 대부분의 물리 법칙들은 대칭성에서 비롯되는 보존 법칙이다.

물리학에서 대칭성과 보존 법칙의 원리가 처음으로 중요하게 연구된 것은 19세기에 윌리엄 해밀턴과 카를 야코비 등이 뉴턴 역학의 운동 방정식을 연구하면서다. 물리학자라기보다 수학자에 가까운 이들은 운동 방정식을 수학적으로 변환하는 과정에서 변하지 않는 방정식의 형태를 발견하고 이를 기반으로 고전 역학을 형식화했다. 수학적 변환과 불변량의 관계는 군론이라는 수학의 분야에서 소푸스 리에 의해서 발전했으며, 19세기 말과 20세기 초 사이에 괴팅겐의 수학자들 — 다비트 힐베르트, 헤르만 바일, 에미 뇌터 등 — 에 의해 불변량과 물리학의 관계가 깊이 연구되었다.

그런데 실제로는 자연의 대칭성이 늘 정확하게 유지되는 것이 아니라 많은 경우에 깨져 있다. 그리고 그 결과로 우리는 더욱 풍부한 자연 현상을 보게 된다. 대칭성이 깨지는 의미를 처음 연구한 사람 중 하나가 마리 퀴리의 남편인 피에르 퀴리다. 피에르 퀴리는 원래의 대칭성이 어떤 작용으로 인해 부분적인 대칭성으로 깨어지면서 우리 눈에 보이는 현상이 일어나고, 그래서 대칭성이 깨지는 것은 "현상의 탄생"이라고 이야기했다.

대칭성이 깨지는 방식 중에서 자발적 대칭성 깨짐이라는 과정은 특히 흥미로운 과정이다. 이 아이디어를 처음 제시한 것은 강자성(ferromagnetism, 철이나 니켈처럼 영구 자석이 되는 금속의 자기적 성질)을 설명하는 베르너 하이젠베르크의 1928년 논문으로 알려져 있다.[2] 강자성 물질은 분자 수준에서 아주 작은 자석들로 이루어진 것으로 생각될 수 있는데, 보통의 경우에는 작은 자석들이 제멋대로 다른 방향을 향하고 있어서 자성이 서로 상쇄되기 때문에 거시적으로는 자석이 아닌 것으로 보인다. 이 상태에서는 물질에 특정한 방향성이 없으므로 모든 방향에 관해서 대칭적이다. 그런데 온도가 내려가면 점점 같은 상태가 되는 작은 자석들이 많아지게 되고, 어느 순간 물질은 자석이 된다. 만약 가장 낮은 에너지 상태가 되면 작은 자석 전체가 모두 같은 방향을 가리키게 될 것이다. 자석이 되면 자석의 극이 가리키는 특정한 방향성이 생긴 것이므로, 방향에 대한 대칭성이 깨진 것이다. 이때 중요한 점은, 거시적인 자석의 방향은 물리적인 이유로 결정되는 것이 아니고 임의로 정해진다는 점이다.

자발적 대칭성 깨짐은 물성 물리학에 적용되어, 소련의 니콜라이 보골류보프가 1947년에 낮은 온도에서 유체의 점성이 사라지는 현상인 초유동 현상을 설명하는 데, 그리고 비탈리 긴즈부르크와 레프 란다우가 1950년에 낮은 온도에서 금속의 전기 저항이 0이 되는 현상인 초전도를 설명하는 데 이용되었다. 1957년 미국의 존 바딘, 리언 쿠퍼, 존 슈리퍼는 전자기 상호 작용을 나타내는 게이지 대칭성이 자발적으로 깨지는 이론인 BCS 이론을 발표해서 초전도 현상을 설명하는 데 성공했다.

1960년 난부 요이치로는 BCS 이론에서 영감을 얻어 자발적으로 깨지는 대칭성이라는 아이디어를 입자 물리학에 처음 도입하고 이듬해 조반니 요나라시니오와 함께 이를 발전시켰다. 그런데 같은 시기에 제프리 골드스톤이 광역 대칭성(global symmetry)이 자발적으로 깨질 때는 반드시 질량이 없고 스핀이 0인 입자가 하나 나타나야 함을 보였다. 광역 대칭성이란 시공간 전체에 똑같이 적용되는 대칭성이다. 이를 골드스톤 정리라고 하며, 이때 나타나는 질량이 없는 입자를 골드스톤 보손이라고 부른다. 질량이 없고 스핀이 0인 기본 입자는 발견된 적이 없었으므로 사람들은 자발적 깨짐이 과연 입자 물리학에서 나타나는가에 의문을 가졌다.

1963년 응집 물질 물리학자인 필립 앤더슨이 초전도 현상에서는 골드스톤 보손이 전자기장의 일부가 되면서 질량을 가진다는 것을 보였다. 골드스톤 정리와 다른 결과가 나온 이유는 전자기 상호 작용을 나타내는 게이지 대칭성은 광역 대칭성이 아니라, 시공간의 위치에 따라 다르게 작용해도 나타나는 국소적 대칭성(local symmetry)이기 때문이다. 이는 게이지 이론에서 자발적 대칭성 깨짐을 처음 논한 것으로, 사실상 앞으로 나올 힉스 메커니즘을 이야기한 것이나 다름없었다. 그러나 앤더슨의 논문은 응집 물질 물리학자의 논문답게 상대성 이론이 적용되지 않는 경우에 대한 것이었기 때문에 입자 물리학자들을 만족시키지는 못했다.

1964년, 벨기에 브뤼셀 대학교의 프랑수아 앙글레르와 로베르 브라우,[3] 영국 에딘버러 대학교의 피터 힉스,[4] 그리고 미국의 제럴드 구랄니크, 리처드 하겐, 톰 키블[5]은 각각 서로 독립적으로 상대론적인 이론에서 게이지 대칭성이 자발적으로 깨지는 과정에 대한 논문을 내놓았다. 이들은 게이지 이론에서 스핀이 0인 스칼라 장의 가장 낮은 에너지 상태가 게이지 대칭성이 깨진 상태라면, 전체적으로는 게이지 대칭성이 유지되면서도 현상적으로는 게이지 입자가 질량을 가지는 것처럼 보여서, 게이지 대칭성이 자발적으로 깨진다는 것을 보였다. 특히 힉스는 이 경우에 골드스톤 정리가 수정되어, 질량이 없는 골드스톤 보손이 아니라 질량을 가진 스칼라 입자가 나타난다는 것을 발견했다. 힉스 입자의 개념이 탄생하는 순간이었다.

이 결과가 정확히 오늘날 우리가 말하는 힉스 입자를 가리키는 것은 아니다. 왜냐하면 이들은 모두 자발적 대칭성 깨짐으로 강한 상호 작용의 이론을 설명하려고 했기 때문이다. 이 아이디어를 약한 상호 작용의 이론에 적용한 것은 스티븐 와인버그와 압두스 살람 등이다. 와인버그는 1967년 셸던 글래쇼가 제안한 SU(2)×U(1) 게이지 이론에서 게이지 대칭성이 자발적으로 깨지는 모형을 제안했다. 와인버그의 모형에서는 게이지 대칭성이 깨지면서 약한 상호 작용의 게이지 입자인 W와 Z 보손은 질량을 가지고, 전자기 상호 작용의 게이지 보손만이 질량이 없는 채로 남게 된다. 그러면 약한 상호 작용은 W와 Z 보손의 질량 때문에 매우 가까운 거리에서만 작용하고, 또한 전자기 상호 작용에 비해서 크기가 매우 약하게 된다. 와인버그의 모형은 약한 상호 작용과 전자기 상호 작용을 정확히 기술한다는 것이 확인되었다.

이것이 오늘날 우리가 알고 있는 입자 물리학의 표준 모형의 원형이다. 그리고 이 이론에서 나타나는 전기적으로 중성인 스칼라 입자가 바로 현재 물리학자들이 찾고 있는 힉스 입자다.

우리는 게이지 대칭성이 자발적으로 깨지는 과정을 힉스 메커니즘(Higgs mechanism)이라고 하고, 이때 나타나는 스핀이 0이며 질량이 있는 입자를 힉스 보손(Higgs boson)이라고 부른다. 여러 사람이 공헌한 이론에 하필이면 힉스의 이름이 붙게 된 것은, 1972년 미국 페르미 연구소에서 열린 컨퍼런스에서, 당시 페르미 연구소 이론 물리학 부장이며, 대표 발표자였던 한국 출신의 이휘소가 약한 상호 작용의 여러 이론을 언급하면서 처음으로 "힉스 메손(Higgs meson)"이라는 말을 쓰면서부터였다고 피터 힉스는 기억한다.[6]

난부 요이치로는 입자 물리학에 자발적 대칭성 깨짐을 도입한 공로로 2008년 노벨 물리학상을 수상했다. 2010년에는 미국 물리학회가 이론 물리학자에게 주는 권위 있는 사쿠라이 상을 힉스, 앙글레르, 브라우, 구랄니크, 하겐, 키블 등 6명 모두에게 공동으로 수여했다. 만약 힉스 보손이 발견되어 노벨상을 수여하게 된다면, 노벨상은 3명까지만 받을 수 있으므로 누가 받을 것인지에 논란이 생길지도 모른다. 안타깝게도, 브라우는 2011년 초에 사망했다.

표준 모형에서 힉스 입자의 질량은 이론적으로 유도되지 않고 오직 측정을 통해서만 알 수 있다. 그러나 이론이 자연스럽게 성립하기 위해서는 W와 Z 보손의 질량 근처인 약 $100\text{GeV}/c^2$ 근처의 값이어야 한다고 여겨지고 있다. 힉스 보손의 질량이 작으면 LHC에서는 힉스 보손이 만들어져도 찾기가 어렵기 때문에 힉스 보손의 질량이 115GeV/c^2 과 130GeV/c^2 사이에 있는지는 아직 확인되지 않았다. 그러나 여러 다른 실험에서 나온 간접 증거에 따르면 힉스 보손의 질량은 이 범위 안에 있을 가능성이 높다. 어쨌든 현재 LHC가 눈부시게 가동되고 있으므로, 2012년까지는 힉스 보손을 확인하기에 충분한 데이터가 나올 것으로 보이기 때문에 우리는 곧 어떤 소식을 듣게 될 것이다. 그리고 보고된 대로 125GeV/c^2에서 힉스 입자가 발견되면 모든 입자 물리학자들은 다시 한번 표준 모형에 경의를 표하고, 표준 모형의 근본을 향한 새로운 탐구를 시작할 것이다.

그럼 만약, 2012년까지의 데이터를 검토해서 힉스 입자가 발견되지 않으면 어떻게 되는가? 그것은 어떤 의미에서 우리 앞에 신천지가 열리는 것이라고 할 수 있다. 그렇다면 입자 물리학의 표준 모형이 어떤 식으로든 수정되어야 함을 의미하기 때문이다. 사실, 우리가 모르는 매우 강한 상호 작용을 통해서 표준 모형의 게이지 대칭성을 깬다든지, 힉스 입자가 보이지 않는 입자로 붕괴해서 지금의 방법으로는 찾을 수 없는 등의 여러 가지 다른 가능성이 이미 많이 논의되어 있으며, 지금도 제안되고 있다.

물리학자들은 신천지를 만나는 것을 좋아하지만, 지금까지 표준 모형이 워낙 정확하게 확립되어 있기 때문에, 신천지이긴 해도 낙원이라는 보장은 없다. 이론가에게도 실험가에게도, 그것은 새로운 도전이면서 (아마도) 고행일 것이다. 아무튼 입자 물리학자에게 21세기는 진정 새로운 세상이다. 힉스 입자가 있는 세상인지, 없는 세상인지는 아직

힉스 입자의 발견을 나타내는 ATLAS의 실험 데이터.

모르지만.

+ LHC의 CMS와 ATLAS 연구진은 2012년 7월 4일, 125GeV/c² 의
질량을 가지는 새로운 스칼라 입자를 관측했다고 공식적으로 발표했
고, 후속 연구를 통해 이 입자는 표준 모형의 힉스 입자와 성질이 일치
함이 확인되었다. 프랑수아 앙글레르와 피터 힉스는 힉스 메커니즘을
만든 공로로 2013년 노벨 물리학상을 수상했다.

4부 자연이 건네는 말

어떻게 자기 옆과 위와 아래에서
'보이지 않는 것'을 인정하지 않고서 잘 볼 수 있을까?
어떻게 '저기'가 없이 '여기'가 있을 수 있고,
'어제'와 '내일'이 없이 '오늘과 지금'이,
'절대'가 없이 '항상'이 있을 수 있을까?
─레지스 드브레, 『이미지의 삶과 죽음』

존 폰 노이만
1903~1957

'고도'를 기다리며

암흑 물질 탐색의 최전선

에스트라공: 자, 가자.

블라디미르: 갈 순 없어.

에스트라공: 왜?

블라디미르: 고도를 기다려야지.

에스트라공: 참 그렇지. 여기가 확실하냐?

블라디미르: 뭐가?

에스트라공: 여기서 기다려야 하느냐 말이다.

블라디미르: 나무 앞이라고 하던데.

……

블라디미르: 딱히 오겠다고 말한 건 아니잖아

에스트라공: 만일 안 온다면?

블라디미르: 내일 다시 오지.

에스트라공: 그리고 또 모레도.

블라디미르: 그래야겠지.

에스트라공: 그 뒤에도 쭉.

블라디미르: 결국은…….

에스트라공: 그자가 올 때까지.[1]

누구인지도 모르고, 어디로 올 것인지, 언제 올지도 확실하지 않은 인물을 기다리는 것은 참으로 어렵고, 힘들고, 고통스러운 일이다. 아무 역할도 주어지지 않은 채 무대 위에 세워진 배우, 해석을 거부하는 연극, 그리고 합리적으로 해명되지 않는 세계. 그런데 바로 그런 일을 하고 있는 물리학자들이 있다. 그들이 기다리고 있는 '고도(Godot)'는 암흑 물질이라고 부르는 존재다.

하지만 물리학자들은 블라디미르와 에스트라공과 다른 점이 있다. 과학자들의 일이란 합리성 없이는 이루어질 수 없기 때문에, 과학자들은 그저 기다리는 것이 아니라 어떻게 하면 고도가 찾아왔을 때 알아볼 수 있을까를 끊임없이 고민한다. 즉 주어진 자료를 가지고 암흑 물질이 무엇인가를 추측하고, 그 성질을 가정하고, 그 가정 위에서 고도가 어디로 올지, 언제 올지를 예상해서 그들이 가정한 고도가 오는 길목에 가서 기다린다.

원자로 이루어진 인간은 우리의 감각 기관을 이루고 있는 원자가 주어진 자극과 전자기 상호 작용을 함으로써 무언가를 느낀다. 우리가 보고, 듣고, 냄새를 맡고, 만져서 직접 느끼는 것은 결국은 모두가 전자기 상호 작용이며, 전자기 상호 작용을 하지 않는 물질을 직접 느낄 수는 없다.

사실 세상에 전자기 상호 작용을 하지 않는 존재는 거의 없다. 보통의 원자는 멀찌감치 떨어져서 보면 전기적으로 중성이지만 원자핵과 전자가 전자기력으로 결합해 있는 상태이므로 가까운 거리에서는 전자기력에 반응한다. 원자핵 속의 중성자는 이름 그대로 전기적으로 중성이므로 따로 떼어 놓으면 전자기력은 느끼지 못하고, 따라서 보이지 않지만, 대신 원자핵과 강한 상호 작용을 한다. 그러면 전기를 띤 원자핵이 영향을 받기 때문에 역시 전자기력을 통해 쉽게 감지할 수 있다. 전기적으로 중성이라서 우리가 진짜로 느끼지 못하는 물질은 아마도 중성미자밖에 없을 것이다. 중성미자는 온전히 약한 상호 작용만을 하는 기본 입자기 때문에 중성미자를 느끼려면 오직 약한 상호 작용을 통해야 한다. 즉 중성미자의 상호 작용을 보는 것은 바로 약한 상호 작용이 일어나는 현상을 보는 것이다. 그런데 약한 상호 작용은 이름 그대로 매우 약하기 때문에 중성미자의 상호 작용은 우리가 직접 느낄 수 없으며, 아주 거대하고 특수한 검출기를 통해서만 겨우 볼 수 있다.

중성미자가 오직 약한 핵력을 통해서 드러나듯이, 암흑 물질이란 지금까지는 오로지 중력만을 통해서 자신을 드러내는 존재다. 그런데 중력이란 다른 힘에 비하면, 심지어 약한 핵력에 비해서도 너무나도 미약한 힘이기 때문에, 지금까지 암흑 물질의 존재는 지상에서 일어나는 보통의 자연 현상들 속에서는 느낄 수 없었고, 오로지 중력이 지배하는 세상인 천체의 운동을 통해서만 관측되었다.

암흑 물질을 처음으로 발견하고, 이름까지 지어 준 사람은 스위스 출신의 괴짜 물리학자인 프리츠 츠비키였다. 1933년 츠비키는 지구로부터 약 3억 2000만 광년 떨어진 머리털자리 은하단(Coma galaxy cluster)의 행동을 연구하면서, 은하단이 보이는 질량보다 훨씬 더 큰 중력을 가진 것처럼 움직인다는 것을 발견했다. 새로운 아이디어를 내는 데 거리낌이 없었던 츠비키는 이에 "보이지 않는 물질"이 은하단에 존재한다고 주장하면서 이 물질을 "암흑 물질(Dark Matter)"이라고 불렀다. 암흑 물질이 인간에 의해 처음으로 포착된 순간이었다.

1960년대에 앤드루 카네기가 설립한 워싱턴 카네기 연구소에서 은하의 회전 속도를 연구하던 베라 루빈과 켄트 포드는 모든 나선 은하가 마치 거대한 중력 속에 있는 것처럼 회전하고 있다는 것을 확인했다. 그 중력의 크기는 나선 은하의 모든 별들의 질량에서 오는 중력보다 훨씬 컸다. 은하 수준에서도 거대한 중력을 느낄 수 있다는 것이 확인된 것이다.

좀 더 직접적으로 거대한 중력을 느낄 수 있는 현상은 마치 렌즈에 의해 빛이 휘어지듯이, 중력에 의해 더 먼 곳에서 오는 별빛이 휘어지는 중력 렌즈 현상이다. 아인슈타인의 일반 상대성 이론에 따라 예견된 중력 렌즈 현상은 최근 들어 여러 은하나 은하단에서 관측되기 시작했는데, 아벨 1689와 같은 은하단에서 관측된 중력 렌즈 현상을 보면 역시 은하단에서 보이는 별들의 중력보다 훨씬 큰 중력이 작용하고 있음이 확인되었다.

이렇게 우리는 중력을 통해서 암흑 물질을 본다. 그러나 이것만으로는 부족하다. 사실 우리는 암흑 물질이 무엇인가 하는 면에서는 한 발자국도 전진하지 못한 것이나 다름없다. 우리는 다만 거대한 중력을 느끼고 있을 뿐이다. 암흑 물질은 과연 중력만을 느끼는 존재일까? 현재 우리가 알고 있는 물리학 지식으로는 암흑 물질을 설명할 수 없다. 즉 우리가 알지 못하는 물질이 우리 우주에 확실히 존재하는 것이다.

암흑 물질의 존재를 중력 외의 다른 방법으로 확인하기 위해서 과학자들은 여러 가지 방법을 고안해 내고 있다. 그 방법은 암흑 물질의 성질에 따라 달라진다. 그 한 갈래는 지구상에서 암흑 물질을 직접 검출하려는 실험이다. 이런 실험은 암흑 물질과 보통의 물질 사이에 아주 약하지만 상호 작용이 존재한다고 가정하고, 많은 양의 검출 매질을 쌓아 놓은 다음 암흑 물질이 지나가다가 매질과 상호 작용 하는 것을 찾아내는 실험이다. 암흑 물질이 검출 매질의 원자핵이나 전자와 상호 작용을 하면 전기를 띤 원자핵과 전자가 흔들리게 되고, 그러면 전자기파가 나온다. 그러면 아주 섬세한 검출기로 이 전자기파를 잡아내 어떤 반응이 일어났는가를 알아내게 된다. 이런 실험은 검출하려는 암흑 물질의 조건에 따라 검출기 매질의 특성이 정해지며, 보통 우주에서 오는 다른 입자들의 방해를 피하기 위해 지하 깊숙이 설치된다. 미국 미네소타 주의 수단 광산에 설치되어, 극저온 상태의 저마늄과 실리콘 검출기를 통해 암흑 물질을 발견하는 실험인 CDMS(Cryogenic Dark Matter Search), 이탈리아 그란 사소 지하 동굴에 설치되어 액체 제논을 이용해서 암흑 물질을 찾는 XENON 등이 대표적인 실험들이다. 이 밖에도 세계 각지에서 이렇게 암흑 물질을 직접 검출하려는 실험이 수행되었거나 현재 진행 중이다. 우리나라에서도 요오드화세슘(CsI) 결정을 매질로 이용하는 KIMS(Korea Invisible Mass Search) 실험이 강원도 양양의 양수식 발전소 지하 700미터에 위치한 터널에서 수행되었다.

암흑 물질을 찾는 다른 방법은 암흑 물질이 서로 만나서 소멸하거나 붕괴할 때 나오는 입자를 관찰하는 것이다. 최근 이러한 형태의 실험 결과가 연이어 발표되고 있고, 대부분의 실험이 암흑 물질의 존재를 시사하는 결과를 보여 주고 있어서 많은 관심을 끌고 있다.[2] 특히 2013년 4월 초에 발표된 AMS-02의 결과는 이전의 다른 실험보다 월등히 많은 데이터를 통해서 훨씬 정확한 결과를 보여 주었다. AMS(Alpha Magnetic Spectrometer)는 네 번째 쿼크를 발견해서 미국의 릭터와 함께 1976년에 노벨 물리학상을 수상한 중국 출신의 새뮤얼 팅이 주도하는 우주선 관측 실험이다.

팅은 1993년 미국에서 추진하던 사상 최대의 가속기 SSC 사업이 좌초되자, 관심을 가속기에서 우주로 돌렸다. 1995년 팅은 우주 정거장에 설치되어 우주선을 관측하고, 특히 색다른 입자를 보는 데 초점을 맞춘 검출기 계획을 제안한다. 색다른 입자라는 것은 우주선의 대부분을 이루는 양성자나 알파 입자, 전자 등이 아닌, 양전자와 같은 반물질, 아직 한 번도 우주선에서 발견되지 않은 반(反)헬륨, 혹은 암흑 물질의 증거가 될 수 있는 현상 등을 말한다.

AMS 실험 팀은 먼저 시제품인 AMS-01을 만들어서, 1998년 우주

왕복선 디스커버리 호에 실어서 우주로 보내서 검출기의 성능을 테스트했다. 테스트를 마친 후 본격적으로 시작된 주 검출기 AMS-02의 제작에는 16개국의 56개 연구소에서 온 약 500명의 과학자가 참가했다. AMS-02가 우주 정거장에 설치된 것은 2011년 5월이다.

2013년 4월 3일 AMS-02는 첫 본격 데이터를 발표했다. 특히 주목할 것은 우주선 중의 양전자 분포에 대한 것이었다. 전자의 반입자인 양전자는 보통의 천체 물리학적인 현상에서는 쉽게 만들어지지 않기 때문에, 특정한 에너지에서 양전자가 많이 나온다면 무언가 이상한 현상의 증거라고 할 수 있으며, 암흑 물질끼리 만나서 소멸하고 있다는 강력한 증거가 될 수 있다. 이전의 PAMELA나 FERMI 등의 위성 실험에서 수십 기가전자볼트 영역부터 약 100기가전자볼트에 이르기까지 양전자 분포가 증가한다는 결과를 보고한 바 있는데, 이번에 AMS-02는 훨씬 많은 양의 데이터를 기반으로 이를 확인했다. 더욱 기대되는 것은 앞으로 얼마 지나지 않아 AMS-02는 더 높은 에너지 영역에 대한 측정 결과를 얻을 것이라는 점이다. 거기서 양전자 분포가 급감하는 것을 관측한다면 이는 암흑 물질일 가능성이 높은 새로운 물질을 나타내는 증거다.

암흑 물질은 아직까지는 오직 중력을 통해서만 드러나는 존재다. 우리는 암흑 물질이 무엇인지 아직 제대로 알지 못하므로, 암흑 물질을 찾는 일은 마치 고도를 기다리는 것처럼 무엇인지도, 어디에 있는지도 모르고, 언제 나타날지도 모르는 신호를 기다리는 일이다. AMS-02의 결과를 보면 우주 공간에 암흑 물질이라는 '고도'가 나타났는지도 모른다. 만약 그렇다면 우주에 대한 우리의 이해가 한층 더 깊어질 것이다. 만약 그렇지 않다면, 글쎄, 물리학자들은 여전히 또 고도를 기다릴 것이다. 그것이 발견될 때까지, 혹은 다른 설명을 찾을 때까지.

블라디미르: 무슨 소리가 난다!

에스트라공: 아무 소리도 안 나는데

블라디미르: 쉿!

......

블라디미르: 내 귀에는 아무 소리도 안 들린다.

에스트라공: 너 때문에 괜히 놀라기만 했다.

블라디미르: 그 자가 오는 줄만 알았지

에스트라공: 누구?

블라디미르: 고도 말이야

에스트라공: 흥 갈대가 바람에 흔들린 소리야

블라디미르: 내 귀엔 고함 소리 같았는데

에스트라공: 그 자가 고함을 칠 이유가 어디 있어?

블라디미르: 말을 타고 올 테니까.

세렌디피티, 그리고 이론의 힘

물리학적 발견의 패턴

2013년의 노벨상이 발표되었다. 이번 물리학상은 보통 때보다 유달리 떠들썩했던 것 같다. 2008년 가동되기 시작한 이후 계속 과학 뉴스의 중심에 있었던 LHC에서 새로운 입자에 대한 소식이 계속 전해졌고, 2012년 7월에는 거의 새로운 입자를 발견했다는 공개 발표가 있었기 때문이다. 그 후에도 수많은 사람들이 엄청난 양의 데이터를 분석하느라고 모니터 앞에 달라붙어 있었고, 그 결과, 속속 새로운 입자에 대한 여러 가지 성질이 밝혀져서, 이제 그 입자가 표준 모형의 힉스 보손이라는 데 의심을 가지지 않게 되었다. 그에 따라 많은 사람이 2013년의 노벨 물리학상이 힉스에게 주어질 것이라고 예상했고, 기대는 빗나가지 않았다.

세렌디피티(serendipity)라는 말이 있다. 18세기 영국의 예술사가이자 정치가였던 호레이스 월폴이 처음 썼다고 하는 이 말은, 전혀 의도

하지 않고 우연히 무언가를 발견한다는 뜻이라고 한다. 세렌딥은 스리랑카의 옛 이름인데, 월폴은 친구에게 보낸 편지에서, 「스리랑카의 세 왕자」라는 동화의 주인공이 우연한 발견으로부터 문제를 해결하는 모습을 보고 이 말을 만들었다고 적고 있다. 이 개념은 미국의 사회학자 로버트 머튼이 사회학에 도입해서 널리 쓰이게 되었고, 오늘날에는 경영학에서도 자주 응용되고 있다.

과학자들은 이 말을 별로 쓰지 않지만, 과학이야말로 순순한 세렌디피티를 얼마든지 볼 수 있는 영역이다. 사실, 경영학에서 세렌디피티를 설명할 때도 흔히 예로 드는 것은 과학의 역사에서 나타났던 숱한 우연한 발견들이다. 가장 흔하게 언급되는 예로, 플레밍이 항생 물질인 페니실린을 발견한 일이나, 뢴트겐이 엑스선을 발견한 것, 화학자 로이 플렁킷이 테프론을 발견한 일 등이 모두 세렌디피티라고 할 수 있다. 실용적인 분야에 응용되는 것이 아니라서 널리 알려지지 않아서 그렇지, 과학 분야에서 우연한 발견은 물론 이보다 훨씬 더 많다. 더구나 획기적이고 완전히 새로운 발견은 사실 거의 모두 이런 예기치 않은 발견이라고 해도 좋다. 생각해 보면 당연한 것이, 완전히 새로운 것, 지금까지 아무도 상상조차 하지 못했던 것을 미리 계획해서 발견할 수 있을 리가 만무하지 않은가.

물리학의 역사에서도 가장 중요한 발견의 상당수가, 전혀 의도하지 않고, 예기치도 않게 이루어졌다. 프랑스 국립 자연사 박물관의 물리학 부장이던 앙리 베크렐이 1896년, 우라늄 염에서 나오는 형광 현상을 연구하다가, 빛을 받지 않아도 저절로 강한 투과성을 가진 무언가가 나오는 것을 발견한 것은 하필 그날 구름이 많이 끼어서 햇빛이 전혀 없었기 때문이다. 베크렐이 발견한 것이 바로 자연 방사선이었으며 이때부터 20세기 물리학이 힘차게 약동하기 시작했다. 방사선이야말로 물질의 근본 구조, 원자의 내부로 가는 통로가 되었기 때문이다.

1911년에 네덜란드 레이던 대학교의 카멜링 오네스가 그의 연구실에서 하고 있던 연구는 온도가 내려감에 따라 수은의 전기 저항이 어떻게 변하는가를 기록하는 따분한 일이었다. 그러나 어느 순간 갑자기 수은의 전기 저항이 0이 되어 버리는 기상천외한 현상이 관측되었다. 초전도라고 불리는 이 현상은 이후 가장 많은 노벨 물리학상 수상자를 낳은 분야 중 하나가 되었다.

미국 캘리포니아 공과 대학의 칼 앤더슨이 1932년 8월 2일에 관측한 우주선의 사진에는 잘못 해석할 여지가 거의 없는 새로운 입자의 흔적이 찍혀 있었다. 전자의 질량과 양성자의 전하를 가진 그 입자를 앤더슨은 '양의 전자(positive electron)', 줄여서 양전자(positron)라고 불렀다. 이전에는 상상하지도 못했던 존재, 반물질이 눈앞에 드러나는 순간이었다.

그런데 사실 이 경우는 좀 미묘하다. 사실 반물질의 존재는 이미 드러나 있었기 때문이다. 정확히 말해서 영국 케임브리지의 폴 디랙에 의해 반물질이라는 이론적 답은 나와 있었지만, 이 답이 무슨 소리인지, 물리적으로 의미가 있는 것인지, 버려야 하는 것인지를 몰라서 답을 구한 디랙도 어리둥절해 하고 있던 상황이었다. 그러므로 대서양 건너 미국에서, 학위를 받은 지 얼마 되지 않는 실험가였던 칼 앤더슨은 그런 존재가 있다는 것을 전혀 몰랐고, 따라서 앤더슨의 입장에서는 분명 세렌디피티가 맞다. 그러면 만일 앤더슨이 양전자를 발견하지 못했다면, 디랙의 이론을 기반으로 양전자가 발견되었을까? 아마도 그랬을 것이다. 실제로 거의 같은 시기에 영국의 케임브리지에서 패트릭 블래킷이 이탈리아의 오키알리니와 함께 우주선 속에서 전자와 양전자를 발견해서, 양전자가 전자의 반입자임을 직접 증명했기 때문이다.

그러면 힉스 보손은 어떨까? 이 입자를 찾기 위해서(믿은 아니지만) 그 거대한 LHC를 지었고 수천 명이 달려들어서 검출기를 만들었으며 수백 명이 이 입자를 확인하기 위해 데이터를 분석하고 온갖 가능성을 검토했다. 이론은 힉스 입자의 질량만을 제외하고는 힉스 입자의 온갖 성질을 예측해 놓았다. 그리고 마침내, 이론이 예측한 것과 일치하는 행동을 보이는 입자를 확인했다. 이것은 아무리 보아도 세렌디피티가 아니다.

현대의 입자 물리학 실험에서 세렌디피티란 게 가능할까? 인간이 원자와 원자핵을 넘어서는 극미의 세계를 탐색하기 시작하면서, 새로 발견한 중요한 입자들은 대부분 이미 이론이 정교하게 예측하고 있던 입자들이었다. 입자 물리학의 표준 모형이 공고한 위치에 올라서는 데 가장 큰 역할을 했던 네 번째 쿼크인 참 쿼크의 경우, 입자가 발견되기 4년 전에 이미 셸던 글래쇼, 존 일리오폴로스, 루치아노 마이아니가 그런 입자가 존재할 가능성을 제안했고, 이휘소는 새로운 쿼크가 만들어 낼 수 있는 현상을 자세히 논의했다. 표준 모형의 핵심 구조이며 현대 입자 물리학에서 힉스 보손과 함께 가장 중요하고 획기적인 발견이라고 할 수 있는 약한 핵력을 전달하는 W와 Z 보손을 찾을 때는 이미 이론과 여러 간접 실험의 데이터로부터 질량까지도 어느 정도 정확하게 예측하고 있었다. 그러므로 힉스 보손을 포함해서 이 입자들을 발견했을 때, 우리는 뜻밖의 일이라고 놀라지는 않는다. 그 대신, 물리학 이론의 힘을, 그리고 이론을 통해 드러나는 자연의 정교한 근본 구조를, 수사적으로 말해서 신의 얼굴을 슬쩍 엿보는 듯한 경이감을 숨길 수 없다.

한편, 그렇다면 더 이상 현대 입자 물리학에서 세렌디피티는 기대할 수 없는 걸까? LHC에서는 1초에 1억 회 이상 양성자가 충돌하고 있고, 이중 겨우 100만분의 1 정도의 사건만 기록해서 데이터로 남긴다. 그것만 해도 LHC에서 2012년 1년 동안 기록한 데이터의 양은 가장 많은 장서를 갖추고 있다는 미국 국회 도서관의 정보량보다 훨씬 많다. (2013년의 데이터는 그 네 배다!) 이만큼의 데이터 속에서 '우연히' 무언가를 찾는 일이 가능할까? 무엇을 찾고 있는지 알지 못하고, 우연히 새로운 입자를 발견할 수 있을까?

놀랍게 들릴지 몰라도 나는 그럴 수도 있다고 생각한다. 중성미자를 생각해 보자. 만약 원자핵의 베타 붕괴라는 현상이 없었다면 이론이 중성미자가 존재할 것을 예측하지 못했을 것이고, 중성미자는 발견되지 않았을 것이다. 지금까지 우리가 얻은 중성미자 데이터도 존재하지 않을 것이다. 이론이 없다면 애초에 중성미자를 검출하는 데 이용하는 중성미자 검출기를 설계할 수도 없었을 것이기 때문이다. 그 대신 우리는 LHC의 정교한 검출기에서, 에너지와 운동량 보존 법칙이라는, 물리학을 떠받치는 기둥 같은 두 원리가 무너진 모습을 여러 차례 보았을 것이다. 중성미자는 검출기 물질과도 상호 작용을 하지 않는 보이지 않는 입자이기 때문에, 중성미자가 나오는 사건은 대부분 마치 에너지와 운동량을 잃어버린 것처럼 보였을 것이기 때문이다. 그리고 그 데이터로부터 우리는 중성미자의 존재를 알아낼 수 있었을 것이다.

오늘날 LHC에서 새로운 입자를 찾는 모습은 바로 이와 같다. 예를 들어, 만약 LHC에서 암흑 물질을 만들어 낸다면, 중성미자로도 설명할 수 없는, 에너지와 운동량 보존 법칙이 깨진 현상이 나타난 것을 보게 될 것이다. 이런 식으로 우리가 이해할 수 없는, 기존의 법칙으로는 설명할 수 없는 현상을 가속기 실험을 통해 보는 것은 여전히 가능한 일이다. 예정대로라면 2015년 3월부터 더 높은 출력으로 가동하게 될 LHC에서 우리가 만나고 싶은 것도 바로 그런 현상일 것이다.

우리는 이론의 힘을 믿는다. 그리고 동시에 새로운 세렌디피티 역시 기대한다.

이중주

과학과 기술의 관계

1970년대 캘리포니아는, 민권과 정치에 대한 토론이 끝없이 이어지고, 반전 집회가 열리고 나면 그레이트풀 데드의 음악이 몽롱하게 울려 퍼지는 가운데 삶의 의미가 마리화나 연기 속에 녹아드는 곳이었다. 그와 동시에 한쪽 구석에서는 과학과 기술이 열어 줄 새로운 세계에 대한 무한한 가능성을 얼핏 엿보는 몽상가들이 가슴 설레 하기도 했다. 테크놀로지 마니아들이 모여 이룩한 중요한 역사적인 사건 중 하나가 1975년 3월 5일 밤 어느 차고에서 시작되었다. 차고에 모인 사람들은 대부분 머릿속에 컴퓨터와 전자 공학이 가득 찬 전자 공학의 마니아들로서, 새로 나온 칩과, 십육진법과, 컴퓨터를 자작하는 방법에 관한 이야기라면 끝날 줄을 몰랐다. 특히 당시 화제의 중심은 얼마 전에 나온, 알테어라 불리는 개인용 컴퓨터 키트였다.

반도체를 이용해서 전자의 움직임을 제어하는 소자인 트랜지스터는 1948년에 발명되었고, 그로부터 10년 뒤에는 수많은 소자를 하나의 칩 위에 모아놓은 집적 회로가 발명되었다. 트랜지스터를 발명한 쇼클리, 바딘, 브래튼은 1956년에 노벨상을 받았고, 집적 회로를 발명한 잭 킬비는 더 훗날인 2000년에 노벨 물리학상을 받게 된다. 1975년이면 트랜지스터가 발명된 지 27년, 집적 회로가 발명된 지는 17년이 지난 뒤였다. 이제 굳이 양자 역학까지 알지 않아도, 대량 생산되는 집적 회로를 이용해서 개인도 자유로이 전자 공학적인 꿈을 펼쳐 볼 만한 환경이 갖춰진 것이다.

이 모임의 이름은 홈브루 컴퓨터 클럽(Homebrew Computer Club)으로 결정되었다. 이 모임과 그 주변에서 앞으로의 컴퓨터 기술의, 아니 컴퓨터 산업 전체를 통틀어 가장 유명한 인물들이 나오게 될 것이라는 것을 당시에 그 자리에 모인 사람들은 아마 전혀 상상도 하지 못했을 것이다. 그중 한 사람은 홈브루 클럽에서 인기를 끌었던, 알테어용 컴퓨터 언어 베이직을 개발한 시애틀 출신의 깡마른 십대였다. 자신의 프로그램이 팔리기 시작하자 다니던 하버드 대학교를 때려치우고 컴퓨터 사업에 뛰어든 이 젊은 천재는 약 20년 뒤에 컴퓨터 산업의 황제가 되어, 말 그대로 세계에서 가장 큰 부자가 된다. 그의 이름은 윌리엄 헨리 게이츠 3세, 흔히 빌 게이츠라고 부른다.

또 다른 인물들은 홈브루 클럽에 나오던 두 사람의 스티브였다. 다섯 살 차이가 나는 두 사람 중에 나이가 많은 쪽은 전자 공학과 컴퓨터에 대한 전설적인 능력으로 유명해서, 그가 홈브루 클럽의 회합이 열리던 스탠퍼드 선형 가속기 연구소 강당의 뒷자리에 앉아 있으면 주변에는 그의 뛰어난 컴퓨터 능력을 숭배하는 추종자들이 몰려 앉아 있곤 했다. 어린 시절엔 그리 눈에 띄지 않는 아이였던 어린 쪽의 스티브는 고등학교 시절부터 전자 공학에 관심을 가지기 시작해서, 친구의 소개로 나이 많은 스티브를 알게 되어 가까이 지내고 있었다. 얼마 후 나이 많은 스티브가 새로 나온 6502 칩을 사용해서 만든 개인용 컴퓨터를 홈브루 클럽에서 발표했다. 그는 그저 자신이 만든 컴퓨터를 친구들에게 자랑하려는 것이었지만, 이를 지켜본 어린 스티브는 그 안에서 새로운 가능성을 발견하고 함께 사업을 시작할 것을 권했다. 직접 만든 컴퓨터를 파는 그들의 사업은 곧 성공해서, 얼마 뒤에는 개인용 컴퓨터 시장을 석권하기에 이른다. 무수한 우여곡절과 부침을 거친 후, 이 회사는 2011년 석유 회사인 액슨 모빌을 제치고 세계에서 시가 총액이 가장 높은 회사가 된다. 이 회사와 그들이 처음 만든 개인용 컴퓨터의 이름은 애플이고, 나이 많은 스티브의 이름은 스티븐 워즈니악, 어린 쪽은 스티브 잡스다.

제2차 세계 대전이 막바지로 치달으면서, 미국은 전쟁 후의 세계, 특히 원자에서 풀려난 새로운 에너지로 상징되는 과학의 힘이 어떤 역할을 할 것인지에 대해 고민하기 시작했다. 1944년 말 미국 과학 연구 개발국(The Office of Scientific Research and Development)의 국장 배너바 부시는 루스벨트 대통령의 지시로 "많은 과학자들이 발전시켜 온 지식과 기술과 연구 경험이, 전쟁이 끝나고 난 뒤 평화 시기에 어떤 역할을 할 수 있을지"를 연구하기 시작했다.

1년 넘게 부시가 작성한 보고서 「과학, 그 끝없는 미개척지(Science,

the endless frontier)」는 이듬해 출판된다. 부시의 보고서는 이후로 현대 사회의 과학 정책에서 과학의 가치와 역할, 그리고 기술과의 관계에 대한 지침이 되었다. 부시는 이 보고서에서 과학의 기초 연구와 응용 연구를 각각 자연 법칙에 대한 이해를 위한 것과 사용을 위한 것으로 정의하고, 기초 연구의 결과를 가지고 응용 연구가 일어나고, 다시 이 성과를 유용한 물질이나 장치, 시스템, 공정 등에 체계적으로 적용하는 개발을 거쳐 상용화되거나 실제로 생산 및 운용된다는 '선형 모델'을 확립했다. 이 명확한 비전은 20세기 후반 내내 과학과 기술의 관계를 이해하는 기본 틀이 되었고, 이 시기 미국의 압도적인 영향력에 의해 여러 나라에 전파되었다.

특히 과학과 기술에 관한 정책을 해방 후에야 비로소 시작한 우리 나라의 경우에는 이 관점이 그대로 받아들여져서, 아직도 여러 보고서 등에서 부시의 선형 모델을 그대로 인용하는 것을 어렵지 않게 볼 수 있다. 오히려 부시는 창의성을 위해 기초 연구에는 지원을 확대하고 가능한 한 통제를 줄여야 한다고 했으나, 우리나라에서는 부시의 의도와 달리 기초 연구는 오직 실용화되어야만 의미가 있는 원천 기술 연구쯤으로 여겨지고 있다.

앞에서 보인 현대 물리학과 전자 공학의 발전은 선형 모델이 성립하는 좋은 예다. 양자 역학을 통해 원자 수준에서 물질에 대해 이해하게 되었고, 이에 따라 반도체와 같은 새로운 전자 소자가 가능해졌으며, 다시 이를 이용해서 컴퓨터가 급격히 소형화, 고성능화되었다. 이는 다시 소프트웨어 분야를 발전시켰고, 네트워크를 통해 통신에 혁명을 일으켰으며, 스마트폰을 통해 사람들의 삶에 밀착된 변화를 이끌어내기에 이르렀다.

그러나 많은 과학사 연구자들이 이미 지적했듯이, 선형 모델은 과학과 기술의 관계 중 일면만을 반영할 뿐이다. 역사적으로 부시가 응용 연구라고 부른 공학 연구가 오히려 과학에 선행하는 것이 더 흔한 일이었고, 많은 경우 과학은 기술이 적용되어 벌어지는 현상을 설명하고, 이를 개선하고자 하는 것이었다. 그런 대표적인 예로 증기 기관의 작동 원리를 이해하고 그 효율을 높이기 위해 발전한 열역학을 들 수 있다. 과학 혁명 이후, 과학이 워낙 강력한 방법론을 제시하게 되어 공학 분야에서 과학의 방법론을 채택하는 것은 일반적인 일이 되었지만, 한편 기술적 발전 역시 끊임없이 과학을 발전시키는 데 자극을 주고 기여를 해 왔다. 현대 물리학이 인간의 사고에 도약을 가져다준 20세기에도 기술적 발전에 의해 결정적인 발전이 일어나고, 과학의 새로운 분야가 열린 예는 얼마든지 찾아볼 수 있다.

그 한 가지 예를 들어보자. 일반 상대성 이론이 크게 발전하던 1960년대에 블랙홀 연구를 주도한 두 사람은 1950년대의 냉전 기간에 핵무기 프로젝트를 통해 얻은 연구 방법과 연구 능력을 발전시켜서 블랙홀을 이해하는 데 커다란 발전을 가져왔다. 그들은 미국의 존 아치볼드 휠러와 소련의 야코프 보리소비치 젤도비치였다.

파인만의 스승이었던 휠러는 맨해튼 프로젝트에서 플루토늄을 생산하기 위한 원자로를 설계하고 건설하는 일에 참여했는데, 전쟁이 끝난 뒤에도 소련의 핵공격에 맞서기 위해서 수소 폭탄 프로젝트가 불가

피한 것이라고 믿고 수소 폭탄 설계를 위한 프린스턴 팀을 이끌었다. 또한 소련의 핵 개발을 이끌었던 젤도비치는 1943년부터 이고리 쿠르차토프의 지도하에 소비에트 핵폭탄 개발 프로젝트에 참가했다. 미국이 수소 폭탄 실험에 성공한 2년 후인 1954년, 젤도비치는 사하로프와 함께 수소 폭탄의 핵심적인 메커니즘을 미국과 독립적으로 발명해 냈고 채 2년도 되지 않은 1955년 11월에 소련의 첫 수소 폭탄 실험을 성공시켰다.

이 두 사람이 학문의 세계로 돌아와서 연구하기 시작한 주제는 별의 내파(內破)였다. 이 아이디어는 맨해튼 프로젝트 전에 오펜하이머가 그의 학생이었던 스나이더와 함께 제시한 것이었는데, 핵반응, 압력, 열, 복사, 충격파 등 많은 부분이 핵폭탄에서 고려되었던 바로 그것들이었다. 더구나 1960년대의 휠러와 젤도비치에게는 폭탄 설계를 통해 단련된 많은 계산 기술과 발달된 컴퓨터가 있었다. 이로부터 두 사람은 각각 충분히 무거운 별이 내파해서 블랙홀이 되는 과정을 확립할 수 있었다.

공학이 단순히 과학의 응용이 아니듯, 과학은 공학적 응용을 위한 원천 기술이 아니다. 공학에 과학의 방법론이 필수적이 되었듯이, 과학 활동에도 기술은 더욱더 필수적이 될 것이다. 앞으로 과학과 기술은 더욱 밀접해질 것이며, 어느 부분에서는 구별하기 어려워질지도 모른다. 그러나 또한 과학과 기술은 여전히 매우 다른 분야다. 기술을 발전시키는 것은 경제적 가치와 인간의 편리를 위한 일이지만, 과학 활동은 세상에 대한 지식을 생산하고 다듬고 늘려 가는 일이다. 공학은 미래를 꿈꾸는 일이지만, 과학은 진실을 보려는 일이다. 마치 바이올린과 비올라가 이중주를 연주할 때 두 소리를 분리할 수 없을 것처럼 보이지만, 또 연주를 마치고 나면 여전히 다른 악기인 것처럼.

신의 눈

사진, 시간에 대한 미분이자 적분

카메라가 신의 눈을 대신하게 된 것일까?

1839년 8월 18일 파리에서 공식적으로 발표된 사진의 발명은 확실히 인간의 시각 세계를 뒤흔드는 사건이었다. 인간의 손이 아니라 빛 그 자체가 기록한 사진의 이미지는 이전의 그 어떤 시각적 이미지도 견줄 수 없도록 피사체를 정교하게 재현했다. 그 결과 사진은 필연적으로, 그림의 역할뿐 아니라 인간의 기억이 하던 역할의 상당 부분까지도 떠맡게 되었다. 존 버거는 이에 대해 "카메라가 신의 눈을 대신해 온 것일까?"라고 질문하고, 이렇게 덧붙인다. "그것은 마치 신처럼 우리를 꼼꼼하게 살피며, 그리고 그것은 우리를 대신하여 꼼꼼하게 다른 것들을 살펴 주게 된다. 하지만, 이제까지 그 어떤 신도 그토록 냉소적인 적은 없었는데, 그 까닭은 카메라는 잊기 위해 기록하는 것이 되기 때문이다."[1]

1724년경 독일의 요한 하인리히 슐츠는 은의 어떤 화합물이 빛을 받으면 검게 변한다는 것을 발견해서 사진이 탄생하는 기초를 마련했다. 이 성질을 이용해서 이미지를 붙잡는 데 처음 성공한 것은 1824년 프랑스의 발명가 조제프 니엡스였다. 니엡스는 감광 성질이 있는 역청을 라벤더 오일에 녹여 유리판에 바른 후 빛에 노출시켜서 이미지를 얻었다. 니엡스는 자신의 방법을 태양이 그린 그림이라는 뜻으로 헬리오그래프(Heliograph)라 불렀다. 화가 출신의 루이 자콥 망데 다게르는 니엡스와 공동 연구를 시작했다가, 니엡스가 1833년에 사망한 뒤에도 혼자 연구를 계속했다. 다게르는 1839년경, 구리판에 얇게 입힌 은에 아이오다인 증기를 쐬어 건판을 만드는 방법을 개발했다. 건판에 이미지가 찍히면 수은 증기를 쐬어 이미지를 고정시키고 남은 은 화합물은 씻어내서 영구히 남는 사진을 얻게 된다. 이 방법을 그의 이름을 따서 다게로타입(daguerrotype)이라 부르는데, 프랑스의 과학자 도미니크 아라고가 이 기술을 프랑스 과학 아카데미에서 발표해서, 공식적으로 최초로 발명된 사진으로 기록되었다.

이 새로운 기술의 발견은 곧 각국으로 알려졌고, 급속도로 기술의 발전이 이루어졌다. 최초로 제대로 된 인물 사진을 찍은 사람은 미국의 과학자 존 윌리엄 드레이퍼라고 한다. 드레이퍼는 그의 여동생의 사진을 찍어서 사람들에게 알렸다. 이 사진이 유명해지자 사람들은 여기에서 상업화의 가능성을 감지했다. 곧 인물 사진을 촬영하는 스튜디오가 파리를 비롯한 각지에 번져 나갔다. 많은 사람들이 스튜디오를 찾아서 초상 사진을 찍었고, 유명인들도 마찬가지였다. 이 시대에 펠

릭스 나다르가 찍은 보들레르나 사라 베르나르의 초상 사진들은 걸작으로 꼽힌다. 우리에게 익숙한 바그너, 발자크 등의 모습은 모두 이 시대에 찍은 사진들이다.

19세기 후반에 이르러 사진의 응용 가능성은 초상이나 풍경 사진과 같은 개인적인 용도뿐 아니라, 신문의 보도, 경찰의 서류 기록, 백과사전과 같은 학문적 기록, 전쟁에서의 정찰 등에서 포르노그래피에 이르기까지 엄청나게 확장되었다. 20세기에 들어서 제1차, 제2차 세계 대전을 겪으며 사진은 시각 매체의 중심이 되었고, 있는 그대로, 사실 그대로를 의미하는 대명사가 되었다. 그러나 동시에 이미, 사진은 사실의 정확한 묘사가 아니라 선전과 선동의 수단으로도 이용되기 시작하고 있었다. 최초로 사진을 동원한 조직적인 선전술을 사용했던 것은 나치의 제3제국이었고, 전쟁이 끝나고 난 뒤 이는 광고업계로 전파되었다.

사진을 뜻하는 photograph는 영국의 천문학자 존 허셜이 그리스어에서 빛을 뜻하는 phos와 그린다는 뜻의 graphe를 합쳐서 만든 말이다. 그런데 사진은 빛으로 이미지를 그리는 것인 동시에 빛을 붙잡는 일이다. 이런 관점에서 사진은 또한 빛을 잡으려고 애쓰던 사람들의 주목을 끌었다. 밤하늘의 희미한 빛을 바라보던 사람들, 곧 천문학자들이다. 1840년에 드레이퍼는 다게로타입을 이용해서 최초의 달 사진을 찍는 데 성공했다. 노출 시간은 약 20분이었다. 그러나 초기의 다게로타입은 희미한 별빛을 기록할 만큼 감도가 좋지 못했기 때문에, 별을 찍은 사진이 나오려면 그로부터 10년을 더 기다려야 했다. 최초의 별 사진은 하버드 천문대 소장 윌리엄 크랜치 본드와 매서추세츠 병원의 사진가 존 애덤스 휘플이 1850년에 찍은 직녀성(베가)의 사진이다. 직녀성은 북반구 하늘에서 두 번째로 밝은 별이다.

사진이 엄청나게 유용하다는 것은 자명했으므로, 사람들은 더 나은 기술을 개발하는 데 진력했다. 별들과 성운의 사진을 찍기 위해서 중요한 것은 더 높은 감도, 더 선명한 이미지, 그리고 가능한 한 짧은 노출 시간이다. 1851년 프레더릭 스콧 아처가 제안한 습식 콜로디온(wet collodion)이라는 새로운 방법은 기존의 방법보다 감도가 훨씬 좋으면서 20배나 빠르게 사진을 얻을 수 있었기 때문에 사진 기술에 획기적인 발전을 가져왔다. 이 방법은 건판을 만들기 어렵고, 건판을 만들고 나서 젖은 상태에서 곧 사진을 찍어야 한다는 단점이 있었지만, 그래도 곧 모든 천문대에서는 콜로디온 방법을 이용해서 행성들과 별들의 사진을 훨씬 쉽게 찍기 시작했다.

1870년대에는 감도가 좋으면서도 즉시 사용할 필요가 없는 건식 건판을 만드는 기술이 크게 발전했다. 1871년에는 리처드 리치 매덕스가 젤라틴을 이용한 건식 감광 유제를 최초로 개발했고, 1878년에는 베넷이 브롬화은을 이용해서 훨씬 감도가 좋은 방법을 개발했다. 희미한 별빛을 찾아야 하는 천문학자들에게, 이는 대단히 중요한 발견이었다. 천문학자들은 새로운 브롬화은 건판을 이용해서 목성과 토성의 사진을 찍었고, 1880년에는 존 드레이퍼의 아들 헨리 드레이퍼가 51분 동안 노출해서 오리온 성운을 찍는 데 성공했다. 이처럼 천문학이 발전하는 데 사진의 역할은 결정적인 것이었다. 사진은 관측한 이미지를 정확하게 기록할 뿐 아니라, 오랜 시간 동안 노출함으로써 빛을 모아서, 눈으로는 보이지 않는 것을 볼 수 있게 해 주었기 때문이다. 이후 천문학의 모든 데이터는 사진으로 기록하게 되었다.

한편 1879년에는 조지 이스트먼이 건판에 감광 유제를 입히는 기계를 발명해서 싸고 빠르게 건판을 대량 생산하는 길을 열었다. 이로써 사진을 찍는 사람이 매번 직접 건판에 감광 유제를 칠할 필요 없이, 이미 완성된 필름을 사서 쓸 수 있게 되었다. 이스트먼은 또한 감긴 필름을 개발해서 1884년에 특허를 받았고, 1888년에는 이 필름을 사용하는 코닥 카메라를 완성했다. 이것이 일반인을 위한 최초의 휴대용 카메라다. 자신의 기술과 특허를 기반으로 그는 건판을 판매하던 이스트먼 건판 회사를 1892년 이스트먼 코닥으로 확장했다. 이스트먼 코닥은 20세기 사진의 역사에 가장 중요한 회사다. 코닥은 일반인이 손쉽게 쓸 수 있는 여러 종류의 카메라, 컬러 슬라이드 필름, 가정용 영화 장비 등을 최초로 개발했으며, 잘 알려진 대로 카메라 필름 시장을 주도했다. 사업적인 면에서뿐 아니라, 사진의 과학에서도 코닥의 연구진은 중요한 업적을 많이 남겼다.

1969년, 사진의 역사에 또 하나의 진정한 혁명이라고 할 사건이 일어났다. 흔히 CCD라고 부르는 전하 결합 소자(charge coupled device)의 발명이 그것이다. 오늘날 디지털 카메라에서 필름의 역할을 하는 이미지 센서 소자인 CCD를 발명한 것은 벨 연구소에서 반도체 메모리를 연구하던 윌러드 보일과 조지 스미스였다. 그들은 1969년에 반도체 표면을 통해 전하를 이동시키는 소자에 대한 아이디어를 개발했고, 이 소자를 이미지 센서로 사용할 가능성을 제시했다. 보일과 스미스의 첫 번째 논문과 함께 실험용 소자가 개발되었으며, 몇 달도 지나지 않아서 제대로 작동하는 첫 번째 CCD가 완성되었다. 첫 번째 CCD는 여덟 개의 픽셀로 된 1차원 이미지 소자에 불과했지만, 곧 이 소자는 급속도로 발전해 나갔다. 디지털 카메라의 가능성이 열린 것이다.

기록에 따르면 이스트먼 코닥의 엔지니어였던 스티븐 새슨이 1975년에 CCD를 이용해서 최초의 디지털 카메라를 만들었다고 한다. 이 카메라는 해상도 1만 픽셀의 흑백 이미지를 카세트테이프에 저장하는 3.6킬로그램의 기계였는데, 대량 생산을 위한 것이 아니라 시제품이었다. 1981년 소니는 마비카(MAVICA)라는 이름의 제품을 내놓았다. 마비카는 CCD에 기록된 이미지를 자기 디스크에 담는 방식으로, 텔레비전 모니터를 통해서 사진을 볼 수 있었다. 일본의 기자들은 마비카를 이용해서 사진을 전송했다.

최초의 완전한 디지털 카메라는 1990년에야 등장하는데, 로지텍사에서 포토맨(Fotoman)이라는 이름으로 판매한 뒤캠 모델 1(Dycam Model 1)이 바로 그것이다. 포토맨은 CCD 이미지 센서에 기록된 320×240의 해상도의 흑백 이미지를 1메가바이트의 메모리에 저장했다가 컴퓨터로 내려 받을 수 있었다. 이후 코닥, 후지, 도시바, 캐논 등에서 새로운 모델을 잇달아 내놓으면서, 드디어 디지털 카메라 시대의 막이 열린다.

과학자들은 상업적인 디지털 카메라가 나오기 전에 이미 데이터를 얻기 위해 CCD를 이용하고 있었다. CCD는 화학적 필름보다 효율이 월등했고, 소위 상반칙불궤(相反則不軌, Reciprocity Failure)가 일어나지 않기 때문에, 천체의 사진을 찍는 데 훨씬 유리했기 때문이다. 상반칙불궤란 아주 흐린 빛이 들어오면 필름이 제대로 반응을 하지 못해서, 아무리 오래 노출을 해도 원하는 농도가 얻어지지 않는 현상인데, CCD는 노출 시간과 빛의 세기에 완전히 비례하므로 이런 일이 일어나지 않는다.

또한 효율을 비교해 보면, 100개의 광자가 들어왔을 때, 필름의 은 원자는 이중 대략 3, 4개의 광자와 반응을 한다. 그러나 CCD의 효율은 20퍼센트가 넘는다. 그 밖에도 적외선이나 자외선 영역으로의 확장이 쉽고, 일반 사진과는 비교도 되지 않게 이용이 편리하다는 점 등, 수많은 장점을 가진 CCD는 천문학 분야에서 빠르게 기존의 카메라를 대치했다. 오늘날에는 천문학 외에도 간섭계, 분광계 등의 분야에서 CCD는 분석 장치에 없어서는 안 될 부분으로 자리 잡았다. 이와 같은 과학적 유용성 때문에, 보일과 스미스는 CCD를 발명한 업적으로 2009년의 노벨 물리학상을 공동으로 수상했다.

수전 손택에 따르면 사진은 모든 사람을 구경꾼으로 만들고, 현실을 감옥에 가둔다. 우리는 실재를 가질 수는 없지만 (사진을 통해서) 실재의 이미지는 소유할 수 있다.[2] 또한 "모든 사진은 죽음의 상징, 메멘토 모리이며, 사진을 찍는 것은 다른 사람, 혹은 다른 것의 유한함, 상처받기 쉬운 면, 그리고 변덕스러움에 참여하는 것"이다. 이는 일상에서 찍은 사진은 시간을 얇게 잘라서 박제화하는 것, 그래서 인생의 한 단면을 보여 주는 것이기 때문이다. 그런데 천문학에서는 그 반대다. 천문학에서의 사진은 빛을 모으고 또 모아서, 그냥은 보이지 않는 희미한 존재를 보는 수단, 즉 기나긴 시간을 모두 합친 결과물이다. 보통의 사진이 우리의 일상을 시간에 대해서 미분하는 것이라면, 천문학에서의 사진은 시간에 대한 적분인 것이다.

자연이 건네는 말

'왜'와 '어떻게' 사이에서

리어 왕은 자신의 시종들이 모두 필요치 않으니 없애라는 딸들에게 이렇게 외친다.[1]

> 오 필요를 따지지 말아라! 가장 비천한 거지들도
> 가장 헐벗은 최소한 이상의 그 무엇을 갖고 있는 법.
> 자연에 자연이 필요한 것 이상을 허용하지 않는다면
> 인간의 목숨은 짐승과 마찬가지로 값싸겠지. ……

리어 왕의 사정은 딱하게 되었지만, 이 외침을 듣다 보니 귀가 쫑긋해지는 구절이 있다. 정말 자연에 자연이 필요한 것 이상이 허용되는가? 이는 과학의 입장에서 아주 흥미로운 질문이다.

고대 그리스에서 자연은, 그리고 자연이 가지고 있는 본성은 오직 자연이 필요로 하기 때문에 존재하는 것이라고 여겨져 왔다. 이는 아리스토텔레스의 자연학의 핵심인 "자연은 헛된 일을 하지 않는다."라는 말에서 잘 드러난다. 이때 자연에 해당하는 말은 그리스 어 피시스(*Physis*)인데 자연계와 그 법칙을 통칭하는 말이다. 아리스토텔레스에 따르면 피시스는 그 자체에 고유한 목적을 가지고 있으며, 그 목적을 실현하는 과정이 바로 우리가 사는 물질 세상이다. 그러므로 아리스토텔레스의 견해에 따르면 "자연은 필요한 것 이상은 허용하지 않는다."

아리스토텔레스의 자연학은 갈릴레오 시대까지 크게 영향을 미쳤고 서구 세계의 물질관을 지배했다. 17세기의 과학 혁명이 대적해야 했던 상대는 외견상으로 신의 섭리로 보이지만, 기실은 아리스토텔레스의 목적론적 자연관이었다. 그러나 뉴턴이 과학 혁명을 완성하며 확립된 근대 과학은 "자연에는 특정한 목적이 없다."라고 이야기한다. 이는 현대에 이르기까지 일관되는 과학의 자연관이다. 과학은 '왜'를 찾는 일이 아니라 '어떻게'를 이해하는 일이 되었다. 그렇다면 이제 자연에 자연이 필요한 것 이상을 허용해도 되는 걸까?

얼른 생각하기에는 그런 것도 같다. 정해진 목적이 없다면 반드시 필요한 일만 하지 않아도 되지 않는가? 사실 우리 몸에서도 맹장이나 사랑니, 귀의 근육 등과 같이 우리 삶에 필요한지 알 수 없는 기관을 볼 수 있다. 이렇게 우리에게 필요하지 않은 기관의 존재는 생명체의 중요한 작동 원리인 진화를 지지해 주는 증거로 여겨지기도 한다. 그런데 그럴 경우, 그 기관이 지금 현재는 쓸모없어 보이지만 과거의 어떤 시점에는 어떤 기능을 했다는 것을 뜻하며, 그렇다면 그 기관 역시, 과거의 어느 순간에는 자연에 필요한 것이었다는 말을 하는 것이다. 따라서 이 경우 자연이 필요한 것 이상을 허용했다고 말하긴 어렵다.

너무 넓은 범위를 생각하지 말고, 여기서는 물질 세계의 가장 간결하고 기본적인 법칙을 다루는 물리학의 입장에서만 이 질문을 생각해 보도록 하자. 자연이 필요한 것 이상을 허용하는지 생각하기 위해서는 먼저 자연이 필요한 것은 무엇인지 말할 수 있어야 한다. 자연이 특정한 목적을 가지고 있지 않다면 자연이 필요한 것이란 무엇일까?

한 가지 예로 파울리의 배타 원리를 보자. 초기 양자론에 따르면 원자에는 전자가 차지하는 특정한 궤도가 있어서, 이 궤도들 사이의 이동으로 원자 스펙트럼을 설명할 수 있었다. 그러나 이것만 가지고는 원자 번호가 높아서 여러 개의 전자가 딸린 원자에서 왜 모든 전자들이 가장 낮은 에너지 상태에 함께 있지 않은지, 그래서 우리가 관찰하는 원자의 크기나 화학적 성질이 왜 나타나는지를 이해할 수가 없었다. 파울리가 제창한 대로 두 개 이상의 전자가 같은 상태에 있을 수 없다는 배타 원리를 받아들이자 원자들 속에 전자가 배치되는 모습을 설명하고, 세상이 지금 우리 눈에 보이는 모습처럼 생기게 된 것을 이해할 수 있게 되었다. 이런 의미에서 배타 원리는 자연이 정말로 필요로 하는 법칙이라고 할 수 있다.

지금 말한 맥락에서 '자연이 필요한 것'은 아마도 '우주가 지금의 모습이 되는 데 필요한 것'이라고 해석하면 가장 정확할 것 같다. 결국 자연 과학의 출발점은 지금 우주의 모습, 우리가 관찰하는 자연 현상이고, 자연 과학을 연구한다는 것은 자연이 필요로 하는 것을 찾는 과정이다. 그렇다면 그 결과로 나온 자연 법칙은 자연이 필요한 것 이상이될 수 없다. 만약 자연에 자연이 필요한 것 이상이 허용된다면 우주가지금의 모습이 아닐 것이기 때문이다.

그러므로 물리학자는 기본적으로 자연이 필요한 것 이상의 존재를받아들이기 어렵다. 전자와 모든 성질이 같고 다만 질량만 200배 정도무거운 입자인 뮤온이 발견되었을 때 라비가 했다는 "이거 누가 주문한 거야?"라는 말은, 그런 존재를 접할 때 느끼는 물리학자의 당혹감을 가장 잘 보여 주는 예다. 그때까지 물리학이란 우리 눈에 보이는 물질 세계를 해명하는 일이었고, 모든 물질은 원자로 이루어져 있다고알고 있었다. 그런데 원자 속에 들어 있지 않은 입자가 나타났다. 이것을 어떻게 받아들여야 하는가?

뮤온과 같은 입자들이 존재한다는 사실로부터 우리는 지금 우리가알고 있는 기본적인 물리학 이론이 정말 자연이 필요로 하는 것들인가, 혹은 자연이 필요한 것이 무엇인지 우리가 정말 알고는 있는가 하는 질문들에 직면하게 된다. 그리고 이 질문들은 현재도 진행 중이다.

조금만 더 자세히 살펴보자. 우리가 알고 있는 가장 기본적인 물리학 이론인 입자 물리학의 표준 모형은 그 기본 구조가 양성자와 중성자를 이루는 두 종류의 쿼크와 전자와 전자의 짝인 중성미자, 이렇게네 개의 입자에 대한 것이다. 이것만 가지면 모든 원자를 만들 수 있다.그런데 방금 보았듯이 뮤온처럼 전자와 같은 성질을 가지면서 단지 질량만 더 무거운 입자가 존재한다. 마찬가지로 쿼크와 중성미자에도 물리적인 성질이 같으면서 더 무거운 짝들이 존재한다. (중성미자의 경우는 어느 쪽이 무거운지 사실 확실하지 않다.)

현재까지 발견된 바에 따르면 두 가지 종류의 쿼크, 전자 그리고 그 짝이 되는 중성미자까지를 한 세트라고 할 때, 자연에는 이런 세트가 세 벌 존재한다. 이 세트를 물리학자들은 세대(generation), 혹은 가족(family)이라고 부른다. 두 번째, 세 번째 세대도 질량이 무겁다는 것을 제외하면 원자를 이루는 첫 번째 세대와 완전히 구조가 같다. 왜 자연에 이렇게 세 벌의 세트가 있는지 우리는 전혀 모른다. 즉 자연이 세 벌의 세트를 필요로 하는지 어떤지를 모른다. 그저 세 벌의 물질 세트를 발견했을 뿐이다. 그러므로 네 번째 다섯 번째 세대가 더 있는지에 대해서도 알 수 없다. 네 번째 이상의 세대에 대해서 현재 우리가 할 수 있는 것은 자연 현상 속에서, 즉 실험을 통해서 계속 찾아보는 수밖에 없다.

세대가 셋 있는 데 대해 수학적인 이유처럼 보이는 것이 있긴 하다. 세대가 여럿이 되면 양자 역학에 의해 세대 간에 쿼크가 섞이는 현상이 일어난다. 세대가 둘일 때는 섞인 정도를 나타내는 섞임각 하나로 섞임 현상이 기술될 수 있다. 그런데 세대가 셋이 되면 수학적으로 섞임각이 셋이 되며, 거기에 더해서 섞임 자체가 복소수가 된다. 즉 허수부가 있고, 허수부를 기술하는 위상각이 하나 더 존재한다. 게다가 이렇게 복소수에 의해 섞이게 되면 입자와 반입자 사이의 대칭성이 미묘하게 깨지게 된다. 즉 입자 사이의 결합과 반입자 사이의 결합이 달라지는 경우가 생긴다. 이를 나타내는 성질을 입자의 전하 사이의 대칭성

C와, 공간이 뒤집어지는 대칭성 P를 합쳐서 CP 대칭성이라고 부른다.

지금까지 쿼크들 사이의 세 개의 섞임각과 위상각은 모두 측정되었으며, CP 대칭성이 깨지는 현상, 즉 입자와 반입자가 다른 반응을 보이는 현상도 관찰되었다. 그리고 관측된 현상에서 입자와 반입자 사이의 차이는 측정된 섞임각과 위상각에 의해 정량적으로 잘 설명된다. 그러니까 세대가 셋 있음으로 해서 입자들의 상호 작용에서 CP 대칭성이 깨지는 현상의 원인을 설명할 수 있는 것이다. 이 업적으로 일본의 고바야시 마코토와 마스카와 도시히데가 2008년에 노벨 물리학상을 수상했다.

사실 이는 왜 세대가 셋 있느냐는 질문을 왜 CP 대칭성이 깨지는가 하는 질문으로 바꿔놓은 셈이라서 여전히 좀 미흡하게 느껴진다. 그런데 여기에는 좀 더 중요한 의미가 있다. 우리 우주에는 반물질이 존재하지 않고 물질만 존재하는 것으로 보인다. 우주가 순수한 에너지만 있는 완전한 대칭 상태에서 시작해서 지금처럼 물질만 남기 위해서는 물질과 반물질 사이의 대칭성, 즉 CP 대칭성이 깨져야 한다. 그런데 방금 말했듯이 세대가 셋이 되면 CP 대칭성이 깨진다. 그러므로 우리 우주가 지금처럼 입자만 남은 상태가 되기 위해서는 세대가 최소한 셋은 반드시 있어야 한다고 말할 수 있다. 멋지다!

그러나 물리학은 자연 현상을 정량적으로 다루어야 하기 때문에 이 정도의 설명만으로 만족할 수는 없고 정확히 이론적 계산과 실험을 통해 확인을 해야 한다. 현재 우리가 아는 바에 따라 계산해 보니, 지금 우리가 관찰하는 바와 같이 세대가 셋이 있어서 나타나는 복소수의 위상각에 의해 CP 대칭성이 깨진 정도로는 우주 전체에서 물질과 반물질 사이의 대칭성이 깨진 것을 설명하기에 정량적으로 부족하다는 것이 밝혀졌다. 그래서 우주에 물질만 남아 있다는 사실이 세대가 셋 있는 것을 필요로 한다고 결론을 내릴 수는 없다. 이런! 결국 세대가 셋이 있는 것을 자연이 필요로 하는 것인지 아닌지를 우리는 여전히 모른다.

우리는 자연을 더 깊이 이해하고, 더 많은 것을 설명하고 싶다. 세대 문제뿐 아니라 우리가 보는 우주의 모습을 모두 이해하고 싶다. 그러기 위해서는 우선 자연의 모습이 어떤지 알아야 한다. 자연이 건네는 말에 귀를 기울이고, 자연이 정말 필요한 것이 무엇인지 들어야 한다. 이것이 과학자가 하는 일의 맨 첫 걸음이다. 아니 반드시 과학자가 아니라도 세상을 제대로 이해하고 올바르게 살고자 하는 사람이라면 누구나 그렇지 않을까. 우리 삶도 결국 자연 속에서 일어나는 한 가지 현상이니까.

▶수소 원자 전자 현미경 사진.

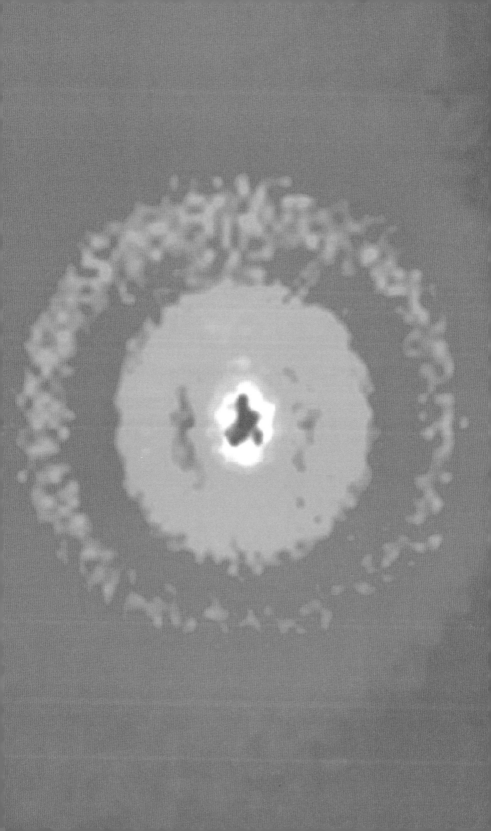

후주

불멸의 원자
《크로스로드》7권 1호(2011년 1월)

불확정성 원리의 불확실성?
《크로스로드》8권 3호(2012년 3월)

1. J. Erhart, S. Sponar, G. Sulyok, G. Badurek, M. Ozawa, and Y. Hasegawa, "Experimental demonstrattion of a universally valid error-disturbance uncertainty relation in spin-measurements," *Nature Physics*, (2012); doi:10.1038/nphys2194
2. 파울리가 하이젠베르크에게 보낸 1926년 10월 19일자 편지, 데이비드 린들리, 박배식 옮김, 『불확정성』(시스테마, 2009년)에서 재인용.
3. E. H. Kennard, "Zur Quantenmechanik einfacher Bewegungstypen." *Z. Phys.* 44, 326(1927).
4. H. P. Robertson, "The uncertainty principle." *Phys. Rev.* 34, 163(1929).
5. M. Ozawa, "Physical content of the Heisenberg uncertainty relation; limitation and reformulation," *Phys. Lett.* 318, 21(2003).

보이지 않는 세계
《크로스로드》8권 9호(2012년 9월)

전자 바라보기
《크로스로드》8권 11호(2012년 11월)

1. W. 하이젠베르크, 김용준 옮김, 『부분과 전체』(지식산업사, 1982년).
2. J. R. Oppenheimer, "Note on the Theory of the Interaction of Field and Matter," *Phys. Rev.* 35, 461(1930).
3. G. Farmelo, *The Strangest Man*, Faber and Faber, 2009.

양성자 속으로
《크로스로드》8권 4호(2012년 4월)

원자핵 이해하기 I

《크로스로드》 9권 6호(2013년 6월)

1. Y. Ne'eman, "Derivation of strong interactions from a gauge invariance," *Nucl. Phys.* 26, 222 (1961): M. Gell-Mann, "Symmetries of baryons and mesons," *Phys. Rev.* 125, 1067 (1962).
2. M. Y. Han, Y. Nambu, "Three Triplet Model with Double SU(3) Symmetry," *Phys. Rev.* 139, B1006 (1965).

원자핵 이해하기 II

《크로스로드》 9권 7호(2013년 7월)

1. C. N. Yang and R. L. Mills, "Conservation of Isotopic Spin and Isotopic Gauge Invariance," *Phys. Rev.* 96, 191 (1954).
2. 조지 존슨, 고중숙 옮김, 『스트레인지 뷰티』(승산, 2004년).
3. H. Fritzsch, M. Gell-Mann, and H. Leutwyler, "Advantages of the color octet gluon picture," *Phys. Lett.* 47, 365 (1973).

반물질

《크로스로드》 7권 9호(2011년 9월)

1. P. A. M. Dirac, "The fundamental equations of quantum mechanics," *Proc. Roy. Soc. Lond.* A109, 642(1925).
2. P. A. M. Dirac, "The Quantum theory of electron," *Proc. Roy. Soc. Lond.* A117, 610(1928): "The Quantum theory of electron 2," *Proc. Roy. Soc. Lond.* A118, 351(1928).
3. C. D. Anderson, "The Positive Electron," *Phys. Rev.* 43, 491(1933).
4. G. B. Andresen et al.(ALPHA collaboration). "Confinement of antihydrogen for 1,000 seconds," *Nature Physics* 7(7).
5. G. Baur et al., "Production of antihydrogen," *Phys. Lett.* B 368, 251(1996).

무언가로 가득 찬 진공

《크로스로드》 9권 1호(2013년 1월)

다른 차원

《크로스로드》 7권 2호(2011년 2월)

1. V. I. Lenin, *Materialism and Empirio-Criticism*, Critical Comments on a Reactionary Philosophy, Marxists Internet Archive
(http://www.marxists.org/archive/lenin/works/1908/mec/).

2. N. Arkani-Hamed, S. Dimopolous, and G. Dvali, "The Hierarchy problem and new dimensions at a millimeter", *Phys. Lett. B* 429, 263 (1998).

3. C. D. Hoyle et al., "Sub-millimeter tests of the gravitational inverse-square law," *Phys. Rev. D* 70, 042004 (2004).

4. L. Randall and R. Sundrum, "A Large mass hierarchy from a small extra dimension," *Phys. Rev. Lett.* 83, 3370, (1999).

쉬운 듯 우아하게

《크로스로드》7권 3 호(2011년 3월)

1. 하리에트 주커먼, 송인명 옮김, 『과학엘리트』(교학사, 1988년).

2. 라우라 페르미, 양희선 옮김, 『원자가족 』(전파과학사, 1977년).

3. 예를 들면 http://www.physics.umd.edu/perg/fermi/fermi.htm.

반신반인의 좌절

《크로스로드》7권 7호(2011년 7월)

1. John Von Neumann, *Mathematical Foundations of Quantum Mechanics*, Princeton University Press, 1996.

2. 앤드류 잰튼, 이기영, 차동우 옮김, 『위그너의 회상』(대웅, 1995년).

3. 에이브러햄 파이스, 이충호 옮김, 『20세기를 빛낸 과학의 천재들』(사람과 책, 2001년).

4. 윌리엄 파운드스톤, 박우석 옮김, 『죄수의 딜레마』(양문, 2004년).

두 천재 이야기

《크로스로드》7권 12호(2011년 12월)

1. J. Bardeen, L. N. Cooper, and J. R. Schrieffer, "Theory of Superconductivity," *Phys. Rev.* 108, 1175(1957).

사랑해

《크로스로드》8권 6호(2012년 6월)

1. G. Farmelo, *The Strangest Man: The hidden life of Paul Dirac*, Basic Books, 2009.

2. 에이브러햄 파이스, 이충호 옮김, 『20세기를 빛낸 과학의 천재들』,(사람과책, 2001년).

3. J. Gleick, *Genius*, Pantheon, 1992.

어떤 지식인

《크로스로드》8권 10호(2012년 10월)

슬픈 에렌페스트

《크로스로드》9권 2호(2013년 2월)

프라하의 아인슈타인

《크로스로드》8권 8호(2012년 8월)

물리학, 정치, 그리고 리더

《크로스로드》9권 4호(2013년 4월)

1. I. I. Rabi, "Refraction of Beams of Molecules," *Nature* 123, 163 (1929).
2. I. I. Rabi, S. Millman, P. Kusch, J. R. Zacharias, "J. R. The Molecular Beam Resonance Method for Measuring Nuclear Magnetic Moments. The Magnetic Moments of 3Li6, 3Li7 and 9F19," *Phys. Rev.* 55, 526 (1939).
3. http://en.wikipedia.org/wiki/Isidor_Isaac_Rabi#Molecular_Beam_Laboratory

거장 베포 I

《크로스로드》9권 8호(2013년 8월)

1. W. Bothe, W. Kolhörster, "Das Wesen der Höhenstrahlun," *Z. Phys.* 56, 751 (1929).
2. B. Rossi, "On the Magnetic Deflection of Cosmic Rays," *Phys. Rev.* 36, 606 (1930).

거장 베포 II

《크로스로드》9권 9호(2013년 9월)

1. C. Lattes, H. Muirhead, G. Occhialini, C. Powell, "Processes involving charged mesons," *Nature*, 159, 694(1947).
2. W. O. Lock and L. Gariboldi, "Occgialini's contribution to the discovery of the pion," from the book *The Scientific Legacy of Beppo Occhialini* ed. by P. Redondi, G. Sironi, P. Tucci, and G. Vegni, Springer-Verlag(2006).
3. 입자 물리학 분야에는 제1저자라는 개념이 없고 이름의 알파벳 순으로 게재한다. 앞의 논문 1에도 저자의 이름이 알파벳 순으로 되어 있음을 알 수 있다.

어떤 화성인

《크로스로드》9권 12호(2013년 12월)

1. 앤드류 젠튼, 이기영, 차동우 옮김, 『위그너의 회상』(대웅, 1995년).
2. Eugene P. Wigner(Author), J. J. Griffin(Translator), *Group Theory and its Application to the Quantum Mechanics of Atomic Spectra*, Academic Press, 1959.

버클리의 연금술사

《크로스로드》8권 5호(2012년 5월)

1. R. Smolanczuk, "Production mechanism of superheavy nuclei in cold fusion reactions," *Phys. Rev. C* 59, 2634 (1999).
2. V. Ninov et al. "Observation of Superheavy Nuclei Produced in the Reaction of Kr86 with Pb208," *Phys. Rev. Lett.* 83, 1104 (1999).

하늘의 입자

《크로스로드》9권 3호(2013년 3월)

입자 전쟁 I

《크로스로드》7권 5호(2011년 5월)

1. E598 Collaboration(J. J. Aubert et al.), "Experimental Observation of a Heavy Particle J," *Phys. Rev. Lett.* 33, 1404(1974).
2. SLAC-SP-017 Collaboration(J. E. Augustin et al.), "Discovery of a Narrow Resonance in e+e- Annihilation," *Phys. Rev. Lett.* 33, 1406(1974).
3. E. D. Courant and H. S. Snyder, "Theory of Alternating-Gradient Synchrotron," (1958), *Ann. Phys.* 281, 360(2000)에 재수록

입자 전쟁 II

《크로스로드》7권 6호(2011년 6월)

1. C. Rubbia, P. McIntyre, D. Cline, "Producing Massive Neutral Intermediate Vector Bosons with Existing Accelerators," eConf C760608, 683 (1976).

어느 가속기의 초상

《크로스로드》7권 10호(2011년 10월)

1. 이노키 마사후미, 한명수 옮김, 『현대 물리학 입문』(전파과학사, 1981년).
2. Tetsuji Nishikawa, "A Preliminary Design Of Tri-Ring Intersecting Storage Accelerators In Nippon, Tristan," Talk given at the 9th International Conference On High-Energy Accelerators(HEACC)

세상의 파괴자

《크로스로드》7권 8호(2011년 8월)

시카고 파일-I

《크로스로드》8권 12호(2012년 12월)

창백한 말을 탄 기수

《크로스로드》9권 10호(2013년 10월)

추운 나라에서 돌아온 물질들

《크로스로드》7권 4호(2011년 4월)

온도 이야기

《크로스로드》8권 2호(2012년 2월)

빛보다 빠른 유령?

《크로스로드》7권 11호(2011년 11월)

1. T. Adam et al., OPERA collaboration, "Measurement of the neutrino velocity with the OPERA detector in the CNGS beam," arXiv: 1109.4807 [hep-ex]

2. C. L. Cowan jr., F. Reines, F. B. Harrison, H. W. Kruse, A. D. McGuire, "Detection of the free neutrino: a confirmation," *Science*, 124, 103(1956)

3. E. S. Reich, "Embattled neutrino project leaders step down," *Nature News*, April 2, (2012), doi:10.1038/nature.2012.10371

4. http://press.web.cern.ch/press-releases/2011/09/opera-experiment-reports-anomaly-flight-time-neutrinos-cern-gran-sasso

수수께끼의 힉스

《크로스로드》8권 1호(2012년 1월)

1. http://press.web.cern.ch/press/PressReleases/Releases2011/PR25.11E.html.

2. W. Heisenberg, Zur Theorie des Ferromagnetismus, Z. Phys. 49, 619 (1928).

3. F. Englert, R. Brout, "Broken Symmetry and the Mass of Gauge Vector Mesons," *Phys. Rev. Lett.* 13, 321 (1964).

4. P. W. Higgs, "Broken Symmetries and the Masses of Gauge Bosons," *Phys. Rev. Lett.* 13, 508 (1964).

5. G. S. Guralnik, C. R. Hagen, T. W. B. Kibble, "Global Conservation Laws and Massless Particles," *Phys. Rev. Lett.* 13, 585 (1964).

6. P. Higgs, "My Life as a Boson," talk presented at Kings College London, Nov. 24th, 2010.

'고도'를 기다리는 물리학자들

《크로스로드》9권 5호(2013년 5월)

1. S. 베게트, 오징자 옮김,『고도를 기다리며』, http://www.talent1004.co.kr/대본자료실.

2. M. Aguilar et al.(AMS Collaboration), "First Result from the Alpha Magnetic Spectrometer on the International Space Station: Precision Measurement of the Positron Fraction in Primary Cosmic Rays of 0.5–350 GeV," *Phys. Rev. Lett.* 110, 141102(2013).

세렌디피티, 그리고 이론의 힘
《크로스로드》9권 11호(2013년 11월)

이중주
《크로스로드》10권 1호(2014년 1월)

신의 눈
《크로스로드》8권 7호(2012년 7월)
1. 존 버거, 박범수 옮김, 『본다는 것의 의미』(동문선, 2006년).
2. 수잔 손택, 이재원 옮김, 『사진에 관하여』(이후, 2005년).

자연이 건네는 말
《크로스로드》10권 2호(2014년 2월)
1. 윌리엄 셰익스피어, 김정환 옮김, 『리어 왕』(아침이슬, 2008년)

찾아보기

불멸의 원자

1판 1쇄 펴냄 2016년 6월 30일
1판 4쇄 펴냄 2023년 6월 30일

지은이 이강영
펴낸이 박상준
펴낸곳 (주)사이언스북스

출판등록 1997. 3. 24.(제16-1444호)
(06027) 서울특별시 강남구 도산대로1길 62
대표전화 515-2000, 팩시밀리 515-2007
편집부 517-4263, 팩시밀리 514-2329
www.sciencebooks.co.kr

ISBN 978-89-8371-715-3 03420

추천의 말

물질과 우주의 근원, 그리고 그 배후의 자연의 원리에 호기심을 갖고 있는 독자라면 누구라도 즐거이 페이지를 넘겨 갈 이 에세이집은, 이 원대한 질문들의 답을 향한 현대 물리학의 성취를 맛볼 수 있는 재미난 이야기들로 꽉 차 있다. 그 이야기들이 물리학적인 지식이나 과학사적인 사실을 단순히 소개하는 수준을 넘어서는 것이기에, 독자는 더욱 공감과 지적인 쾌감을 느낄 수 있을 것이다.

물리학자들이 추구하는 세계에 대한 이해는, 상당 부분에서 물리학자가 아닌 일반 사람들이 호기심과 상상의 범위 안에 여전히 머무는 것이다. 연구 여정에서 드러나는 그들의 열정과 실망, 그리고 협업과 경쟁에서 독자들은 별종이 아닌 물리학자들의 인간적인 면모도 함께 엿볼 수 있다.

수많은 물리학자들이 100여 년 동안 학문적 전쟁을 통해 쟁취한 지식들이 한눈에 만만하게 읽혀질 수 있겠는가. 이론 물리학자인 저자는 누구보다도 정확하게 현대 물리학의 전문적 개념들을 기술해 간다. 하지만 자주 섞이는 적절한 위트는 어려운 글을 읽고 있다는 사실을 망각하게 하는 듯하다. 저자 자신은 그렇지 못해서 아쉽다는 겸손을 표하지만, 상당히 '쉬운 듯 우아하게' 골치 아플 전문 지식들을 풀어 나가는 데 이만큼 성공적인 저술이 있을까 싶다.

—국형태 | 가천 대학교 물리학과 교수, 한국 물리학회 부회장

추천의 말

고등학교 때 과학 과목에 진저리 쳤던 나에게 이강영 교수는 특별한 존재다. 과학 과목 중에서도 가장 싫어했던 물리학을 일상의 언어로 풀어 줬으니까. 1년 전 내가 진행하는 팟캐스트 '시사통'에서의 인연이었다. 하지만 방송이 갖는 한계—쉼표 없이 내달리는 말의 속성 때문에 곱씹을 여유가 없다는—에 아쉬워하기도 했는데 그 아쉬움을 이 책이 털어 주리라 믿는다.

—김종배 | 시사 평론가, 팟캐스트 '시사통' 진행자